高等学校数据结构课程系列教材

数据结构教程

(Java语言描述)

学习与上机实验指导

◎ 李春葆 李筱驰 主编

清华大学出版社
北 京

内 容 简 介

本书是《数据结构教程(Java 语言描述)》(李春葆、李筱驰主编,清华大学出版社出版,2020 年,以下简称为《教程》)的配套学习和上机实验指导书,书中详细给出了《教程》中所有练习题和上机实验题的解题思路和参考答案,以及在线编程题的 AC 代码。本书中的练习题和实验题不仅涵盖数据结构课程的基本知识点,还体现了各个知识点的运用和扩展,学习、理解和借鉴这些参考答案是掌握和提高数据结构知识的最佳途径。本书自成一体,可以脱离主教材单独使用。

本书可作为高等院校计算机及相关专业学生的教材。

图书在版编目(CIP)数据

数据结构教程(Java 语言描述)学习与上机实验指导/李春葆,李筱驰主编. —北京:清华大学出版社,2020.7 (2023.8重印)
高等学校数据结构课程系列教材
ISBN 978-7-302-55135-5

Ⅰ. ①数… Ⅱ. ①李… ②李… Ⅲ. ①数据结构—高等学校—教学参考资料 ②JAVA 语言—程序设计—高等学校—教学参考资料 Ⅳ. ①TP311.12 ②TP312.8

中国版本图书馆 CIP 数据核字(2020)第 047907 号

策划编辑: 魏江江
责任编辑: 王冰飞
封面设计: 刘 键
责任校对: 梁 毅
责任印制: 杨 艳

出版发行: 清华大学出版社
网 址: http://www.tup.com.cn,http://www.wqbook.com
地 址: 北京清华大学学研大厦 A 座　　**邮 编:** 100084
社 总 机: 010-83470000　　**邮 购:** 010-62786544
投稿与读者服务: 010-62776969,c-service@tup.tsinghua.edu.cn
质量反馈: 010-62772015,zhiliang@tup.tsinghua.edu.cn
课件下载: http://www.tup.com.cn,010-83470236
印 装 者: 三河市铭诚印务有限公司
经 销: 全国新华书店
开 本: 185mm×260mm　　**印 张:** 19.75　　**字 数:** 481 千字
版 次: 2020 年 9 月第 1 版　　**印 次:** 2023 年 8 月第 6 次印刷
印 数: 7001～8500
定 价: 49.80 元

产品编号:086498-01

FOREWORD

前言

党的二十大报告中指出：教育、科技、人才是全面建设社会主义现代化国家的基础性、战略性支撑。必须坚持科技是第一生产力、人才是第一资源、创新是第一动力，深入实施科教兴国战略、人才强国战略、创新驱动发展战略，这三大战略共同服务于创新型国家的建设。高等教育与经济社会发展紧密相连，对促进就业创业、助力经济社会发展、增进人民福祉具有重要意义。

本书是《数据结构教程(Java 语言描述)》(李春葆、李筱驰主编，清华大学出版社出版，以下简称为《教程》)的配套学习和上机实验指导书，全书分为3章。

第1章按《教程》中的章顺序给出所有练习题的解题思路和参考答案，包含88道问答题、91道算法分析和设计题，另外补充了237道单项选择题。

为了强化数据结构实验，《教程》中的实验题分为上机实验题部分和在线编程题部分，前者给学生提供集中上机实验，后者使用了在线编程环境实验，这里使用了国内著名的公共ACM训练平台POJ(北京大学，网址是http://poj.org/)和HDU(杭州电子科技大学，网址是http://acm.hdu.edu.cn/)，选取的ACM实验题目与课程内容紧密结合，难度适中。第2章按《教程》中的章顺序给出所有实验题中上机实验题部分的解题思路和参考答案，共包含38道上机实验题，其中部分来自IT企业的面试题。第3章按《教程》中的章顺序给出所有实验题中在线编程题部分的解题思路和参考答案，共包含50道在线编程题，其中POJ平台28题、HDU平台22题。

本书所有算法题和上机实验题均上机调试通过，所有在线编程题均在POJ/HDU平台中提交通过，采用的Java环境是Java 1.8。本书中同时列出了全部练习题和上机实验题，因此自成一体，可以脱离《教程》单独使用。本书提供所有程序源码，扫描目录上方的二维码可以下载。

感谢POJ和HDU网站无私的支持！由于作者水平所限，尽管不遗余力，书中仍可能存在不足之处，敬请教师和同学们批评指正。

作　者

2020年4月

程序源码

CONTENTS

目录

CHAPTER 1

练习题参考答案 第1章

1.1 第1章 绪论

1.1.1 问答题

1. 什么是数据结构？有关数据结构的讨论涉及哪3个方面？

答：按某种逻辑关系组织起来的一组数据元素，按一定的存储方式存储于计算机中，并在其上定义了一个运算的集合，称为数据结构。

数据结构涉及以下3个方面的内容：

(1) 数据元素以及它们相互之间的逻辑关系，也称为数据的逻辑结构。

(2) 数据元素及其关系在计算机存储器内的存储表示，也称为数据的物理结构，简称为存储结构。

(3) 施加于该数据结构上的操作。

2. 简述逻辑结构与存储结构的关系。

答：在数据结构中，逻辑结构与计算机无关，存储结构是数据元素之间的逻辑关系在计算机中的表示。存储结构不仅将逻辑结构中的所有数据元素存储到计算机内存中，而且还要在内存中存储各数据元素间的逻辑关系。通常情况下，一种逻辑结构可以有多种存储结构，例如线性结构可以采用顺序存储结构或链式存储结构表示。

3. 简述数据结构中运算描述和运算实现的异同。

答：运算描述是指逻辑结构施加的操作，而运算实现是指一个完成该运算功能的算法。它们的相同点是都能完成对数据的“处理”或某种特定的操作，不同点是运算描述只是描述处理功能，不包括处理步骤和方法，而运算实现的核心是处理步骤。

4. 简述数据结构和数据类型两个概念之间的区别。

答：数据结构是指所涉及的数据元素的集合以及数据元素之间的关系，包括逻辑结构、存储结构和运算三个方面。数据类型是一组性质相同的值的集合和定义在此集合上的一组操作的总称，如 Java 语言中定义变量 i 为 short 类型，则它的取值范围为－32 768～32 767，可用的操作有＋、－、＊、/和％等。可以将数据类型看成是实现了数据结构。

5. 什么是算法？算法的 5 个特性是什么？试根据这些特性解释算法与程序的区别。

答：通常算法被定义为解决某一特定任务而规定的一个指令序列。一个算法应当具有以下特性。

(1) 有穷性：一个算法无论在什么情况下都应在执行有穷步后结束。

(2) 确定性：算法的每一步都应确切地、无歧义地定义。对于每一种情况，需要执行的动作都应严格地、清晰地规定。

(3) 可行性：算法中的每一条运算都必须是足够基本的。也就是说，它们原则上都能精确地执行，甚至人们仅用笔和纸做有限次运算就能完成。

(4) 输入：一个算法必须有 0 个或多个输入。它们是算法开始运算前给予算法的量。这些输入取自于特定的对象的集合。它们可以使用输入语句由外部提供，也可以使用赋值语句在算法内给定。

(5) 输出：一个算法应有一个或多个输出，输出的量是算法计算的结果。

算法和程序不同，程序可以不满足有穷性。例如，一个操作系统在用户未使用前一直处于“等待”的循环中，直到出现新的用户事件为止。这样的系统可以无休止地运行，直到系统停机。

6. 一个算法的执行频度为$(3n^2+2n\log_2 n+4n-7)/(10n)$，其时间复杂度是多少？

答：当 n 足够大时，$T(n)\to 3n/10=0.3n$，其时间复杂度为 $O(n)$。

7. 某算法的时间复杂度为 $O(n^3)$，当 $n=5$ 时执行时间为 50s，问当 $n=15$ 时其执行时间大致是多少？

答：$T(n)=O(n^3)=m\times n^3$，当 $n=5$ 时 $T(n)=50\text{s}$，求得 $m=0.4$。当 $n=15$ 时，$T(n)=m\times n^3=0.4\times 15^3\text{s}=1350\text{s}$。

1.1.2 算法分析题

1. 分析以下算法的时间复杂度。

```
void fun(int n)
{ int x=n, y=100;
  while(y>0)
  {   if(x>100)
      {   x=x-10;
          y--;
      }
      else x++;
  }
}
```

答：本算法中的基本操作语句是while循环体内的语句，它的执行次数与问题规模 n 无关，所以算法的时间复杂度为 $O(1)$。

2．分析以下算法的时间复杂度。

```
void func(int n)
{ int i=1,k=100;
  while(i<=n)
  {    k++;
       i+=2;
  }
}
```

答：设while循环语句执行的次数为 $T(n)$，i 从1开始递增，最后取值为 $1+2T(n)$，有 $i=1+2T(n)\leqslant n$，即 $T(n)\leqslant(n-1)/2=O(n)$，所以该算法的时间复杂度为 $O(n)$。

3．分析以下算法的时间复杂度。

```
void fun(int n)
{ int i=1;
  while(i<=n)
       i=i*2;
}
```

答：本算法中的基本操作是语句 $i=i*2$，设其频度为 $T(n)$，则有 $2^{T(n)}\leqslant n$，即 $T(n)\leqslant\log_2 n=O(\log_2 n)$，所以该算法的时间复杂度为 $O(\log_2 n)$。

4．分析以下算法的时间复杂度。

```
void fun(int n)
{ int i,j,k;
  for(i=1;i<=n;i++)
       for(j=1;j<=n;j++)
       {    k=1;
            while(k<=n) k=5*k;
       }
}
```

答：本算法中的基本操作为 $k=5*k$ 语句。对于while循环语句：

```
k=1;
while(k<=n) k=5*k;
```

基本操作语句的执行频度为 $\log_5 n$，再加上外层的两重循环，所以本算法的时间复杂度为 $O(n^2\log_5 n)$。

1.1.3　补充的单项选择题

1．数据结构中处理的数据一般具备某种内在联系，这是指________。

A．数据和数据之间存在某种关系

B．元素和元素之间存在某种关系

C．元素内部具有某种结构

D. 数据项和数据项之间存在某种关系

答：数据结构中的数据是数据元素的集合，元素之间存在某种关系，逻辑关系的整体构成逻辑结构。答案为 B。

2. 在数据结构中，与所使用的计算机无关的是数据的________结构。

A. 逻辑　　B. 存储　　C. 逻辑和存储　　D. 物理

答：数据的逻辑结构独立于存储结构，一般由逻辑结构映射成存储结构。答案为 A。

3. 数据结构在计算机中的表示称为数据的________。

A. 存储结构　　B. 抽象数据类型　　C. 顺序结构　　D. 逻辑结构

答：数据的逻辑结构在计算机中的表示称为存储结构。答案为 A。

4. 在计算机中存储数据时不仅要存储各数据元素的值，而且还要存储________。

A. 数据的处理方法　　B. 数据元素的类型

C. 数据元素之间的关系　　D. 数据的存储方法

答：一个逻辑结构包含数据元素和元素之间的关系，在设计对应的存储结构时需要保存这两个方面的信息。答案为 C。

5. 在计算机的存储器中表示时，逻辑上相邻的两个元素对应的物理地址也是相邻的，这种存储结构称为________。

A. 逻辑结构　　B. 顺序存储结构　　C. 链式存储结构　　D. 以上都正确

答：顺序存储结构是线性表的直接映射，逻辑上相邻的元素对应的物理地址也相邻。答案为 B。

6. 当数据采用链式存储结构时，要求________。

A. 每个结点占用一片连续的存储区域

B. 所有结点占用一片连续的存储区域

C. 结点的最后一个数据域是指针类型

D. 每个结点有多少个后继就设多少个指针域

答：在链式存储结构中，通常用一个结点存放一个元素，这样每个结点占用一片连续的存储区域。答案为 A。

7. 以下关于算法的说法中正确的是________。

A. 算法最终必须由计算机程序实现　　B. 算法等同于程序

C. 算法的可行性是指指令不能有二义性　　D. 以上几个都是错误的

答：算法不一定必须由计算机程序实现，算法也不同于程序(程序不必满足有穷性)，算法的确定性是指指令不能有二义性。答案为 D。

8. 算法的时间复杂度与________有关。

A. 问题规模　　B. 计算机硬件性能

C. 编译程序质量　　D. 程序设计语言

答：在进行算法分析时通常采用事前分析估算法，认为一个算法的“运行工作量”的大小只依赖于问题的规模。答案为 A。

9. 算法分析的主要任务之一是分析________。

A. 算法是否具有较好的可读性

B. 算法中是否存在语法错误

C. 算法的功能是否符合设计要求

D. 算法的执行时间和问题规模之间的关系

答：算法分析包含时间和空间复杂度分析，前者是找到算法的执行时间和问题规模之间的关系，以便改进算法性能。答案为 D。

10. 某算法的时间复杂度为 $O(n^2)$，表明该算法的________。

A. 问题规模是 n^2　　B. 执行时间等于 n^2

C. 执行时间与 n^2 成正比　　D. 问题规模与 n^2 成正比

答：算法的时间复杂度为 $O(n^2)$，表示执行时间与问题规模呈平方关系，问题规模仍然是 n。答案为 C。

1.2　第 2 章　线性表

1.2.1　问答题

1. 简述顺序表和链表存储方式的主要优缺点。

答：顺序表的优点是可以随机存取元素，存储密度高，结构简单；缺点是需要一片地址连续的存储空间，不便于插入和删除元素(需要移动大量的元素)，表的初始容量难以确定。

链表的优点是便于结点的插入和删除(只需要修改指针成员，不需要移动结点)，表的容量扩充十分方便；缺点是不能进行随机访问，只能顺序访问，另外每个结点上增加指针成员，导致存储密度较低。

2. 对单链表设置一个头结点的作用是什么？

答：对单链表设置头结点的作用如下。

(1) 当带头结点时，空表也存在一个头结点，从而统一了空表与非空表的处理。

(2) 在单链表中插入结点和删除结点时都需要修改前驱结点的指针成员，当带头结点时任何数据结点都有前驱结点，这样使得插入和删除结点的操作更简单。

3. 假设均带头结点 h，给出单链表、双链表、循环单链表和循环双链表中 p 所指结点为尾结点的条件。

答：各种链表中 p 结点为尾结点的条件如下。

(1) 单链表：p.next==null。

(2) 双链表：p.next==null。

(3) 循环单链表：p.next==h。

(4) 循环双链表：p.next==h。

4. 假设某个含有 $n(n>0)$ 个元素的线性表有如下运算：

Ⅰ. 查找序号为 $i(0\leqslant i\leqslant n-1)$ 的元素

Ⅱ. 查找第一个值为 x 的元素的序号

Ⅲ. 插入第一个元素

Ⅳ. 插入最后一个元素

Ⅴ. 插入第 $i(0\leqslant i\leqslant n-1)$ 个元素

Ⅵ. 删除第一个元素

Ⅶ. 删除最后一个元素

Ⅷ. 删除第 $i(0\leqslant i\leqslant n-1)$ 个元素

现设计该线性表的如下存储结构：

① 顺序表

② 带头结点的单链表

③ 带头结点的循环单链表

④ 不带头结点仅有尾结点的循环单链表

⑤ 带头结点的双链表

⑥ 带头结点的循环双链表

给出上述各种运算在各种存储结构中实现算法的时间复杂度。

答：各种存储结构对应运算的时间复杂度如表 1.1 所示。

表 1.1　各种存储结构对应运算的时间复杂度

	Ⅰ	Ⅱ	Ⅲ	Ⅳ	Ⅴ	Ⅵ	Ⅶ	Ⅷ
①	$O(1)$	$O(n)$	$O(n)$	$O(1)$	$O(n)$	$O(n)$	$O(1)$	$O(n)$
②	$O(n)$	$O(n)$	$O(1)$	$O(n)$	$O(n)$	$O(1)$	$O(n)$	$O(n)$
③	$O(n)$	$O(n)$	$O(1)$	$O(n)$	$O(n)$	$O(1)$	$O(n)$	$O(n)$
④	$O(n)$	$O(n)$	$O(1)$	$O(1)$	$O(n)$	$O(1)$	$O(n)$	$O(n)$
⑤	$O(n)$	$O(n)$	$O(1)$	$O(n)$	$O(n)$	$O(1)$	$O(n)$	$O(n)$
⑥	$O(n)$	$O(n)$	$O(1)$	$O(1)$	$O(n)$	$O(1)$	$O(1)$	$O(n)$

5. 在单链表、双链表和循环单链表中，若仅知道指针 p 指向某结点，不知道头结点，能否不通过结点值复制操作将 p 结点从相应的链表中删去？若可以，其时间复杂度各为多少？

答：以下分 3 种链表进行讨论。

(1) 单链表：当已知指针 p 指向某结点时能够根据该指针找到其后继结点，但是由于不知道其头结点，所以无法访问到 p 指针指向的结点的前驱结点，因此无法删去该结点。

(2) 双链表：由于这样的链表提供双向链接，因此根据已知结点可以查找到其前驱和后继结点，从而可以删除该结点。其时间复杂度为 $O(1)$。

(3) 循环单链表：根据已知结点位置可以直接找到其后继结点，又因为是循环单链表，所以可以通过查找得到 p 结点的前驱结点，因此可以删去 p 所指结点。其时间复杂度为 $O(n)$。

6. 已知一个单链表 L 存放 n 个元素，其中结点类型为(data,next)，p 结点是其中的任意一个数据结点。请设计一个平均时间复杂度为 $O(1)$ 的算法删除 p 结点，并且说明为什么该算法的平均时间复杂度为 $O(1)$。

答：对于给定的带头结点的单链表 L，其头结点是 L. head，并且结点类型是确定的。删除 p 结点的操作如下：

(1) 若 p 结点不是尾结点，将 p 结点的后继结点的 data 值复制到 p 结点中，再删除 p 结点的后继结点。

(2) 若 p 结点是尾结点，通过其头结点找到尾结点的前驱结点 pre，再通过 pre 结点删除 p 结点。

对应的算法如下：

```
public static void Delpnode(LinkListClass<Integer> L,LinkNode<Integer> p)
{  LinkNode<Integer> q,pre;
   if(p.next!=null)                         //p 结点不是尾结点
   {    q=p.next;                           //q 指向 p 结点的后继结点
        p.data=q.data;                      //复制结点值
        p.next=q.next;                      //删除 q 结点
        q=null;
   }
   else                                     //p 结点是尾结点
   {    pre=L.head;
        while(pre.next!=p)                  //查找 p 结点的前驱结点 pre
             pre=pre.next;
        pre.next=p.next;                    //通过 pre 结点删除 p 结点
        p=null;
   }
}
```

对于含 n 个结点的单链表 L，上述算法仅仅在 p 结点为尾结点时的执行时间为 $O(n)$，其他 $n-1$ 种情况（p 结点不是尾结点）的执行时间均为 $O(1)$，所以算法的平均时间复杂度为 $\frac{(n-1)\times O(1)+1\times O(n)}{n}=O(1)$。

7. 带头结点的双链表和循环双链表相比有什么不同？在何时使用循环双链表？

答：在带头结点的双链表中，尾结点的后继指针为 null，头结点的前驱指针不使用；在带头结点的循环双链表中，尾结点的后继指针指向头结点，头结点的前驱指针指向尾结点。当需要快速找到尾结点时可以使用循环双链表。

1.2.2 算法设计题

1. 有一个整数顺序表 L，设计一个算法找最后一个值最小的元素的序号，并给出算法的时间和空间复杂度。例如 $L=(1,5,1,1,3,2,4)$，返回结果是 3。

解：用 min 表示最小的元素值（初始时为序号 0 的元素值），mini 表示最后一个值最小的元素的序号（初始为 0）。i 从 1 开始遍历 L 中的所有元素，若序号 i 的元素值小于或等于 minv，置 minv 为该元素值，mini=i。最后返回 mini。对应的算法如下：

```
public static int Lastmin(SqListClass<Integer> L)
{  Integer minv=L.GetElem(0);
   int mini=0;
   for(int i=1;i<L.size();i++)
       if(L.GetElem(i)<=minv)
       {    minv=L.GetElem(i);
```

```
            mini=i;
        }
    return mini;
}
```

该算法的时间复杂度为$O(n)$,空间复杂度为$O(1)$。

2. 有一个整数顺序表L,设计一个尽可能高效的算法删除其中所有值为负整数的元素(假设L中值为负整数的元素可能有多个),删除后元素的相对次序不改变,并给出算法的时间和空间复杂度。例如,$L=(1,2,-1,-2,3,-3)$,删除后$L=(1,2,3)$。

解:采用《教程》中例2.4的3种解法,仅仅将保留元素的条件改为"元素值≥0"即可。对应的3种算法如下:

```
public static void Delminus1(SqListClass<Integer> L)
{  int i,k=0;
   for(i=0;i<L.size();i++)
       if(L.GetElem(i)>=0)                         //将元素值≥0的元素插入data中
       {   L.SetElem(k,L.GetElem(i));
           k++;                                    //累计插入的元素的个数
       }
   L.Setsize(k);                                   //重置长度
}
public static void Delminus2(SqListClass<Integer> L)
{  int i,k=0;
   for(i=0;i<L.size();i++)
       if(L.GetElem(i)>=0)                         //将元素值≥0的元素前移k个位置
           L.SetElem(i-k,L.GetElem(i));
       else                                        //累计删除的元素的个数
           k++;
   L.Setsize(L.size()-k);                          //重置长度
}
public static void Delminus3(SqListClass<Integer> L)
{  int i=-1,j=0;
   while(j<L.size())                               //j遍历所有元素
   {   if(L.GetElem(j)>=0)                         //找到元素值≥0的元素a[j]
       {   i++;                                    //扩大元素值≥0的区间
           if(i!=j)
               L.swap(i,j);                        //将a[i]与a[j]交换
       }
       j++;                                        //继续遍历
   }
   L.Setsize(i+1);                                 //重置长度
}
```

上述3种算法的时间复杂度均为$O(n)$,空间复杂度均为$O(1)$。

3. 有一个整数顺序表L,设计一个尽可能高效的算法删除表中值大于或等于x且小于或等于y的所有元素($x \leqslant y$),删除后元素的相对次序不改变,并给出算法的时间和空间复杂度。例如,$L=(4,2,1,5,3,6,4)$,$x=2$,$y=4$,删除后$L=(1,5,6)$。

解:采用《教程》中例2.4的3种解法,仅仅将保留元素的条件设置为"元素值$<x$ ‖ 元素值$>y$"

即可。对应的3种算法如下：

```
public static void Delinterval1(SqListClass<Integer> L,Integer x,Integer y)
{ int i,k=0;
  Integer e;
  for(i=0;i<L.size();i++)
  {   e=L.GetElem(i);
      if(e<x || e>y)                        //将保留的元素插入 data 中
      {   L.SetElem(k,e);
          k++;                              //累计保留的元素的个数
      }
  }
  L.Setsize(k);                             //重置长度
}
public static void Delinterval2(SqListClass<Integer> L,Integer x,Integer y)
{ int i,k=0;
  Integer e;
  for(i=0;i<L.size();i++)
  {   e=L.GetElem(i);
      if(e<x || e>y)                        //将保留的元素前移 k 个位置
          L.SetElem(i-k,e);
      else                                  //累计删除的元素的个数
          k++;
  }
  L.Setsize(L.size()-k);                    //重置长度
}
public static void Delinterval3(SqListClass<Integer> L,Integer x,Integer y)
{ int i=-1,j=0;
  Integer e;
  while(j<L.size())                         //j 遍历所有元素
  {   e=L.GetElem(j);
      if(e<x || e>y)                        //找到要保留的元素 a[j]
      {   i++;                              //扩大保留元素的区间
          if(i!=j)
              L.swap(i,j);                  //将 a[i]与 a[j]交换
      }
      j++;                                  //继续遍历
  }
  L.Setsize(i+1);                           //重置长度
}
```

上述3种算法的时间复杂度均为$O(n)$，空间复杂度均为$O(1)$。

4. 有一个整数顺序表L，设计一个尽可能高效的算法将所有负整数的元素移到其他元素的前面，并给出算法的时间和空间复杂度。例如，$L=(1,2,-1,-2,3,-3,4)$，移动后$L=(-1,-2,-3,2,3,1,4)$。

解：采用《教程》中例2.4的解法3，即区间划分法，将"元素值$!=x$"改为"元素值<0"，并且移动后顺序表的长度不变。对应的算法如下：

```
public static void Move(SqListClass<Integer> L)
{ int i=-1,j=0;
```

```
    while(j < L.size())                          //j 扫描所有元素
    {   if(L.GetElem(j)< 0)                      //找到需要前移的元素 a[j]
        {   i++;                                 //扩大负元素的区间
            if(i!=j)
                L.swap(i,j);                     //将 a[i]与 a[j]交换
        }
        j++;                                     //继续扫描
    }
}
```

上述算法的时间复杂度为 $O(n)$，空间复杂度为 $O(1)$。

5. 有一个整数顺序表 L，假设其中 n 个元素的编号是 $1\sim n$，设计一个尽可能高效的算法将所有编号为奇数的元素移到所有编号为偶数的元素的前面，并给出算法的时间和空间复杂度。例如，$L=(1,2,3,4,5,6,7)$，移动后 $L=(1,3,5,7,2,6,4)$。

解：采用《教程》中例 2.4 的解法 3，即区间划分法，在遍历元素 $a[j]$ 时将"元素值!$=x$"改为"$j\%2==0$"(序号 j 为偶数对应编号为奇数的元素，是需要前移的元素)，并且移动后顺序表的长度不变。对应的算法如下：

```
public static void Move(SqListClass<Integer> L)
{ int i=-1,j=0;
    while(j < L.size())                          //j 扫描所有元素
    {   if(j%2==0)                               //找到需要前移的元素 a[j]
        {   i++;                                 //扩大序号为奇数的元素的区间
            if(i!=j)
              L.swap(i,j);                       //将 a[i]与 a[j]交换
        }
        j++;                                     //继续扫描
    }
}
```

上述算法的时间复杂度为 $O(n)$，空间复杂度为 $O(1)$。

6. 有一个递增有序的整数顺序表 L，设计一个算法将整数 x 插入适当位置，以保持该表的有序性，并给出算法的时间和空间复杂度。例如，$L=(1,3,5,7)$，插入 $x=6$ 后 $L=(1,3,5,6,7)$。

解：先在有序顺序表 L 中查找有序插入 x 的位置 i(即在 L 中从前向后查找到刚好大于或等于 x 的位置 i)，再调用 L.Insert(i,x)插入元素 x。对应的算法如下：

```
public static void Insertx(SqListClass<Integer> L,Integer x)
{ int i=0;
  while(i < L.size() && L.GetElem(i)< x)        //查找刚好≥x 的元素的序号 i
      i++;
  L.Insert(i,x);
}
```

上述算法的时间复杂度为 $O(n)$，空间复杂度为 $O(1)$。

7. 有一个递增有序的整数顺序表 L，设计一个尽可能高效的算法删除表中值大于或等于 x 且小于或等于 y 的所有元素($x\leqslant y$)，删除后元素的相对次序不改变，并给出算法的时间和空间复杂度。例如，$L=(1,2,4,5,7,9)$，$x=2$，$y=5$，删除后 $L=(1,7,9)$。

解：先根据顺序表 L 的有序性查找(即在 L 中从前向后查找到第一个大于或等于 x 的

位置 i），再采用《教程》中例 2.4 的前两种解法实施删除。对应的两种算法如下：

```
public static void Delinterval1(SqListClass<Integer> L, Integer x, Integer y)
{ int i=0,k=0;
  Integer e;
  while(i<L.size() && L.GetElem(i)<x)           //查找第一个>=x 的元素的序号 i
  {   i++;
      k++;
  }
  for(;i<L.size();i++)
  {   e=L.GetElem(i);
      if(e>y)                                    //将保留的元素插入 data 中
      {   L.SetElem(k,e);
          k++;                                   //累计保留的元素的个数
      }
  }
  L.Setsize(k);                                  //重置长度
}
public static void Delinterval2(SqListClass<Integer> L, Integer x, Integer y)
{ int i=0,k=0;
  Integer e;
  while(i<L.size())                              //查找第一个>=x 的元素的序号 i
  {   e=L.GetElem(i);
      if(e>=x && e<=y) k++;                      //累计>=x 且<=y 的元素个数 k
      else if(e>y) break;                        //找到>y 的元素时退出
      i++;
  }
  for(;i<L.size();i++)                           //将后面保留的元素前移 k 个位置
  {   e=L.GetElem(i);
      L.SetElem(i-k,e);
  }
  L.Setsize(L.size()-k);                         //重置长度
}
```

上述两种算法的时间复杂度均为 $O(n)$，空间复杂度均为 $O(1)$。与本节中第 3 题的算法相比，这里的有序顺序表并没有提高算法的效率。

8. 有两个集合采用整数顺序表 A、B 存储，设计一个算法求两个集合的并集 C，C 仍然用顺序表存储，并给出算法的时间和空间复杂度。例如 $A=(1,3,2)$，$B=(5,1,4,2)$，并集 $C=(1,3,2,5,4)$。

说明：这里的集合均指数学意义上的集合，在同一个集合中不存在值相同的元素。

解：将集合 A 中的所有元素添加到 C 中，再将集合 B 中不属于 A 的元素添加到集合 C 中，最后返回 C，如图 1.1 所示。对应的算法如下：

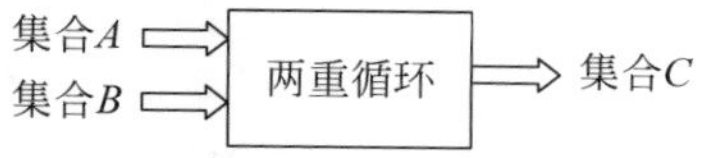

图 1.1　两个无序集合求并集

```
public static SqListClass<Integer> Union(SqListClass<Integer> A, SqListClass<Integer> B)
{ SqListClass<Integer> C=new SqListClass<Integer>();
  int i,j;
  Integer e;
```

```
    for(i=0;i<A.size();i++)                 //将A中的所有元素添加到C中
        C.Add(A.GetElem(i));
    for(j=0;j<B.size();j++)                 //将B中不属于A的元素添加到C中
    {   e=B.GetElem(j);                     //时间复杂度为O(1)
        if(A.GetNo(e)==-1)                  //时间复杂度为O(n)
            C.Add(e);
    }
    return C;                               //返回C
}
```

上述算法的时间复杂度为 $O(m \times n)$，空间复杂度为 $O(m+n)$，其中 m 和 n 分别表示 A 和 B 中元素的个数。

9. 有两个集合采用递增有序的整数顺序表 A、B 存储，设计一个在时间上尽可能高效的算法求两个集合的并集 C，C 仍然用顺序表存储，并给出算法的时间和空间复杂度。例如 $A=(1,3,5,7)$，$B=(1,2,4,5,7)$，并集 $C=(1,2,3,4,5,7)$。

解：由于顺序表 A、B 是有序的，采用二路归并方法，当 A、B 都没有遍历完时将较小元素添加到 C 中，相等的公共元素仅添加一个，如图1.2所示。再将没有归并完的其余元素都添加到 C 中，最后返回 C。对应的算法如下：

图1.2　两个有序集合求并集

```
public static SqListClass<Integer> Union(SqListClass<Integer> A,SqListClass<Integer> B)
{   SqListClass<Integer> C=new SqListClass<Integer>();
    Integer ea,eb;
    int i=0,j=0;
    while(i<A.size() && j<B.size())
    {   ea=A.GetElem(i);
        eb=B.GetElem(j);
        if(ea<eb)                           //将较小元素ea添加到C中
        {   C.Add(ea);
            i++;
        }
        else if(eb<ea)                      //将较小元素eb添加到C中
        {   C.Add(eb);
            j++;
        }
        else                                //公共元素只添加一个
        {   C.Add(ea);
            i++; j++;
        }
    }
    while(i<A.size())                       //若A未遍历完,将余下的所有元素添加到C中
    {   C.Add(A.GetElem(i));
        i++;
    }
    while(j<B.size())                       //若B未遍历完,将余下的所有元素添加到C中
    {   C.Add(B.GetElem(j));
        j++;
    }
    return C;
}
```

上述算法的时间复杂度为 $O(m+n)$，空间复杂度为 $O(m+n)$，其中 m 和 n 分别表示 A 和 B 中元素的个数。与本节中第 8 题的算法相比，这里利用有序顺序表提高了算法的效率。

10. 有两个集合采用整数顺序表 A、B 存储，设计一个算法求两个集合的差集 C，C 仍然用顺序表存储，并给出算法的时间和空间复杂度。例如 $A=(1,3,2)$，$B=(5,1,4,2)$，并集 $C=(3)$。

解：将集合 A 中所有不属于集合 B 的元素添加到 C 中，最后返回 C。对应的算法如下：

```
public static SqListClass<Integer> Diff(SqListClass<Integer> A,SqListClass<Integer> B)
{  SqListClass<Integer> C=new SqListClass<Integer>();
   Integer e;
   for(int i=0;i<A.size();i++)                //将 A 中不属于 B 的元素添加到 C 中
   {    e=A.GetElem(i);                       //时间为 O(1)
        if(B.GetNo(e)==-1)                    //时间为 O(n)
             C.Add(e);
   }
   return C;                                  //返回 C
}
```

上述算法的时间复杂度为 $O(m\times n)$，空间复杂度为 $O(m)$，其中 m 和 n 分别表示 A 和 B 中元素的个数。

11. 有两个集合采用递增有序的整数顺序表 A、B 存储，设计一个在时间上尽可能高效的算法求两个集合的差集 C，C 仍然用顺序表存储，并给出算法的时间和空间复杂度。例如 $A=(1,3,5,7)$，$B=(1,2,4,5,9)$，差集 $C=(3,7)$。

解：差集 C 中的元素是属于 A 而不属于 B 的元素，由于顺序表 A、B 是有序的，采用二路归并方法，在归并中先将 A 中小于 B 的元素添加到 C 中，当 B 遍历完后再将 A 中较大的元素（如果存在这样的元素）添加到 C 中，最后返回 C。对应的算法如下：

```
public static SqListClass<Integer> Diff(SqListClass<Integer> A,SqListClass<Integer> B)
{  SqListClass<Integer> C=new SqListClass<Integer>();
   Integer ea,eb;
   int i=0,j=0;
   while(i<A.size() && j<B.size())
   {    ea=A.GetElem(i);
        eb=B.GetElem(j);
        if(ea<eb)                              //将较小元素 ea 添加到 C 中
        {    C.Add(ea);
             i++;
        }
        else if(eb<ea)                         //忽略较小元素 eb
             j++;
        else                                   //忽略公共元素
        {    i++;
             j++;
        }
   }
   while(i<A.size())                           //若 A 未遍历完，将余下的所有元素添加到 C 中
```

```
    {   C.Add(A.GetElem(i));
        i++;
    }
    return C;
}
```

上述算法的时间复杂度为 $O(m+n)$,空间复杂度为 $O(m)$,其中 m 和 n 分别表示 A 和 B 中元素的个数。与本节中第 10 题的算法相比,这里利用有序顺序表提高了算法的效率。

12. 有两个集合采用整数顺序表 A、B 存储,设计一个算法求两个集合的交集 C,C 仍然用顺序表存储,并给出算法的时间和空间复杂度。例如 $A=(1,3,2)$,$B=(5,1,4,2)$,交集 $C=(1,2)$。

解:将集合 A 中所有属于 B 的元素添加到集合 C 中,最后返回 C。对应的算法如下:

```
public static SqListClass<Integer> Inter(SqListClass<Integer> A,SqListClass<Integer> B)
{  SqListClass<Integer> C=new SqListClass<Integer>();
   Integer e;
   for(int i=0;i<A.size();i++)              //将 B 中属于 A 的元素添加到 C 中
   {    e=A.GetElem(i);                      //时间复杂度为 O(1)
        if(B.GetNo(e)!=-1)                   //时间复杂度为 O(n)
             C.Add(e);
   }
   return C;                                 //返回 C
}
```

上述算法的时间复杂度为 $O(m\times n)$,空间复杂度为 $O(\mathrm{MIN}(m,n))$,其中 m 和 n 分别表示 A 和 B 中元素的个数。

13. 有两个集合采用递增有序的整数顺序表 A、B 存储,设计一个在时间上尽可能高效的算法求两个集合的交集 C,C 仍然用顺序表存储,并给出算法的时间和空间复杂度。例如 $A=(1,3,5,7)$,$B=(1,2,4,5,7)$,交集 $C=(1,5,7)$。

解:由于顺序表 A、B 是有序的,采用二路归并方法,在归并中仅仅将 A、B 中相同值的元素添加到 C 中,最后返回 C。对应的算法如下:

```
public static SqListClass<Integer> Inter(SqListClass<Integer> A,SqListClass<Integer> B)
{  SqListClass<Integer> C=new SqListClass<Integer>();
   Integer ea,eb;
   int i=0,j=0;
   while(i<A.size() && j<B.size())
   {    ea=A.GetElem(i);
        eb=B.GetElem(j);
        if(ea<eb)                            //忽略较小元素 ea
             i++;
        else if(eb<ea)                       //忽略较小元素 eb
             j++;
        else                                 //仅仅将公共元素添加到 C 中
        {    C.Add(ea);
             i++; j++;
        }
   }
```

```
    return C;
}
```

上述算法的时间复杂度为$O(m+n)$，空间复杂度为$O(\mathrm{MIN}(m,n))$，其中m和n分别表示A和B中元素的个数。与本节中第12题的算法相比，这里利用有序顺序表提高了算法的效率。

14. 有一个整数单链表L，设计一个算法删除其中所有值为x的结点，并给出算法的时间和空间复杂度。例如$L=(1,2,2,3,1)$，$x=2$，删除后$L=(1,3,1)$。

解：设置(pre,p)指向L中相邻的两个结点，初始时pre指向头结点，p指向首结点。用p遍历L：

(1) 若p结点的值为x，通过pre结点删除p结点，置p结点为pre结点的后继结点。

(2) 若p结点的值不为x，pre和p同步后移一个结点。

对应的算法如下：

```
public static void Delx(LinkListClass<Integer> L, Integer x)
{  LinkNode<Integer> pre=L.head, p=pre.next;          //p指向首结点
   while(p!=null)                                      //遍历所有数据结点
   {    if(p.data==x)                                  //找到值为x的p结点
        {    pre.next=p.next;                          //通过pre结点删除p结点
             p=pre.next;                               //置p结点为pre结点的后继结点
        }
        else                                           //p结点不是值为x的结点
        {    pre=pre.next;                             //pre和p同步后移一个结点
             p=pre.next;
        }
   }
}
```

上述算法的时间复杂度为$O(n)$，空间复杂度为$O(1)$。

15. 有一个单链表L，设计一个算法在第i个结点之前插入一个元素x，若参数错误返回false，否则插入后返回true，并给出算法的时间和空间复杂度。例如L=(1,2,3,4,5)，$i=0$，$x=6$，插入后$L=(6,1,2,3,4,5)$。

解：i参数的有效范围是$0\sim n-1$。从头结点开始查找第$i-1$个结点，若不存在，则返回false；若存在第$i-1$个结点pre，在其后插入含值x的结点s，返回true。对应的算法如下：

```
public static boolean Inserti(LinkListClass<Integer> L, int i, Integer x)
{  LinkNode<Integer> pre=L.head, s;                    //pre指向头结点
   if(i<0) return false;
   int j=-1;
   while(j<i-1 && pre!=null)                           //查找第i-1个结点pre
   {   j++;
       pre=pre.next;
   }
   if(pre==null)                                       //没有找到第i-1个结点
       return false;
   else                                                //找到第i-1个结点pre
```

```
    {   s=new LinkNode<Integer>(x);
        s.next=pre.next;                                    //在pre结点之后插入s结点
        pre.next=s;
        return true;
    }
}
```

上述算法的时间复杂度为$O(n)$,空间复杂度为$O(1)$。

16. 有一个整数单链表L,设计一个尽可能高效的算法将所有负整数的元素移到其他元素的前面。例如,$L=(1,2,-1,-2,3,-3,4)$,移动后$L=(-1,-2,-3,1,2,3,4)$。

解法1:删除插入法。先跳过单链表L开头的负整数结点,last指向最后一个负整数结点,p指向其后继结点。pre置为last,(pre,p)遍历余下的结点:

(1) 若p结点的值<0,通过pre结点删除p结点,再将p结点插入last结点之后,然后置last=p,p继续指向pre结点的后继结点,以此类推,直到p为空。

(2) 否则,pre和p同步后移一个结点。

对应的算法如下:

```
public static void Move1(LinkListClass<Integer> L)
{ LinkNode<Integer> last=L.head,p=L.head.next,pre,q;
  while(p!=null && p.data<0)              //跳过开头的负整数结点
  {   last=last.next;                     //将last、p结点同步后移一个结点
      p=p.next;                           //循环结束后last结点为前面负整数的尾结点
  }
  pre=last;
  while(p!=null)                          //查找负整数结点p
  {   if(p.data<0)                        //找到负整数结点p
      {   pre.next=p.next;                //删除p结点
          p.next=last.next;               //将p结点插入last结点之后
          last.next=p; last=p;
          p=pre.next;
      }
      else                                //p结点不是负整数结点
      {   pre=pre.next;                   //将last、p结点同步后移一个结点
          p=pre.next;
      }
  }
}
```

解法2:分拆合并法。扫描单链表L,采用尾插法建立由所有负整数结点构成的单链表A,采用尾插法建立由所有其他结点构成的单链表B(A、B均带头结点)。将B链接到A,再将L的头结点作为新单链表的头结点。对应的算法如下:

```
public static void Move2(LinkListClass<Integer> L)
{ LinkNode<Integer> p=L.head.next,pre,q;
  LinkNode<Integer> A=new LinkNode<Integer>();
  LinkNode<Integer> B=new LinkNode<Integer>();
  LinkNode<Integer> ta=A,tb=B;               //ta、tb分别为A和B的尾结点
  while(p!=null)
```

```
    {   if(p.data<0)                          //找到负整数结点 p
        {   ta.next=p;                        //将 p 结点连接到 A 的末尾
            ta=p;
            p=p.next;
        }
        else                                  //不是负整数结点 p
        {   tb.next=p;                        //将 p 结点连接到 B 的末尾
            tb=p;
            p=p.next;
        }
    }
    ta.next=tb.next=null;                     //两个单链表的尾结点的 next 置为 null
    ta.next=B.next;                           //将 B 连接到 A 的后面
    L.head.next=A.next;                       //重置 L
}
```

17. 有两个集合采用整数单链表 A、B 存储，设计一个算法求两个集合的并集 C，C 仍然用单链表存储，并给出算法的时间和空间复杂度。例如 $A=(1,3,2)$，$B=(5,1,4,2)$，并集 $C=(1,3,2,5,4)$。

解：本题直接利用本节中第 8 题的求解思路，只将顺序表改为单链表（两者的时间复杂度相同）。将集合 A 中的所有元素添加到 C 中，再将集合 B 中不属于 A 的元素添加到集合 C 中，最后返回 C。对应的算法如下：

```
public static LinkListClass<Integer> Union(LinkListClass<Integer> A,LinkListClass<Integer> B)
{ LinkListClass<Integer> C=new LinkListClass<Integer>();
  int i,j;
  Integer e;
  for(i=0;i<A.size();i++)                     //将 A 中的所有元素添加到 C 中
      C.Add(A.GetElem(i));
  for(j=0;j<B.size();j++)                     //将 B 中不属于 A 的元素添加到 C 中
  {   e=B.GetElem(j);                         //时间复杂度为 O(n)
      if(A.GetNo(e)==-1)                      //时间复杂度为 O(n)
          C.Add(e);
  }
  return C;                                   //返回 C
}
```

上述算法的时间复杂度为 $O(m\times n)$，空间复杂度为 $O(m+n)$，其中 m 和 n 分别表示 A 和 B 中元素的个数。

18. 有两个集合采用递增有序的整数单链表 A、B 存储，设计一个在时间上尽可能高效的算法求两个集合的并集 C，C 仍然用单链表存储，并给出算法的时间和空间复杂度。例如 $A=(1,3,5,7)$，$B=(1,2,4,5,7)$，并集 $C=(1,2,3,4,5,7)$。

解：本题可以直接利用本节中第 9 题的求解思路，只需要将顺序表改为单链表，但在顺序表中 GetElem(i)的时间为 $O(1)$，而单链表中 GetElem(i)的时间为 $O(n)$，为了提高效率，此处改为采用二路归并+尾插法建立并集 C 单链表。对应的算法如下：

```
public static LinkListClass<Integer> Union(LinkListClass<Integer> A,LinkListClass<Integer> B)
{ LinkListClass<Integer> C=new LinkListClass<Integer>();
```

```
    LinkNode<Integer> t=C.head;                //t 指向 C 的尾结点
    LinkNode<Integer> p=A.head.next;
    LinkNode<Integer> q=B.head.next;
    while(p!=null && q!=null)
    {   if(p.data<q.data)                      //将较小结点 p 添加到 C 中
        {   t.next=p; t=p;
            p=p.next;
        }
        else if(q.data<p.data)                 //将较小结点 q 添加到 C 中
        {   t.next=q; t=q;
            q=q.next;
        }
        else                                   //公共结点只放一个
        {   t.next=p; t=p;
            p=p.next;
            q=q.next;
        }
    }
    t.next=null;
    if(p!=null) t.next=p;                      //若 A 未遍历完,将余下的所有结点连接到 C 中
    if(q!=null) t.next=q;                      //若 B 未遍历完,将余下的所有结点连接到 C 中
    return C;
}
```

上述算法的时间复杂度为 $O(m+n)$,空间复杂度为 $O(1)$,其中 m 和 n 分别表示 A 和 B 中元素的个数。与本节中第 17 题的算法相比,这里利用有序性提高了算法的效率。

说明:这里单链表 C 是利用 A 和 B 单链表的结点重构得到的,并没有新建结点,算法执行后 A 和 B 单链表不复存在。若采用结点复制的方法,不破坏 A 和 B 单链表,对应的时间复杂度为 $O(m+n)$,空间复杂度为 $O(m+n)$。

19. 有两个集合采用整数单链表 A、B 存储,设计一个算法求两个集合的差集 C,C 仍然用单链表存储,并给出算法的时间和空间复杂度。例如 $A=(1,3,2)$,$B=(5,1,4,2)$,并集 $C=(3)$。

解:本题直接利用本节中第 10 题的求解思路,只将顺序表改为单链表(两者的时间复杂度相同),即将集合 A 中所有不属于集合 B 的元素添加到 C 中,最后返回 C。对应的算法如下:

```
public static LinkListClass<Integer> Diff(LinkListClass<Integer> A, LinkListClass<Integer> B)
{ LinkListClass<Integer> C=new LinkListClass<Integer>();
  Integer e;
  for(int i=0;i<A.size();i++)                 //将 A 中不属于 B 的元素添加到 C 中
  {   e=A.GetElem(i);                          //时间复杂度为 O(n)
      if(B.GetNo(e)==-1)                       //时间复杂度为 O(n)
          C.Add(e);
  }
  return C;                                    //返回 C
}
```

上述算法的时间复杂度为 $O(m\times n)$,空间复杂度为 $O(m)$,其中 m 和 n 分别表示 A 和

B 中元素的个数。

20. 有两个集合采用递增有序的整数单链表 A、B 存储，设计一个在时间上尽可能高效的算法求两个集合的差集 C，C 仍然用单链表存储，并给出算法的时间和空间复杂度。例如 $A=(1,3,5,7)$，$B=(1,2,4,5,9)$，差集 $C=(3,7)$。

解：采用二路归并+尾插法建立并集 C 单链表。差集 C 中的元素是属于 A 而不属于 B 的元素，在归并中先将 A 中小于 B 的元素添加到 C 中，当 B 遍历完后再将 A 中较大的元素（如果存在这样的元素）添加到 C 中，最后返回 C。对应的算法如下：

```
public static LinkListClass<Integer> Diff(LinkListClass<Integer> A, LinkListClass<Integer> B)
{ LinkListClass<Integer> C=new LinkListClass<Integer>();
  LinkNode<Integer> t=C.head;                  //t 指向 C 的尾结点
  LinkNode<Integer> p=A.head.next;
  LinkNode<Integer> q=B.head.next;
  while(p!=null && q!=null)
  {   if(p.data<q.data)                       //将较小结点 p 添加到 C 中
      {   t.next=p; t=p;
          p=p.next;
      }
      else if(q.data<p.data)                  //忽略较小结点 q
          q=q.next;
      else                                    //忽略公共结点
      {   p=p.next;
          q=q.next;
      }
  }
  t.next=null;
  if(p!=null) t.next=p;                       //若 A 未遍历完，将余下的所有结点连接到 C 中
  return C;
}
```

上述算法的时间复杂度为 $O(m+n)$，空间复杂度为 $O(m)$，其中 m 和 n 分别表示 A 和 B 中元素的个数。与本节中第 19 题的算法相比，这里利用有序性提高了算法的效率。

21. 有两个集合采用整数单链表 A、B 存储，设计一个算法求两个集合的交集 C，C 仍然用单链表存储，并给出算法的时间和空间复杂度。例如 $A=(1,3,2)$，$B=(5,1,4,2)$，交集 $C=(1,2)$。

解：本题直接利用本节中第 12 题的求解思路，只将顺序表改为单链表（两者的时间复杂度相同），即将集合 A 中所有属于 B 的元素添加到集合 C 中，最后返回 C。对应的算法如下：

```
public static LinkListClass<Integer> Inter(LinkListClass<Integer> A, LinkListClass<Integer> B)
{ LinkListClass<Integer> C=new LinkListClass<Integer>();
  Integer e;
  for(int i=0;i<A.size();i++)                 //将 B 中属于 A 的元素添加到 C 中
  {   e=A.GetElem(i);                         //时间复杂度为 O(n)
      if(B.GetNo(e)!=-1)                      //时间复杂度为 O(n)
          C.Add(e);
  }
```

```
    return C;                                  //返回C
}
```

上述算法的时间复杂度为$O(m\times n)$，空间复杂度为$O(\mathrm{MIN}(m,n))$，其中m和n分别表示A和B中元素的个数。

22. 有两个集合采用递增有序的整数单链表A、B存储，设计一个在时间上尽可能高效的算法求两个集合的交集C，C仍然用单链表存储，并给出算法的时间和空间复杂度。例如$A=(1,3,5,7)$，$B=(1,2,4,5,7)$，交集$C=(1,5,7)$。

解：采用二路归并＋尾插法建立并集C单链表，在归并中仅仅将A、B中值相同的元素添加到C中，最后返回C。对应的算法如下：

```
public static LinkListClass<Integer> Inter(LinkListClass<Integer> A,LinkListClass<Integer> B)
{  LinkListClass<Integer> C=new LinkListClass<Integer>();
   LinkNode<Integer> t=C.head;                 //t 结点指向C的尾结点
   LinkNode<Integer> p=A.head.next;
   LinkNode<Integer> q=B.head.next;
   while(p!=null && q!=null)
   {    if(p.data<q.data)                      //忽略较小结点 p
             p=p.next;
        else if(q.data<p.data)                 //忽略较小结点 q
             q=q.next;
        else                                   //仅仅将公共结点添加到C中
        {    t.next=p; t=p;
             p=p.next;
             q=q.next;
        }
   }
   return C;
}
```

上述算法的时间复杂度为$O(m+n)$，空间复杂度为$O(\mathrm{MIN}(m,n))$，其中m和n分别表示A和B中元素的个数。与本节中第21题的算法相比，这里利用有序性提高了算法的效率。

23. 有两个递增有序的整数单链表A、B，分别含m和n个元素，设计一个在时间上尽可能高效的算法将这$m+n$个元素合并到单链表C中，使得C中的所有整数递减排列，并给出算法的时间和空间复杂度。例如$A=(1,3,5,7)$，$B=(1,2,8)$，合并后$C=(8,7,5,3,2,1,1)$。

解：采用二路归并＋头插法建立单链表C。对应的算法如下：

```
public static LinkListClass<Integer> Union(LinkListClass<Integer> A,LinkListClass<Integer> B)
{  LinkListClass<Integer> C=new LinkListClass<Integer>();
   LinkNode<Integer> p=A.head.next;
   LinkNode<Integer> q=B.head.next;
   LinkNode<Integer> tmp;
   while(p!=null && q!=null)
   {    if(p.data<q.data)                      //将较小结点添加到C中
        {    tmp=p.next;                       //tmp 临时保存 p 结点的后继结点
             p.next=C.head.next;               //将 p 结点插入到C的表头
```

```
            C.head.next=p;
            p=tmp;
        }
        else if(q.data<p.data)                     //将较小结点添加到C中
        {   tmp=q.next;                            //tmp临时保存q结点的后继结点
            q.next=C.head.next;                    //将q结点插入C的表头
            C.head.next=q;
            q=tmp;
        }
        else
        {   tmp=p.next;                            //tmp临时保存p结点的后继结点
            p.next=C.head.next;                    //将p结点插入C的表头
            C.head.next=p;
            p=tmp;
            tmp=q.next;                            //tmp临时保存q结点的后继结点
            q.next=C.head.next;                    //将q结点插入C的表头
            C.head.next=q;
            q=tmp;
        }
    }
    if(q!=null) p=q;                               //让p指向未遍历完的结点
    while(p!=null)                                 //遍历其他结点
    {   tmp=p.next;                                //将p结点插入C的表头
        p.next=C.head.next;
        C.head.next=p;
        p=tmp;
    }
    return C;
}
```

上述算法的时间复杂度为 $O(m+n)$，空间复杂度为 $O(1)$。

24. 有一个整数双链表 L，设计一个算法将所有结点逆置。

解：采用头插法建表的思路，用 p 遍历所有数据结点，先将新表看成只有一个头结点的双链表，然后将每个 p 结点插入该双链表的表头。对应的算法如下：

```
public static void Reverse(DLinkListClass<Integer> L)
{ DLinkNode<Integer> p=L.dhead.next,q;   //p结点指向首结点
  L.dhead.next=null;
  while(p!=null)                          //遍历其他数据结点
  {   q=p.next;                           //临时保存p结点的后继结点
      p.next=L.dhead.next;                //将p结点插入表头
      if(L.dhead.next!=null)
          L.dhead.next.prior=p;
      L.dhead.next=p;
      p.prior=L.dhead;
      p=q;
  }
}
```

25. 有一个递增有序的整数双链表 L，其中至少有两个结点，设计一个算法就地删除 L

中所有值重复的结点，即多个值相同的结点仅保留一个。例如，$L=(1,2,2,2,3,5,5)$，删除后 $L=(1,2,3,5)$。

解：在递增有序的整数双链表 L 中，值相同的结点一定是相邻的。首先让 pre 结点指向首结点，p 指向其后继结点，循环直到 p 结点为 null：

(1) 若 p 结点的值等于前驱结点 pre 的值，通过 pre 结点删除 p 结点，置 p=pre.next，以此类推，直到 p 结点为空。

(2) 否则，pre、p 结点同步后移一个结点。

对应的算法如下：

```
public static void Delsame(DLinkListClass<Integer> L)
{ DLinkNode<Integer> pre=L.dhead.next,p=pre.next;
  while(p!=null)                              //p 遍历所有其他结点
  {   if(p.data==pre.data)                    //p 结点是重复的要删除的结点
      {   pre.next=p.next;                    //通过 pre 结点删除 p 结点
          if(p.next!=null)
              p.next.prior=pre;
          p=pre.next;
      }
      else                                    //p 结点不是重复的结点
      {   pre=p;                              //pre、p 结点同步后移一个结点
          p=pre.next;
      }
  }
}
```

26. 有两个递增有序的整数双链表 A 和 B，分别含有 m 和 n 个整数元素，假设这 $m+n$ 个元素均不相同，设计一个算法求这 $m+n$ 个元素中第 $k(1\leqslant k\leqslant m+n)$ 小的元素值。例如，$A=(1,3)$，$B=(2,4,6,8,10)$，$k=2$ 时返回 2，$k=6$ 时返回 8。

解：本算法仍采用二路归并的思路。若 $k<1$ 或者 $k>$A.size()+B.size()，表示参数 k 错误，抛出异常，否则用 p、q 分别扫描有序双链表 A、B，用 cnt 累计比较次数(从 0 开始)。

(1) 当两个顺序表均没有扫描完时，比较它们的当前元素，每比较一次 cnt 增 1，当 $k==$ cnt 时较小的元素就是返回的最终结果。

(2) 否则，如果没有返回，让 p 指向没有比较完的结点，继续遍历并且递增 cnt，直到找到第 k 个结点 p 后返回其值。

对应的算法如下：

```
public static Integer topk(DLinkListClass<Integer> A, DLinkListClass<Integer> B, Integer k)
{ if(k<1 || k>A.size()+B.size())
      throw new IllegalArgumentException("参数错误");
  DLinkNode<Integer> p=A.dhead.next,q=B.dhead.next;
  int cnt=0;
  while(p!=null && q!=null)                   //A、B 均没有遍历完
  {   cnt++;                                  //比较次数增加 1
      if(p.data<q.data)                       //p 结点较小
      {   if(cnt==k)                          //已比较 k 次，返回 p 结点的值
              return p.data;
```

```
            p=p.next;
        }
        else                                    //q结点较小
        {   if(cnt==k)                          //已比较k次,返回q结点的值
                return q.data;
            q=q.next;
        }
    }
    if(q!=null) p=q;                            //p结点指向没有比较完的结点
    cnt++;                                      //从p结点开始累计cnt
    while(cnt!=k && p!=null)                    //遍历剩余的结点
    {   p=p.next;
        cnt++;
    }
    return p.data;
}
```

27. 有一个整数循环单链表 L,设计一个算法判断其元素是否为递增有序的。例如,$L=(1,2,2)$时返回 true,$L=(1,3,2)$时返回 false。

解:用 pre 指向循环单链表 L 的首结点,若 pre.next 为空,表示仅一个结点,返回 true;否则 p 指向 pre 结点的后继结点,用 p 遍历所有结点,若逆序返回 false,否则 pre、p 结点同步后移一个结点,遍历完毕时返回 true。对应的算法如下:

```
public static boolean Inc(CLinkListClass<Integer> L)
{ LinkNode<Integer> pre=L.head.next;          //pre结点指向首结点
  if(pre.next==null) return true;              //仅一个结点时返回true
  LinkNode<Integer> p=pre.next;               //p结点指向pre结点的后继结点
  while(p!=L.head)                             //遍历循环单链表
  {   if(p.data<pre.data)                      //逆序时返回false
          return false;
      pre=p;                                   //pre、p结点同步后移一个结点
      p=pre.next;
  }
  return true;
}
```

28. 有一个整数循环单链表 L,设计一个算法将其中的第一个最小结点移到表头。例如,$L=(2,3,1,1)$,移动后 $L=(1,2,3,1)$。

解:先遍历循环单链表 L,找到第一个最小值结点 minp 及其前驱结点 minpre,通过 minpre 结点删除 minp 结点,再将 minp 结点插入表头。对应的算法如下:

```
public static void Move(CLinkListClass<Integer> L)
{ LinkNode<Integer> pre=L.head,p=pre.next;
  LinkNode<Integer> minpre=pre,minp=p;
  while(p!=L.head)                             //查找第一个最小值结点minp
  {   if(p.data<minp.data)
      {   minp=p;
          minpre=pre;
      }
      pre=p;                                   //pre、p结点同步后移一个结点
```

```
        p=pre.next;
    }
    minpre.next=minp.next;                          //删除 minp 结点
    minp.next=L.head.next;                          //将 minp 结点插入表头
    L.head.next=minp;
}
```

29. 有一个整数循环双链表 A,设计一个算法由 A 复制建立一个相同的循环双链表 B,并给出算法的时间和空间复杂度。例如,$A=(1,2,3)$,复制后 $B=(1,2,3)$。

解:先创建一个空的循环双链表 B,遍历循环双链表 A 的每个结点,复制产生 s 结点,然后采用尾插法将 s 结点链接到 B 的表尾。对应的算法如下:

```
public static CDLinkListClass<Integer> Copy(CDLinkListClass<Integer> A)
{ DLinkNode<Integer> p=A.dhead.next,s,t;
  CDLinkListClass<Integer> B=new CDLinkListClass<Integer>();
  t=B.dhead;                                  //t 结点始终指向尾结点,开始时指向头结点
  while(p!=A.dhead)
  {   s=new DLinkNode<Integer>(p.data);       //新建存放 p.data 的结点 s
      t.next=s;                               //将 s 结点插入 t 结点之后
      s.prior=t; t=s;
      p=p.next;
  }
  t.next=B.dhead;                             //将尾结点的 next 成员置为 dhead
  B.dhead.prior=t;                            //将头结点的 prior 成员置为 t
  return B;
}
```

上述算法的时间复杂度为 $O(n)$,空间复杂度为 $O(n)$。

30. 有两个递增有序的整数循环双链表 A 和 B,分别含有 m 和 n 个整数元素,假设这 $m+n$ 个元素均不相同,设计一个算法求这 $m+n$ 个元素中第 $k(1\leqslant k\leqslant m+n)$大的元素值。例如,$A=(1,3)$,$B=(2,4,6,8,10)$,$k=2$ 时返回 8,$k=6$ 时返回 2。

解:与本节中第 26 题的求解思路类似,仅仅改为从后面向前面遍历(对于循环双链表,可以直接找到尾结点)。对应的算法如下:

```
public static Integer topk(CDLinkListClass<Integer> A,CDLinkListClass<Integer> B,Integer k)
{ if(k<1 || k>A.size()+B.size())
      throw new IllegalArgumentException("参数错误");
  DLinkNode<Integer> p=A.dhead.prior,q=B.dhead.prior;
  int cnt=0;
  while(p!=A.dhead && q!=B.dhead)             //A、B 均没有遍历完
  {   cnt++;                                  //比较次数增加 1
      if(p.data>q.data)                       //p 结点较大
      {   if(cnt==k)                          //已比较 k 次,返回 p 结点的值
              return p.data;
          p=p.prior;
      }
      else                                    //q 结点较大
      {   if(cnt==k)                          //已比较 k 次,返回 q 结点的值
              return q.data;
```

```
            q=q.prior;
        }
    }
    DLinkNode<Integer> h=A.dhead;                //h结点指向A的头结点
    if(q!=B.dhead)                               //若B没有比较完
    {   p=q;                                     //p结点指向B中对应的结点
        h=B.dhead;                               //h结点置为B的头结点
    }
    cnt++;                                       //从p结点开始累计cnt
    while(cnt!=k && p.prior!=h)                  //遍历剩余的结点
    {   p=p.prior;
        cnt++;
    }
    return p.data;
}
```

1.2.3　补充的单项选择题

1. 线性表是包含 $n(n\geqslant 0)$ 个________的有限序列。

A. 关系　　B. 字符　　C. 数据元素　　D. 数据项

答：线性表的定义是含 n 个元素的有限序列。答案为C。

2. 以下关于线性表和有序表的叙述中正确的是________。

A. 线性表中的元素不能重复出现

B. 有序表属于线性表的存储结构

C. 线性表和有序表的元素具有相同的逻辑关系

D. 有序表可以采用顺序表存储，而线性表不能采用顺序表存储

答：线性表和有序表中元素之间的关系都是线性关系。答案为C。

3. 以下关于顺序表的叙述中正确的是________。

A. 顺序表的优点是存储密度大且插入、删除运算的效率高

B. 顺序表的优点是具有随机存取特性

C. 顺序表中的所有元素可以连续存放也可以不连续存放

D. 在含 n 个元素的顺序表中查找序号为 i 的元素的时间复杂度为 $O(n)$

答：顺序表具有随机存取特性。答案为B。

4. 在含 n 个元素的顺序表中，算法的时间复杂度是 $O(1)$ 的是________。

A. 访问第 i 个元素 $(0\leqslant i\leqslant n-1)$ 和求第 i 个元素的前驱元素 $(1\leqslant i\leqslant n-1)$

B. 在第 i 个元素后插入一个新元素 $(0\leqslant i\leqslant n-1)$

C. 删除第 i 个元素 $(0\leqslant i\leqslant n-1)$

D. 将 n 个元素从小到大排序

答：在顺序表中访问第 i 个元素和第 $i-1$ 个元素的时间都是 $O(1)$。答案为A。

5. 线性表的链式存储结构与顺序存储结构相比，优点是________。

A. 所有操作的算法实现简单　　B. 便于随机存取

C. 便于插入和删除元素　　D. 节省存储空间

答：链式存储结构在插入和删除结点时不需要移动结点，是通过修改相关指针实现的。

答案为 C。

6. 线性表采用链表存储时,存放所有元素的结点地址________。

A. 必须是连续的　　B. 一定是不连续的

C. 部分地址必须是连续的　　D. 连续与否均可以

答:链表中存放所有元素的结点地址既可以连续,也可以不连续。答案为 D。

7. 单链表的存储密度________。

A. 大于 1　　B. 等于 1　　C. 小于 1　　D. 不能确定

答:在单链表中,若一个结点存放的数据元素的长度为 n,存放指针的长度为 m,则存储密度$=n/(n+m)<1$。答案为 C。

8. 对于单链表存储结构,以下说法中错误的是________。

A. 一个结点的数据成员用于存放线性表中的一个数据元素

B. 一个结点的指针成员用于指向下一个数据元素的结点

C. 单链表必须带有头结点

D. 单链表中的所有结点可以连续存放也可以不连续存放

答:单链表可以带头结点,也可以不带头结点。答案为 C。

9. 链表不具备的特点是________。

A. 可随机访问任一结点　　B. 插入、删除不需要移动结点

C. 不必事先估计存储空间　　D. 所需空间与其长度成正比

答:链表不具有随机存取特性。答案为 A。

10. 以下关于链表的叙述中不正确的是________。

A. 结点中除元素值外还包括指针成员,因此存储密度小于顺序存储结构

B. 逻辑上相邻的元素物理上不必相邻

C. 可以根据头结点地址直接计算出第 i 个结点的地址

D. 插入、删除运算操作方便,不必移动结点

答:链表不具有随机存取特性,所以不能由头结点地址直接计算出第 i 个结点的地址。答案为 C。

11. 若某线性表最常用的操作是查找序号为 i 的元素和在末尾插入元素,则选择________存储结构最节省时间。

A. 顺序表　　B. 带头结点的循环双链表

C. 单链表　　D. 带尾结点的循环单链表

答:顺序表中查找第 i 个元素和在末尾插入元素的时间均为 $O(1)$,而链表中查找第 i 个元素的时间为 $O(n)$。答案为 A。

12. 将两个各有 n 个元素的递增有序顺序表归并成一个有序顺序表,其最少的比较次数是________。

A. n　　B. $2n-1$　　C. $2n$　　D. $n-1$

答:当一个顺序表中的所有元素均小于另一个顺序表中的所有元素时,仅仅需要 n 次比较。答案为 A。

13. 以下关于单链表的叙述中正确的是________。

Ⅰ. 结点中除元素值外还包括指针成员,存储密度小于顺序表

Ⅱ. 找第 i 个结点的时间为 $O(1)$

Ⅲ. 在插入和删除操作时不必移动结点

A. 仅Ⅰ、Ⅱ　　B. 仅Ⅱ、Ⅲ　　C. 仅Ⅰ、Ⅲ　　D. Ⅰ、Ⅱ、Ⅲ

答：单链表的存储密度小于顺序表，在插入和删除中不必移动结点。答案为 C。

14. 有一个长度为 $n(n>1)$ 的带头结点的单链表 h，另设有尾指针 r（指向尾结点），执行________操作与链表的长度有关。

A. 删除单链表中的首结点

B. 删除单链表中的尾结点

C. 在单链表的首结点前插入一个新结点

D. 在单链表的尾结点后插入一个新结点

答：在这样的单链表中删除尾结点时需要找到尾结点的前驱结点（时间为 $O(n)$），通过它删除尾结点。答案为 B。

15. 已知一个长度为 n 的单链表是递增有序的，所有结点的值不相同，以下叙述中正确的是________。

A. 插入一个结点使之有序的算法的时间复杂度为 $O(1)$

B. 删除最大值结点使之有序的算法的时间复杂度为 $O(1)$

C. 找最小值结点的算法的时间复杂度为 $O(1)$

D. 以上都不对

答：在这样的单链表中最小值结点是首结点，找到它的时间为 $O(1)$。答案为 C。

16. 已知两个长度分别为 m 和 n 的递增单链表，若将它们合并为一个长度为 $m+n$ 的递减单链表，则最好情况下的时间复杂度是________。

A. $O(n)$　　B. $O(m)$　　C. $O(m\times n)$　　D. $O(m+n)$

答：由递增单链表产生递减单链表需要遍历全部结点。答案为 D。

17. 在一个双链表中，删除 p 结点（非尾结点）的操作是________。

A. p.prior.next=p.next; p.next.prior=p.prior;

B. p.prior=p.prior.prior; p.prior.prior=p;

C. p.next.prior=p; p.next=p.next.next;

D. p.next=p.prior.prior; p.prior=p.prior.prior;

答：删除操作如图 1.3 所示。答案为 A。

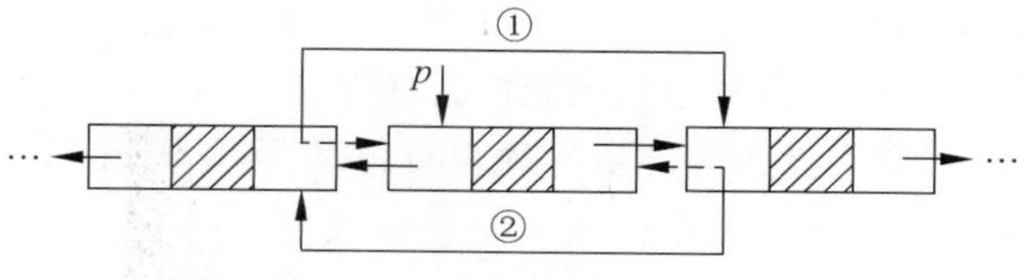

图 1.3　在双链表中删除结点 p

18. 在长度为 $n(n\geq 1)$ 的双链表 L 中，在 p 结点之前插入一个新结点 s 的时间复杂度为________。

A. $O(1)$　　B. $O(n)$　　C. $O(n^2)$　　D. $O(n\log_2 n)$

答：当双链表中给定 p 结点后，可以直接找到其前驱结点 pre，然后在 pre 结点和 p 结

点之间插入 s 结点。答案为A。

19. 在长度为 $n(n\geqslant1)$ 的双链表中插入一个结点 p(非尾结点)要修改________个指针成员。

A. 1　　B. 2　　C. 3　　D. 4

答:插入操作需要修改结点 p 的两个指针,以及其前驱结点的后继指针和其后继结点的前驱指针。答案为D。

20. 在长度为 $n(n\geqslant1)$ 的双链表中删除一个结点 p(非尾结点)要修改________个指针成员。

A. 1　　B. 2　　C. 3　　D. 4

答:删除操作需要修改结点 p 的前驱结点的后继指针和结点 p 的后继结点的前驱指针。答案为B。

21. 在存储同一个线性表时,以下关于单链表和双链表的比较中正确的是________。

A. 单链表的存储密度较双链表高

B. 单链表的存储密度较双链表低

C. 双链表较单链表存放更多的元素

D. 单链表不能表示线性表的逻辑关系,而双链表可以

答:单链表中的结点只有一个指针,双链表中的结点有两个指针,前者的存储密度大于后者。答案为A。

22. 与单链表相比,双链表的优点之一是________。

A. 插入、删除操作更简单　　B. 可以进行随机访问

C. 可以省略表头指针或表尾指针　　D. 访问前后相邻结点更方便

答:单链表只能通过指针向后遍历,而双链表可以通过前后指针双向遍历。答案为D。

23. 某个线性表最常用的操作是在尾结点之后插入一个结点和删除首结点,则该线性表采用________存储方式最合适。

A. 单链表　　B. 仅有头结点的循环单链表

C. 双链表　　D. 仅有尾指针的循环单链表

答:对于通过尾指针标识的循环单链表 L,在结点 L 后插入一个结点 s 的操作是"L. next=s; L=s",删除首结点的操作是"L. next=L. next. next",时间均为 $O(1)$。答案为D。

24. 与非循环单链表相比,循环单链表的主要优点是________。

A. 不再需要头结点

B. 已知某个结点能够容易地找到它的前驱结点

C. 在进行插入、删除操作时能更好地保证链表不断开

D. 从表中的任意结点出发都能遍历整个链表

答:在循环单链表中有一个环,可以从任意结点出发遍历整个链表。答案为D。

25. 非空循环单链表head的尾结点 p 满足________。

A. p. next==null　　B. p==null

C. p. next==head　　D. p==head

答:在非空循环单链表head(无论是否带头结点)中,尾结点满足p. next=head。答案为C。

26. 在长度为 $n(n \geqslant 1)$ 的循环单链表 L 中，删除尾结点的时间复杂度为________。

A. $O(1)$　　B. $O(n)$　　C. $O(n^2)$　　D. $O(n\log_2 n)$

答：在循环单链表 L 中删除尾结点时要先找到尾结点的前驱结点，其时间为 $O(n)$。答案为 B。

27. 有两个长度为 $n(n>1)$ 的不带头结点的单链表，结点类型相同，A 是非循环的，B 是循环的，则以下说法中正确的是________。

A. 对于这两个链表来说，删除首结点的时间复杂度都是 $O(1)$

B. 对于这两个链表来说，删除尾结点的时间复杂度都是 $O(n)$

C. 循环单链表 B 比非循环单链表 A 占用更多的内存空间

D. 以上都不对

答：在不带头结点的非循环单链表中删除首结点的时间为 $O(1)$，而在不带头结点的循环单链表中删除首结点时需要找到尾结点，让其指针指向删除后的新首结点，时间为 $O(n)$。但在两个单链表中删除尾结点的时间复杂度都是 $O(n)$。答案为 B。

28. 有一个非空循环双链表，在结点 p 之前插入结点 q 的操作是________。

A. p.prior=q；q.next=p；p.prior.next=q；q.prior=p.prior；

B. p.prior=q；p.prior.next=q；q.next=p；q.prior=p.prior；

C. q.next=p；q.prior=p.prior；p.prior=q；p.prior.next=q；

D. q.next=p；q.prior=p.prior；p.prior.next=q；p.prior=q；

答：插入操作如图 1.4 所示(p.prior 的修改尽可能放在后面执行)。答案为 D。

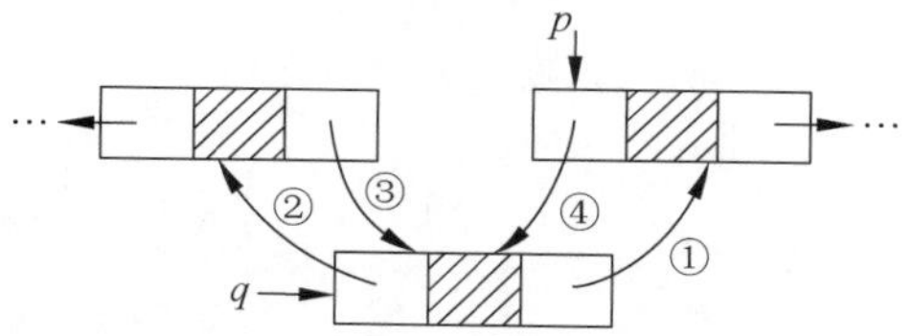

图 1.4　在结点 p 之前插入结点 q 的操作

29. 有一个非空循环双链表，在结点 p 之后插入结点 q 的操作是 q.next=p.next；p.next=q；q.prior=p；________。

A. p.next=q；　　B. q.prior.next=q；

C. q.next.prior=q；　　D. q.next.next=q；

答：如图 1.5 所示，在执行①、②、③步后，执行第④步修改结点 p 的后继结点的 prior 时 p.next 已经修改，此时结点 p 的后继结点可以通过 q.next 标识，所以该步操作是 q.next.prior=q。答案为 C。

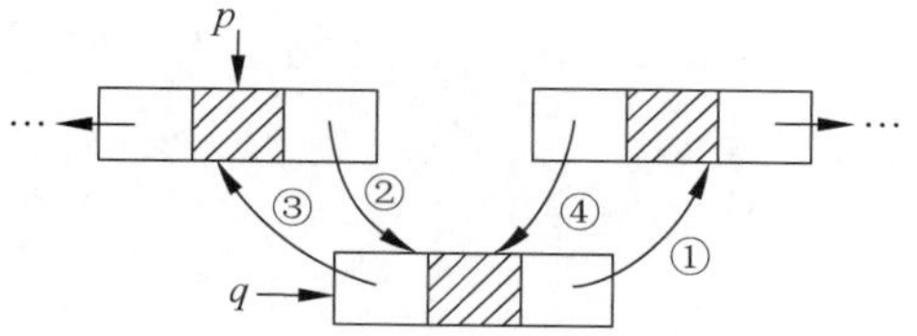

图 1.5　在结点 p 之后插入结点 q 的操作

30. 在长度为 n 的________上，删除尾结点的时间复杂度为 $O(1)$。

A. 单链表　　B. 双链表

C. 循环单链表　　D. 循环双链表

答：若删除尾结点的时间复杂度为 $O(1)$，必须能够在 $O(1)$ 的时间内找到尾结点，只有循环双链表满足该条件。答案为 D。

1.3 第3章 栈和队列

1.3.1 问答题

1. 简述线性表、栈和队列的异同。

答：线性表、栈和队列的相同点是它们的元素的逻辑关系都是线性关系；不同点是运算不同，线性表可以在两端和中间的任何位置插入和删除元素，而栈只能在同一端插入和删除元素，队列只能在一端插入元素，在另外一端删除元素。

2. 有 5 个元素，其进栈次序为 a、b、c、d、e，在各种可能的出栈次序中，以元素 c、d 最先出栈（即 c 第一个出栈且 d 第二个出栈）的次序有哪几个？

答：a、b、c 进栈，c 出栈，d 进栈，d 出栈，下一步的操作如下。

(1) b、a 出栈，e 进栈 e 出栈，得到出栈序列 cdbae。

(2) b 出栈，e 进栈 e 出栈，a 出栈，得到出栈序列 cdbea。

(3) e 进栈 e 出栈，b、a 出栈，得到出栈序列 cdeba。

可能的次序有 cdbae、cdbea、cdeba。

3. 一个栈用固定容量的数组 data 存放栈中元素，假设该容量为 n，则最多只能进栈 n 次，这句话正确吗？

答：这句话不正确。如果进栈、出栈操作交替进行，则可以进栈任意多次，但最多只能连续进栈 n 次。

4. 假设以 I 和 O 分别表示进栈和出栈操作，则初态和终态为栈空的进栈和出栈的操作序列可以表示为仅由 I 和 O 组成的序列，称可以实现的栈操作序列为合法序列（例如 IIOO 为合法序列，IOOI 为非法序列）。试给出区分给定序列为合法序列或非法序列的一般准则。

答：合法的栈操作序列必须满足以下两个条件。

(1) 在操作序列的任何前缀（从开始到任何一个操作时刻）中，I 的个数不得少于 O 的个数。

(2) 在整个操作序列中 I 和 O 的个数相等。

5. 若采用数组 data[1..m]存放栈元素，回答以下问题：

(1) 只能以 data[1]端作为栈底吗？

(2) 为什么不能以 data 数组的中间位置作为栈底？

答：(1) 也可以将 data[m]端作为栈底。

(2) 栈中元素是从栈底向栈顶方向生长的，如果以 data 数组的中间位置作为栈底，那么栈顶方向的另外一端空间就不能使用，会造成空间浪费，所以不能以 data 数组的中间位置作为栈底。

6. 解决顺序队列的“假溢出”现象有哪些方法？

答：当顺序队列出现“假溢出”现象时可采用以下几种方法来解决。

(1) 采用平移元素的方法：每当进队一个元素时，队列中已有的元素向队头移动一个位置(当然要有空闲的空间可供移动)，保持队尾位置不动。这样进队运算的时间复杂度为 $O(n)$。

(2) 每当出队一个队头元素时，队列中的其他元素向队头方向移动一个位置，保持队头位置不动。这样出队运算的时间复杂度为 $O(n)$。

(3) 采用循环队列方式：把队列看成一个首尾相接的环形队列，元素进队仅仅修改队尾指针，元素出队仅仅修改队头指针，没有元素的移动，这样进队和出队运算的时间复杂度均为 $O(1)$。

其中第 3 种方法是最优的，也是设计顺序队列采用的基本方法。

7. 假设循环队列的元素存储空间为 data[0..$m-1$]，队头指针 f 指向队头元素，队尾指针 r 指向队尾元素的下一个位置(例如 data[0..5]，队头元素为 data[2]，则 front=2，队尾元素为 data[3]，则 rear=4)，则在少用一个元素空间的前提下表示队空和队满的条件各是什么？

答：在一般教科书中设计循环队列时，让队头指针 f 指向队头元素的前一个位置，队尾指针 r 指向队尾元素。这里是队头指针 f 指向队头元素，队尾指针 r 指向队尾元素的下一个位置。这两种方法本质上没有差别，实际上最重要的是能够方便设置队空、队满的条件。

对于题目中指定的循环队列，f、r 的初始值为 0，以 $f==r$ 作为队空的条件，以 $(r+1)\%m==f$ 作为队满的条件。

元素 x 进队的操作是 data[r]=x； $r=(r+1)\%m$。队尾指针 r 指向队尾元素的下一个位置。

元素 x 出队的操作是 x=data[f]； $f=(f+1)\%m$。队头元素出队后，下一个元素成为队头元素。

8. 在算法设计中有时需要保存一系列临时数据元素，如果先保存的后处理，应该采用什么数据结构存放这些元素？如果先保存的先处理，应该采用什么数据结构存放这些元素？

答：如果先保存的后处理，应该采用栈数据结构存放这些元素。如果先保存的先处理，应该采用队列数据结构存放这些元素。

9. 栈和队列的特性正好相反，栈先进后出，队列先进先出，所以任何一个问题的求解要么采用栈，要么采用队列，不可能用两种数据结构来求解同一个问题。这句话正确吗？

答：这句话不正确。例如求解迷宫问题，既可以用栈，也可以用队列求解。如果迷宫问题只有唯一的迷宫路径，用两种方法求出的结果是相同的，否则用栈求出的迷宫问题不一定是最短路径，而用队列求出的迷宫问题一定是最短路径。

10. 简述普通队列和优先队列的差别。

答：普通队列是一种先进先出的数据结构，元素在队尾进队，而从队头出队，这样先进队的元素先出队。在优先队列中，元素被赋予优先级，出队时总是具有最高优先级的元素出队，出队的元素不一定是最先进队的元素。

1.3.2 算法设计题

1. 假设以I和O分别表示进栈和出栈操作，栈的初态和终栈均为空，进栈和出栈的操作序列str可表示为仅由I和O组成的字符串。设计一个算法判定str是否合法。

解：用一个字符栈st求解。对应的算法如下：

```
public static boolean judge1(String str)
{  Character e;
   Stack<Character> st=new Stack<Character>();
   for(int i=0;i<str.length();i++)
   {    e=str.charAt(i);
        if(e=='I')                                  //遇到I字符时将其进栈
             st.push(e);
        else if(e=='O')                             //遇到O字符，出栈栈顶字符I
        {    if(st.empty())
                  return false;
             st.pop();
        }
   }
   return st.empty();                               //栈为空时返回true;否则返回false
}
```

由于栈中仅有I字符，可以改为直接用n计数，遇到I时执行n++，遇到O时执行n--，每个字符判断后若$n<0$，返回false，最后返回$n==0$的结果。对应的算法如下：

```
public static boolean judge2(String str)
{  Character e;
   int n=0;
   for(int i=0;i<str.length();i++)
   {    e=str.charAt(i);
        if(e=='I')
             n++;
        else if(e=='O')
             n--;
        if(n<0) return false;
   }
   return n==0;
}
```

说明：解法1的空间复杂度为$O(n)$，解法2的空间复杂度为$O(1)$，但解法2仅仅适合只有一种类型括号的情况，如果有多种类型的括号，必须采用解法1来判断。

2. 给定一个字符串str，设计一个算法采用顺序栈判断str是否为形如“序列1@序列2”的合法字符串，其中序列2是序列1的逆序，在str中恰好只有一个@字符。

解：设计一个栈 st，遍历 str，将其中@字符前面的所有字符进栈，再扫描 str 中@字符后面的所有字符，对于每个字符 ch，退栈一个字符，如果两者不相同，则返回 false。当循环结束时，若 str 扫描完毕并且栈空，返回 true，否则返回 false。对应的算法如下：

```
public static boolean match(String str)
{   Character e;
    Stack<Character> st=new Stack<Character>();
    int i=0;
    while(i<str.length() && str.charAt(i)!='@')
    {   st.push(str.charAt(i));
        i++;
    }
    if(i==str.length())                              //没有找到@,返回 false
        return false;
    i++;                                             //跳过@
    while(i<str.length() && !st.empty())             //str 没有扫描完毕并且栈不空时循环
    {   if(str.charAt(i)!=st.pop())                  //两者不等返回 false
            return false;
        i++;
    }
    if(i==str.length() && st.empty())                //str 扫描完毕并且栈空时返回 true
        return true;
    else                                             //其他返回 false
        return false;
}
```

3. 设计一个算法，利用一个整数栈将一个整数队列中的所有元素倒过来，队头变队尾，队尾变队头。

解：设置一个整数栈 st，先将整数队列 qu 中的所有元素出队并进到 st 栈中，再将栈 st 中的所有元素出栈并进到 qu 队列中。对应的算法如下：、

```
public static void Reverse(Queue<Integer> qu)
{   Stack<Integer> st=new Stack<Integer>();
    while(!qu.isEmpty())
        st.push(qu.poll());
    while(!st.empty())
        qu.offer(st.pop());
}
```

4. 有一个整数数组 a，设计一个算法将所有偶数位的元素移动到所有奇数位的元素的前面，要求它们的相对次序不改变。例如，$a=\{1,2,3,4,5,6,7,8\}$，移动后，$a=\{2,4,6,8,1,3,5,7\}$。

解：采用两个队列来实现，先将 a 中所有的奇数位元素进队 qu1 中，所有的偶数位元素进队 qu2 中，再将 qu2 中的元素依次出队并放到 a 中，qu1 中的元素依次出队并放到 a 中。对应的算法如下：

```
public static void Move(int [] a)
{   Queue<Integer> qu1=new LinkedList<Integer>();       //存放奇数位元素
    Queue<Integer> qu2=new LinkedList<Integer>();       //存放偶数位元素
```

```
    int i=0;
    while(i<a.length)
    {   qu1.offer(a[i]);                              //奇数位元素进 qu1 队
        i++;
        if(i<a.length)
        {   qu2.offer(a[i]);                          //偶数位元素进 qu2 队
            i++;
        }
    }
    i=0;
    while(!qu2.isEmpty())                             //先取 qu2 队列的元素
        a[i++]=qu2.poll();
    while(!qu2.isEmpty())                             //再取 qu1 队列的元素
        a[i++]=qu1.poll();
}
```

5. 设计一个循环队列,用 data[0..MaxSize-1]存放队列元素,用 front 和 rear 分别作为队头和队尾指针,另外用一个标志 tag 标识队列可能空(false)或可能满(true),这样加上 front==rear 可以作为队空或队满的条件。要求设计队列的相关基本运算算法。

解:初始时 tag=false,front=rear=0,成功进队操作后 tag 置为 true(任何进队操作后队列不可能空,但可能满),成功出队操作后 tag 置为 false(任何出队操作后队列不可能满,但可能空),因此这样的队列的四要素如下。

(1) 队空条件:front==rear && !tag;

(2) 队满条件:front==rear && tag;

(3) 元素 x 进队:rear=(rear+1)%MaxSize; data[rear]=x; tag=true;

(4) 元素 x 出队:front=(front+1)%MaxSize; x=data[front]; tag=false;

设计对应的循环队列类如下:

```
class QUEUE                                    //队列类
{ final int MaxSize=10;
  int[] data;
  int front,rear;                              //队头和队尾指针
  boolean tag;                                 //为 false 时表示可能队空,为 true 时表示可能队满
  public QUEUE()                               //构造方法
  {   data=new int[MaxSize];
      front=rear=0;
      tag=false;
  }
  public boolean empty()                       //判队空
  {
      return front==rear && !tag;
  }
  public boolean full()                        //判队满
  {
      return tag && front==rear;
  }
  public void push(int x)                      //进队算法
  {   if(full())                               //队满
```

```
            throw new IllegalArgumentException("队满");
        rear=(rear+1)%MaxSize;
        data[rear]=x;
        tag=true;                          //至少有一个元素,可能满
    }
    public int pop()                       //出队算法
    {   if(empty())                        //队空
            throw new IllegalArgumentException("队空");
        front=(front+1)%MaxSize;
        int x=data[front];
        tag=false;                         //出队一个元素,可能空
        return x;                          //成功出队
    }
}
```

说明：本例设计的循环队列中最多可存放 MaxSize 个元素。

6. 用两个整数栈实现一个整数队列。

解：用两个整数栈 st1、st2 实现一个整数队列 QUEUE，st1 作为输入，st2 作为输出。这里的栈采用 Java 中的 Stack 容器实现。该队列提供的方法及其设计如下。

(1) boolean empty()：判队空。若 st1 和 st2 两个栈均为空，返回 true；否则返回 false。

(2) void push(int *e*)：元素 *e* 进队。若 st1 不满，将元素 *e* 进 st1 栈；否则将 st1 的所有元素出栈并进 st2 栈，再将 *e* 进 st1 栈。由于 Stack 容器的容量是动态扩展的，不考虑栈满的情况。

(3) int pop()：出队元素。若队空，抛出异常；否则，若 st2 栈不空，直接从 st2 出栈元素 *e*，若 st2 栈空，将 st1 中的所有元素出栈并进 st2 栈，再从 st2 出栈元素。

其操作要点如下：

(1) 两个栈的元素的转移都是一次性的，即一个栈的全部元素出栈并进另外一个栈中。

(2) 元素进队都是进入 st1 栈，元素出队都是从 st2 出来的。

对应的 QUEUE 队列类如下：

```
class QUEUE                                //用两个栈实现一个队列
{  Stack<Integer> st1;
   Stack<Integer> st2;
   public QUEUE()                          //构造方法
   {    st1=new Stack<Integer>();
        st2=new Stack<Integer>();
   }
   public boolean empty()                  //判队空
   {
        return st1.empty() && st2.empty();
   }
   public void push(int e)                 //元素 e 进队
   {
        st1.push(e);
   }
   public int pop()                        //出队元素 e
```

```
    {   if(empty())
            throw new IllegalArgumentException("队空");
        if(st2.empty())                          //若 st2 栈空
        {   while(!st1.empty())                  //将 st1 中的所有元素出栈并进 st2 栈
            {   st2.push(st1.peek());
                st1.pop();
            }
        }
        int e=st2.peek();                        //从 st2 出栈元素 e
        st2.pop();
        return e;
    }
}
```

7. 用两个整数队列实现一个整数栈。

解：用两个整数队列 qu1、qu2 实现一个整数栈 STACK，qu1 作为输入，qu2 作为输出，这里的队列采用 Java 中的 Queue 接口实现。该栈提供的方法及其设计如下。

(1) boolean empty()：判栈空。若 qu1 和 qu12 两个队均为空，返回 true；否则返回 false。

(2) void push(int *e*)：元素 *e* 进栈。如果 qu1 与 qu2 都为空，那么往 qu1 中插入元素；如果只有 qu1 不为空，那么往 qu1 中插入元素；如果只有 qu2 不为空，那么往 qu2 中插入元素。

(3) int pop()：出栈元素。若栈空，抛出异常；否则，若 qu2 队空，取 qu1 的队尾元素为出栈元素，其他进 qu2 队；若 qu2 不空，取 qu2 的队尾元素为出栈元素，其他进 qu1 队。

(4) int peek()：取栈顶元素。若栈空，抛出异常；否则，调用 pop()(得到出栈元素，再调用 push)()将其进栈。

其操作要点如下：

(1) 任何时候两个队列总有一个是空的。

(2) 进栈元素总是向非空队列中插入元素。

(3) 在出栈元素的时候总是将非空队列除队尾元素外的其他元素导入另一个空队中，该队尾元素出队并作为出栈元素。

对应的 STACK 栈类如下：

```
class STACK                                      //用两个队列栈实现一个栈
{ Queue<Integer> qu1;
  Queue<Integer> qu2;
  public STACK()                                 //构造方法
  {   qu1=new LinkedList<Integer>();
      qu2=new LinkedList<Integer>();
  }
  public boolean empty()                         //判栈空
  {
      return qu1.isEmpty() && qu2.isEmpty();
  }
  public void push(int e)                        //元素 e 进栈
  {   if(empty())                                //如果栈空,那么往 qu1 中插入元素
```

```
            qu1.offer(e);
        else if(!qu1.isEmpty())          //如果 qu1 不空,那么往 qu1 中插入元素
            qu1.offer(e);
        else if(!qu2.isEmpty())          //如果 qu2 不空,那么往 qu2 中插入元素
            qu2.offer(e);
    }
    public int pop()                     //出栈元素
    {   if(empty())
            throw new IllegalArgumentException("栈空");
        int e;
        if(qu2.isEmpty())                //若 qu2 空,将 qu1 的元素出队进 qu2
        {   while(true)
            {   e=qu1.poll();            //qu1 出队元素 e
                if(qu1.isEmpty())        //e 是 qu1 的队尾元素
                    break;               //退出循环
                qu2.offer(e);            //将 qu1 的非队尾元素进 qu2
            }
        }
        else                             //若 gu2 不空
        {   while(true)                  //取 qu2 的最后一个元素,其他进 qu1 队
            {   e=qu2.poll();            //qu2 出队元素 e
                if(qu2.isEmpty())        //e 是 qu2 的队尾元素
                    break;               //退出循环
                qu1.offer(e);            //将 qu2 的非队尾元素进 qu1
            }
        }
        return e;
    }
    public int peek()                    //取栈顶元素
    {   if(empty())
            throw new IllegalArgumentException("栈空");
        int e;
        e=pop();
        push(e);
        return e;
    }
}
```

1.3.3 补充的单项选择题

1. 若元素 a、b、c、d、e、f 依次进栈,允许进栈、退栈的操作交替进行,但不允许连续 3 次出栈,则不可能得到的出栈序列是________。

A. dcebfa　　B. cbdaef

C. bcaefd　　D. afedcb

答:对于选项 D,a 进栈 a 出栈,下一个是 *f* 出栈,必须让 b、c、d、e、f 依次进栈,再出栈 *f*,此时可以得到 afedcb 的出栈序列,但连续出栈 5 次,不满足要求。答案为 D。

2. 一个栈的进栈序列是 a,b,c,d,e,则栈不可能的输出序列是________。

A. edcba　　B. decba　　C. dceab　　D. abcde

答:对于选项 C,先出栈 d,必须让 a、b、c、d 依次进栈,再出栈 d 和 c,下一个是 e 出栈,将 e 进栈并出栈,但此时只能出栈 b、a,而不是 a、b。答案为 C。

3. 已知一个栈的进栈序列是 1,2,3,…,n,其输出序列的第一个元素是 $i(1\leqslant i\leqslant n)$,则第 $j(1\leqslant j\leqslant n)$ 个出栈元素是________。

A. i　　B. $n-i$　　C. $j-i+1$　　D. 不确定

答:这里的输出序列中的第一个元素是任意一个元素,这样的输出序列的个数是 $\frac{1}{n+1}C_{2n}^{n}$,无法确定第 j 个出栈元素。答案为 D。

4. 已知一个栈的进栈序列是 1,2,3,…,n,其输出序列是 $p_1,p_2,\cdots,p_n$,若 $p_1=n$,则 p_i 的值为________。

A. i　　B. $n-i$　　C. $n-i+1$　　D. 不确定

答:由于进栈序列的最后一个元素第一个出栈,所以出栈序列唯一,该出栈序列是 n,$n-1$,…,1,可以推出 $p_i=n-i+1$。答案为 C。

5. 设有 5 个元素的进栈序列是 a、b、c、d、e,其输出序列是 c、e、d、b、a,则该栈的容量至少是________。

A. 1　　B. 2　　C. 3　　D. 4

答:对应的操作是 a、b、c 进栈,栈为(a,b,c),c 出栈,d、e 进栈,栈为(a,b,d,e),e 出栈,d 出栈,b 出栈,a 出栈。栈中最多有 4 个元素。答案为 D。

6. 设 n 个元素的进栈序列是 1,2,3,…,n,其输出序列是 $p_1,p_2,\cdots,p_n$,若 $p_1=3$,则 p_2 的值为________。

A. 一定是 2　　B. 一定是 1　　C. 不可能是 1　　D. 以上都不对

答:当 $p_1=3$ 时,说明 1、2、3 先进栈,然后出栈 3,此时可以让 2 出栈,也可以让 4 进栈后再出栈,还可以让 4 进栈、5 进栈后再出栈,……,从中看到 p_2 可能是 2,也可能是 4、……、n,但一定不能是 1。答案为 C。

7. 由两个栈共享一个数组空间的好处是________。

A. 减少存取时间,降低上溢出发生的几率
B. 节省存储空间,降低上溢出发生的几率
C. 减少存取时间,降低下溢出发生的几率
D. 节省存储空间,降低下溢出发生的几率

答:两个栈共享一个数组空间的好处是节省存储空间,并且降低上溢出发生的几率。例如两个栈的初始大小均为 10,在两个栈中分别最多有 10 个元素,当采用初始大小为 20 的共享栈时,可以一个栈中有 12 个元素,另外一个栈中有 8 个元素。答案为 B。

8. 算术表达式 $(a+a\times b)\times a+c\times b/a$ 的后缀表达式是________。

A. $aab*+a*cb*a/+$　　B. $aa*b+a*cb*a/+$
C. $aab*a*cb*+a/+$　　D. $aab*+acb*a/+*$

答:选项 A 的后缀表达式的计算过程(用[]表示计算步骤)如下。

(1) $a\ [a*b]+a*cb*a/+$

(2) $[(a+a*b)]a*cb*a/+$

(3) $[(a+a*b)*a]cb*a/+$

(4) $(a+a*b)*a[c*b]a/+$

(5) $(a+a*b)*a[c*b/a]+$

(6) $[(a+a*b)*a+c*b/a]$

答案为A。

9. 将算术表达式“1+6/(8−5)*3”转换成后缀表达式，在求后缀表达式的过程中，当遇到*时运算数栈(从栈顶到栈底的次序)为________。

A. 8 6 1　　B. 5 8 1　　C. 3 2 1　　D. 3 6 1

答：算术表达式“1+6/(8−5)*3”的后缀表达式是“1 6 8 5−/3*+”，在求值时若遇到后缀表达式中的*，说明前面已经进行了−和/运算，运算数栈中从栈顶到栈底的次序为3 2 1。答案为C。

10. 当用一个数组 data[0..n−1]存放栈中的元素时，栈底最好________。

A. 设置在 data[0]处　　B. 设置在 data[n−1]处

C. 设置在 data[0]或 data[n−1]处　　D. 设置在 data 数组的任何位置

答：栈中元素的逻辑关系为线性关系，这样有两个端点，最好将栈底设置在某个端点的data[0]或 data[n−1]处，从而方便栈运算算法的设计。答案为C。

11. 若一个栈元素用数组 data[1..n]存储，初始栈顶指针 top 为 n，则以下元素 x 进栈最适合的操作是________。

A. top++; data[top]=x;　　B. data[top]=x; top++;

C. top−−; data[top]=x;　　D. data[top]=x; top−−;

答：初始栈顶指针 top 为 n，说明 data[n]端作为栈底，在进栈时 top 应递减，由于存在data[n]的元素，所以在进栈时应先将 x 放在 top 处，再将 top 递减(top 指向栈顶元素的下一个位置)。答案为D。

12. 若一个栈元素用数组 data[1..n]存储，初始栈顶指针 top 为 n，则以下元素 x 出栈最适合的操作是________。

A. x=data[top]; top++;　　B. top++; x=data[top];

C. x=data[top]=x; top−−;　　D. top−−; x=data[top];

答：出栈操作与上一个选择题的进栈操作相反。答案为B。

13. 若一个栈元素用数组 data[1..n]存储，初始栈顶指针 top 为0，则以下元素 x 进栈最适合的操作是________。

A. top++; data[top]=x;　　B. data[top]=x; top++;

C. top−−; data[top]=x;　　D. data[top]=x; top−−;

答：初始栈顶指针 top 为0，说明 data[0]端作为栈底，在进栈时 top 应递增，由于不存在 data[0]的元素，所以在进栈时应先将 top 递增，再将 x 放在 top 处(top 指向栈顶元素位置)。答案为A。

14. 若一个栈元素用数组 data[1..n]存储，初始栈顶指针 top 为0，则以下元素 x 出栈最适合的操作是________。

A. x=data[top]; top−−;　　B. x=data[top]; top++;

C. top−−; x=data[top];　　D. top++; x=data[top];

答：出栈操作与上一个选择题的进栈操作相反。答案为A。

15. 下列有关链栈的叙述中正确的是________。

A. 链栈在进栈操作时一般不需要考虑上溢出

B. 链栈在出栈操作时一般不需要考虑下溢出

C. 链栈和顺序栈相比,缺点是不能随机访问栈中的元素

D. 以上都不对

答: 链式存储结构一般不考虑上溢出问题。栈并不包含随机访问元素的基本运算,所以选项C的说法没有意义。答案为A。

16. 以下各链表均不带有头结点,其中最不适合用作链栈的链表是________。

A. 只有表头指针没有表尾指针的循环双链表

B. 只有表尾指针没有表头指针的循环双链表

C. 只有表尾指针没有表头指针的循环单链表

D. 只有表头指针没有表尾指针的循环单链表

答: 栈的主要操作是进栈和出栈,链表用作栈时通常首部作为栈顶。在选项D的链表中,由于没有尾指针,为了维护循环单链表,插入和删除都需要重置尾结点的next指针,导致时间复杂度均为$O(n)$。答案为D。

17. 栈和队列的共同点是________。

A. 都是先进后出　　B. 都是后进先出

C. 只允许在端点处插入和删除元素　　D. 没有共同点

答: 栈和队列都属于特殊的线性表,特殊性体现在只允许在端点处插入和删除元素。答案为C。

18. 栈和队列的不同点是________。

A. 都是线性表

B. 都不是线性表

C. 栈只能在同一端进行插入和删除操作,而队列在不同端进行插入和删除操作

D. 没有不同点

答: 栈和队列都只允许在端点处插入和删除元素,但栈在同一端进行插入和删除操作,而队列在不同端进行插入和删除操作。答案为C。

19. 循环队列________。

A. 不会产生下溢出　　B. 不会产生上溢出

C. 不会产生假溢出　　D. 以上都不对

答: 循环队列解决了非循环队列的假溢出,但也存在溢出问题。答案为C。

20. 某循环队列的元素类型为char,队头指针front指向队头元素的前一个位置,队尾指针rear指向队尾元素,如图1.6所示,则队中从队头到队尾的元素为________。

A. abcd123456　　B. abcd123456c　　C. dfgbca　　D. cdfgbca

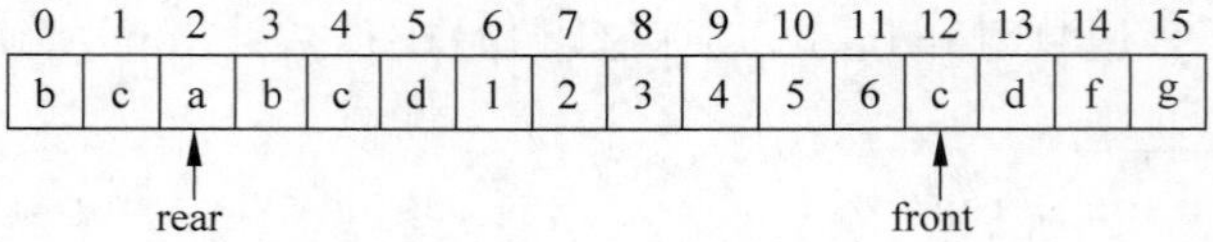

图1.6　一个循环队列

答：按照队列出队运算，先出队队头元素 d，再出队 f，依次到元素 a。答案为 C。

21. 若某循环队列有队首指针 front 和队尾指针 rear，在队不空时出队操作仅会改变________。

A. front　　B. rear　　C. front 和 rear　　D. 以上都不对

答：在非空循环队列中出队仅仅改变队头指针。答案为 A。

22. 若某循环队列有队头指针 front 和队尾指针 rear，在队不满时进队操作仅会改变________。

A. front　　B. rear　　C. front 和 rear　　D. 以上都不对

答：在非满循环队列中进队仅仅改变队尾指针。答案为 B。

23. 已知循环队列存储在一维数组 A[0..$n-1$]中，且队列非空时 front 和 rear 分别指向队头元素和队尾元素。若初始时队列为空，且要求第一个进入队列的元素存储在 A[0]处，则初始时 front 和 rear 的值分别是________。

A. 0、0　　B. 0、$n-1$　　C. $n-1$、0　　D. $n-1$、$n-1$

答：循环队列的常规做法是 front 指向队头元素的前一个位置，队尾指针 rear 指向队尾元素，其操作如下。

出队操作（先取队头元素，再移动 front）：front=(front+1)%n；x=A[front]。

进队操作（先放置进队元素，再移动 rear）：rear=(rear+1)%n；A[rear]=x。

这里要求 front 和 rear 分别指向队头元素和队尾元素，第一个进入队列的元素存储在 A[0]处，也就是说第一个元素进队后 front=rear=0。上述做法是不可能实现的，只能是如下这样的队列操作。

出队操作（先取队头元素，再移动 front）：x=A[front]；front=(front+1)%n。

进队操作（先移动 rear，再放置进队元素）：rear=(rear+1)%n；A[rear]=x。

这样 rear 的初始值应该满足(rear+1)%n=0，则 rear=$n-1$。答案为 B。

说明：若出队操作是先移动 front(front 的初始值为 $n-1$)，再取队头元素，进队操作是先放置进队元素，再移动 rear(rear 的初始值为 0)，新进队元素会覆盖队中元素。在上述队列中需要增设一个表示队空、队满的标志(若累计队中元素的个数)。

24. 设循环队列 qu 中数组 data 的下标是 0～$N-1$，其队头、队尾指针分别为 f 和 r(f 指向队首元素的前一位置，r 指向队尾元素)，元素 x 出队的操作是________；x=qu.data[qu.f]。

A. qu.r++　　B. qu.r=(qu.r+1)%N

C. qu.f++;　　D. qu.f=(qu.f+1)%N

答：这里 f 指向队首元素的前一位置，r 指向队尾元素，所以出队操作先循环移动 f。答案为 D。

25. 设固定容量的循环队列中数组的下标是 0～$N-1$，其队头、队尾指针分别为 f 和 r(f 指向队首元素的前一位置，r 指向队尾元素)，则其元素的个数为________。

A. $r-f$　　B. $r-f-1$

C. $(r-f)\%N+1$　　D. $(r-f+N)\%N$

答：这里的循环队列是常规循环队列，队列中元素的个数为$(r-f+N)\%N$。答案为 D。

26. 设固定容量的循环队列的存储空间为 a[0..20]，且当前队头指针和队尾指针的值分别为8和3,则该队列中元素的个数为________。

A. 5　　B. 6　　C. 16　　D. 17

答:这里默认循环队列是常规循环队列,队列中元素的个数为$(r-f+N)\%N=(3-8+21)\%21=16$。答案为C。

27. 若用一个大小为6的数组来实现循环队列,且当前rear和front的值分别为0和3,当从队列中删除一个元素再进队两个元素后,rear和front的值分别为________。

A. 1和5　　B. 2和4

C. 4和2　　D. 5和1

答:这里默认循环队列是常规循环队列,front=3,rear=0,MaxSize=6。在删除一个元素时,front=(front+1)%MaxSize=4;在进队两个元素后,rear=(rear+2)%MaxSize=2。答案为B。

28. 与顺序队相比,链队的________。

A. 优点是可以实现无限长队列

B. 优点是进队和出队的时间性能更好

C. 缺点是不能进行顺序访问

D. 缺点是不能根据队头和队尾指针计算队列中元素的个数

答:链队不具有随机存取特性,不能根据队头和队尾指针计算队列中元素的个数。答案为D。

29. 假设用一个不带头结点的单链表表示队列,队尾在链表的________位置。

A. 链头　　B. 链尾　　C. 链中　　D. 以上都可以

答:在链队中队头在首部(方便删除元素),队尾在尾部(方便插入元素)。答案为B。

30. 最不适合用作链队的链表是________。

A. 只带头结点指针的非循环双链表　　B. 只带队首结点指针的循环双链表

C. 只带队尾结点指针的循环双链表　　D. 以上都不适合

答:只带头结点指针的非循环双链表作为链队时,队头在首部,队尾在尾部,出队操作的时间为$O(n)$,而选项B和C的链表用作链队时进队和出队操作的时间均为$O(1)$。答案为A。

1.4 第4章 串

1.4.1 问答题

1. 若s_1和s_2为串,给出使$s_1/\!/s_2=s_2/\!/s_1$成立的所有可能的条件(其中"//"表示两个串连接的运算符)。

答:所有可能的条件如下。

(1) s_1和s_2为空串。

(2) s_1或s_2为空串。

(3) s_1和s_2为相同的串。

(4) 若两串的长度不等,则长串由整数个短串组成。

2. 设 s 为一个长度为 n 的串，其中的字符各不相同，则 s 中的互异非平凡子串（非空且不同于 s 本身）的个数是多少？

答：由串 s 的特性可知，一个字符的子串有 n 个，两个字符的子串有 $n-1$ 个，3 个字符的子串有 $n-2$ 个，……，$n-2$ 个字符的子串有 3 个，$n-1$ 个字符的子串有两个，所以非平凡子串的个数 $=n+(n-1)+(n-2)+\cdots+2=n(n+1)/2-1$。

3. 在 KMP 算法中，计算模式串的 next 数组的值，当 $j=0$ 时为什么要取 next[0] = −1？

答：在 KMP 算法中，当目标串 s 与模式串 t 匹配时，若 $s_i=t_j$，执行 $i++$，$j++$（称为情况 1）；若 $s_i \neq t_j$（失配处），i 位置不变，置 $j=\text{next}[j]$（称为情况 2）。若失配处是 $j=0$，即 $s_i \neq t_0$，那么从 s_i 开始的子串与 t 匹配一定不成功，下一趟匹配应该从 s_{i+1} 与 t_0 开始比较，即 $i++$，$j=0$，为了与情况 1 统一，置 next[0] = −1，即 $j=\text{next}[0]=-1$，这样再执行 $i++$，$j++ \rightarrow j=0$，从而保证下一趟从 s_{i+1} 开始与 t_0 进行匹配。

4. 在串的模式匹配中，KMP 算法是一种高效的算法，请回答以下问题：

(1) KMP 算法的基本思想是什么？

(2) 对于模式串 $t(t=t_0t_1\cdots t_{m-1})$，说明求 $\text{next}[j](0 \leqslant j \leqslant m-1)$ 的过程。

答：(1) KMP 匹配算法的基本思想是当一趟匹配过程中出现字符不相同时不需要回溯目标串的 i 指针，而是利用已经得到的“部分匹配”的结果将模式向右“滑动”尽可能远的一段距离，然后继续进行比较。

(2) next[j]为 −1 或者满足"$t_0\cdots t_{k-1}$" = "$t_{j-k}\cdots t_{j-1}$"条件 k 的最大值。

例如，模式串 t = "abcabcaaa"，求出 t 的 next 数组如表 1.2 所示。计算过程说明如下：

当 $j=0$ 时，next[0] = −1（固定值）。

当 $j=1$ 时，next[1] = 0（固定值）。

当 $j=2$ 时，$t_0 \neq t_1$，next[2] = 0。

当 $j=3$ 时，$t_0 \neq t_2$，$t_0t_1 \neq t_1t_2$，next[3] = 0。

当 $j=4$ 时，$t_0=t_3$ = "a"，next[4] = k = 1。

当 $j=5$ 时，$t_0t_1=t_3t_4$ = "ab"，next[5] = k = 2。

当 $j=6$ 时，$t_0t_1t_2=t_3t_4t_5$ = "abc"，next[6] = k = 3。

当 $j=7$ 时，$t_0t_1t_2t_3=t_3t_4t_5t_6$ = "abca"，next[7] = k = 4。

当 $j=8$ 时，$t_0=t_7$ = "a"，next[8] = k = 1。

表 1.2　模式串 t 对应的 next 数组

j	0	1	2	3	4	5	6	7	8
$t[j]$	a	b	c	a	b	c	a	a	a
next[j]	−1	0	0	0	1	2	3	4	1

5. KMP 算法是 BF 算法的改进，是不是说在任何情况下 KMP 算法的性能都比 BF 算法好？

答：不一定。例如，s = "aaaabcd"，t = "abcd"，在采用 BF 算法匹配时需要 4 趟匹配，比较字符的次数为 10。采用 KMP 算法，求出 t 对应的 next = {−1, 0, 0, 0}，其匹配过程如

图 1.7 所示,图中竖线表示字符比较,同样也需要 4 趟匹配、10 次字符比较,另外还要花时间求 next 数组。所以并非在任何情况下 KMP 算法的性能都比 BF 算法好,只能说在平均情况下 KMP 算法的性能好于 BF 算法。

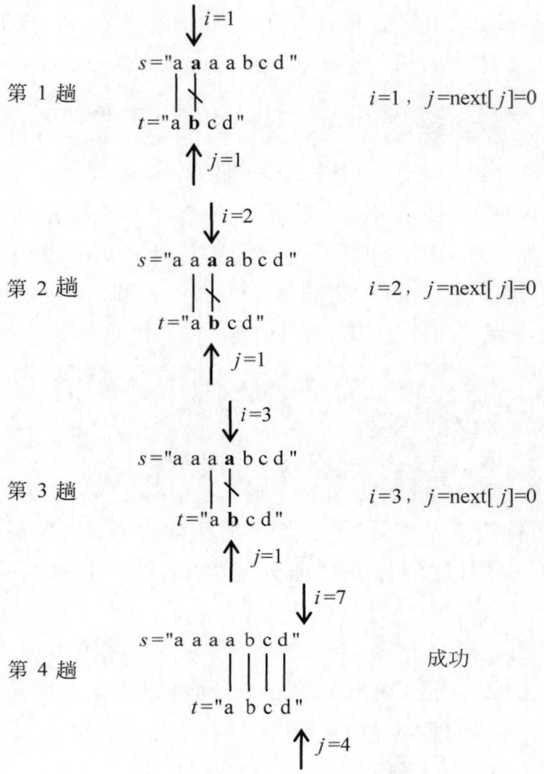

图 1.7　s 和 t 的匹配过程

6. 设目标串为 s="abcaabbcaaabababaabca",模式串为 t="babab"。
(1) 计算模式串 t 的 nextval 数组的值。
(2) 不写算法,只画出利用 KMP 算法进行模式匹配时每一趟的匹配过程。

答:(1) 先计算 next 数组,在此基础上求 nextval 数组,如表 1.3 所示。

表 1.3　计算 next 数组和 nextval 数组

j	0	1	2	3	4
$t[j]$	b	a	b	a	b
next[j]	−1	0	0	1	2
nextval[j]	−1	0	−1	0	−1

(2) 采用 KMP 算法求子串位置的过程如下(开始时 $i=0, j=0$)。

第 1 趟匹配:

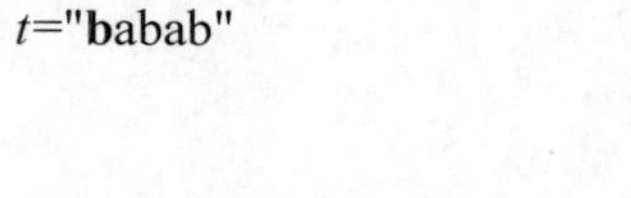

此时 $i=0$，$j=0$，匹配失败，则 $i=0$，j 修改为 $j=\text{nextval}[0]=-1$。因为 $j=-1$，执行 $i=i+1=1$，$j=j+1=0$。

第 2 趟匹配：

s="ab**c**aabbcaaabababaabca"
$\nmid$
t="b**a**bab"

此时 $i=2$，$j=1$，匹配失败，则 $i=2$，j 修改为 $j=\text{nextval}[1]=0$。

第 3 趟匹配：

s="ab**c**aabbcaaabababaabca"
$\nmid$
t="**b**abab"

此时 $i=2$，$j=0$，匹配失败，则 $i=2$，j 修改为 $j=\text{nextval}[0]=-1$。因为 $j=-1$，执行 $i=i+1=3$，$j=j+1=0$。

第 4 趟匹配：

s="abc**a**abbcaaabababaabca"
$\nmid$
t="**b**abab"

此时 $i=3$，$j=0$，匹配失败，则 $i=3$，j 修改为 $j=\text{nextval}[0]=-1$。因为 $j=-1$，执行 $i=i+1=4$，$j=j+1=0$。

第 5 趟匹配：

s="abca**a**bbcaaabababaabca"
$\nmid$
t="**b**abab"

此时 $i=4$，$j=0$，匹配失败，则 $i=4$，j 修改为 $j=\text{nextval}[0]=-1$。因为 $j=-1$，执行 $i=i+1=5$，$j=j+1=0$。

第 6 趟匹配：

s="abcaab**b**caaabababaabca"
$\nmid$
t="b**a**bab"

此时 $i=6$，$j=1$，匹配失败，则 $i=6$，j 修改为 $j=\text{nextval}[1]=0$。

第 7 趟匹配：

s="abcaabb**c**aaabababaabca"
$\nmid$
t="**b**abab"

此时 $i=7$，$j=0$，匹配失败，则 $i=7$，j 修改为 $j=\text{nextval}[0]=-1$。因为 $j=-1$，执行 $i=i+1=8$，$j=j+1=0$。

第 8 趟匹配：

s="abcaabbc**a**aabababaabca"
$\nmid$
t="**b**abab"

此时 $i=8$，$j=0$，匹配失败，则 $i=8$，j 修改为 $j=\text{nextval}[0]=-1$。因为 $j=-1$，执行 $i=i+1=9$，$j=j+1=0$。

第 9 趟匹配：

s="abcaabbca**a**ababaabca"

t="**b**abab"

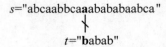

此时 $i=9,j=0$，匹配失败，则 $i=9,j$ 修改为 $j=\text{nextval}[0]=-1$。因为 $j=-1$，执行 $i=i+1=10,j=j+1=0$。

第 10 趟匹配：

s="abcaabbcaa**a**babaabca"

t="**b**abab"

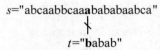

此时 $i=10,j=0$，匹配失败，而 $\text{nextval}[0]=-1$，则 $i=10,j$ 修改为 $j=\text{nextval}[0]=-1$。因为 $j=-1$，执行 $i=i+1=11,j=j+1=0$。

第 11 趟匹配：

s="abcaabbcaaababaabca"

|||||

t="babab"

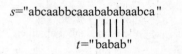

此时 $i=16,j=5$，匹配成功，返回 $i-\text{t.length}=16-5=11$。

1.4.2 算法设计题

1. 设计一个算法，计算一个顺序串 s 中最大字符出现的次数。

解：先置最大字符 mch 为 s 的首字符，mcnt 表示其出现的次数 l。i 扫描其他字符，x 序号为 i 的字符：

(1) 若 $x>$mch，则 x 为新的最大字符，置 $x=$mch，mcnt=1。

(2) 若 $x==$mch，当前最大字符 x 出现的次数 mcnt 增加 1。

最后返回 mcnt。对应的算法如下：

```
public static int maxcount(SqStringClass s)
{  int mcnt=1;
   char mch=s.geti(0),x;
   for(int i=1;i<s.size();i++)
   {    x=s.geti(i);
        if(x>mch)
        {    mch=x;
             mcnt=1;
        }
        else if(x==mch)
             mcnt++;
   }
   return mcnt;
}
```

2. 设有一个顺序串 s，其字符仅由数字和小写字母组成。设计一个算法，将 s 中所有的数字字符放在前半部分，所有的小写字母字符放在后半部分，并给出所设计算法的时间和空间复杂度。

解：从字符串 s 的两端查找，前端找小写字母字符（位置为 i），后端找数字字符（位置为 j），找到后将这两个位置的字符进行交换。对应的算法如下：、

```
public static void Move(SqStringClass s)
{  char tmp;
   int i=0,j=s.size()-1;
   while(i<j)
   {  while(i<j && s.geti(i)>='0' && s.geti(i)<='9')
         i++;                                  //从前向后找小写字母
      while(i<j && s.geti(j)>='a' && s.geti(j)<='z')
         j--;                                  //从后向前找数字字符
      if(i<j)                                  //两者交换
      {  tmp=s.geti(i);
         s.seti(i,s.geti(j));
         s.seti(j,tmp);
      }
   }
}
```

3．设计一个算法，将一个链串 s 中的所有子串"abc"删除。

解：用 pre、p 一对同步指针遍历链串 s（初始时 pre=s.head，p=pre.next），当 p 结点及其后继两个结点合起来为"abc"时，通过 pre 结点删除该子串，p=pre.next 继续遍历删除，否则 pre、p 同步后移一个结点。对应的算法如下：

```
public static void delabc(LinkStringClass s)
{  LinkNode pre=s.head,q;
   LinkNode p=pre.next;
   if(p==null || p.next==null || p.next.next==null)
      return;
   while(p!=null && p.next!=null && p.next.next!=null)
   {  if(p.data=='a' && p.next.data=='b' && p.next.next.data=='c') //查找到"abc"子串
      {  pre.next=p.next.next.next;                //删除"abc"子串
         p=pre.next;
      }
      else
      {  pre=pre.next;                             //pre、p结点同步后移一个结点
         p=pre.next;
      }
   }
}
```

4．假设字符串 s 采用 String 对象存储，设计一个算法求 s 中最长的平台，所谓平台是指连续相同的字符。

解：用 i 扫描字符串 s，用 maxi 和 maxcnt 保存最长平台的起始位置和字符个数。当找到一个平台时，将其长度 cnt 与 maxcnt 比较，将较长者保存在 maxi 和 maxcnt 中，最后将最长平台存放在 ans 中并返回。对应的算法如下：

```
public static String Eqsubstring(String s)
{  int i=0,j,maxi=0,maxcnt=1,cnt;
   while(i<s.length())                              //遍历串 s
   {     j=i+1;
         cnt=1;                                     //找一个平台
         while(j<s.length() && s.charAt(i)==s.charAt(j))
         {     j++;
               cnt++;
         }
         if(cnt>maxcnt)                             //将较长平台保存在 maxi 和 maxcnt 中
         {     maxi=i;
               maxcnt=cnt;
         }
         i+=cnt;
   }
   String ans="";                                   //生成最长平台 ans
   for(i=maxi;i<(maxi+maxcnt);i++)
         ans+=s.charAt(i);
   return ans;
}
```

5. 假设字符串 s 采用 String 对象存储,设计一个算法在串 s 中查找子串 t 最后一次出现的位置。例如,s="abcdabcd",t="abc",结果为 4。

(1) 采用 BF 算法求解。

(2) 采用 KMP 算法求解。

解:用 lasti 记录串 s 中子串 t 最后一次出现的位置(初始为-1)。修改 BF 和 KMP 算法,在 s 中找到一个 t 后用 lasti 记录其位置,此时 i 指向 s 中 t 子串的下一个字符,j 置为 0 继续查找。对应的算法如下:

```
public static int BF(String s,String t)             //(1)小题的算法
{  int lasti=-1;
   int i=0, j=0;
   while(i<s.length() && j<t.length())              //两串未遍历完时循环
   {     if(s.charAt(i)==t.charAt(j))               //继续匹配下一个字符
         {     i++;                                 //目标串和模式串依次匹配下一个字符
               j++;
         }
         else                                       //指针回溯,重新开始下一次匹配
         {     i=i-j+1;                             //目标串从下一个位置开始匹配
               j=0;                                 //模式串从头开始匹配
         }
         if(j>=t.length())                          //找到一个子串
         {     lasti=i-t.length();                  //记录子串的位置
               j=0;
         }
   }
   return lasti;
}
public static void GetNext(String t,int next[])     //由模式串 t 求出 next 的值
{  int j=0,k=-1;
```

```
  next[0]=-1;
  while(j<t.length()-1)
  {   if(k==-1 || t.charAt(j)==t.charAt(k))       //k为-1或比较的字符相等时
      {   j++;k++;
          next[j]=k;
      }
      else k=next[k];                             //k置为next[k]
  }
}
public static int KMP(String s,String t)          //(2)小题的算法
{ int lasti=-1;
  int[] next=new int[MaxSize];
  int i=0,j=0;
  GetNext(t,next);                                //求next数组
  while(i<s.length() && j<t.length())
  {   if(j==-1 || s.charAt(i)==t.charAt(j))
      {   i++;
          j++;                                    //i、j各增1
      }
      else j=next[j];                             //i不变,j回退
      if(j>=t.length())                           //找到一个子串
      {   lasti=i-t.length();                     //记录子串的位置
          j=0;
      }
  }
  return lasti;
}
```

1.4.3 补充的单项选择题

1. 串是一种特殊的线性表,其特殊性体现在________。

   A. 可以顺序存储　　B. 数据元素是单个字符

   C. 可以链式存储　　D. 数据元素可以是多个字符

答:串是元素为字符的线性表。答案为 B。

2. 以下________是"abcd321ABCD"串的子串。

   A. abcd　　B. 321AB　　C. "abcABC"　　D. "21AB"

答:一个串的子串是其中若干个连续的字符组成的串。答案为 D。

3. 对于一个链串 s,查找第一个值为 x 的元素的算法的时间复杂度为________。

   A. $O(1)$　　B. $O(n)$　　C. $O(n^2)$　　D. 以上都不对

答:与单链表查找运算的时间相同。答案为 B。

4. 对于一个链串 s,查找第 i 个元素的算法的时间复杂度为________。

   A. $O(1)$　　B. $O(n)$　　C. $O(n^2)$　　D. 以上都不对

答:链串不具有随机存取特性。答案为 B。

5. 设有两个串 s 和 t,求 t 在 s 中首次出现的位置的运算称作________。

   A. 连接　　B. 模式匹配　　C. 求子串　　D. 求串长

答:模式匹配就是在一个串中查找另外一个串。答案为 B。

6. 已知 t="abcaabbcabcaabdab",该模式串的 next 数组的值为________。

A. −1,0,0,0,1,1,2,0,0,1,2,3,4,5,6,0,1

B. 0,1,0,0,1,1,2,0,0,1,2,3,4,5,6,0,1

C. −1,0,0,0,1,1,2,0,0,1,2,3,4,5,6,7,1

D. −1,0,0,0,1,1,2,3,0,1,2,3,4,5,6,0,1

答:直接利用 GetNext 算法求解。答案为 A。

7. 已知 t="abcaabbcabcaabdab",该模式串的 nextval 数组的值为________。

A. −1,0,0,0,1,1,2,0,0,1,2,3,4,5,6,0,1

B. −1,0,0,−1,1,0,2,0,−1,0,0,−1,1,0,2,−1,0

C. −1,−1,−1,−1,1,0,2,0,−1,0,0,−1,1,0,2,−1,0

D. −1,0,0,−1,1,0,−1,0,−1,0,0,−1,1,0,−1,−1,0

答:直接利用 GetNextval 算法求解。答案为 B。

8. 设目标串为 s,模式串为 t,在 KMP 算法中 next[4]=2 的含义是________。

A. 表示目标串匹配失败的位置是 $i=4$

B. 表示模式串匹配失败的位置是 $j=2$

C. 表示 t_4 字符前面最多有两个字符和开头的两个字符相同

D. 表示 s_4 字符前面最多有两个字符和开头的两个字符相同

答:next 是针对模式串的,next[4]=2 表示 t_4 字符前面最多有两个字符和开头的两个字符相同。答案为 C。

9. 在 KMP 算法中,next[j]=−1 的含义是________。

A. 表示 $j=-1$
B. 表示下一趟从 $j=0$ 位置开始比较
C. 表示两字符比较相等
D. 表示两串匹配成功

答:next[j]=−1 表示下一趟应该从模式串的开头位置开始比较。答案为 B。

10. 在 BF 算法中,当模式串位 j 与目标串位 i 比较时,两字符不相等,则 i 的位移方式是________。

A. i++　B. $i=j+1$　C. $i=i-j+1$　D. $i=j-i+1$

答:在 BF 算法中,当 $t_j \neq s_i$ 时,i 回退到原来 i 的下一个位置。答案为 C。

11. 在 BF 算法中,当模式串位 j 与目标串位 i 比较时,两字符不相等,则 j 的位移方式是________。

A. j++　B. $j=0$　C. $j=i-j+1$　D. $j=j-i+1$

答:在 BF 算法中,当 $t_j \neq s_i$ 时,j 从模式串的开头位置开始比较。答案为 B。

12. 在 KMP 算法中,已经求出 next 数组。当模式串位 j 与目标串位 i 比较时,两字符不相等,则 i 的位移方式是________。

A. i=next[j]　B. i 不变　C. j 不变　D. j=next[j]

答:在 KMP 算法中,当 $t_j \neq s_i$ 时,i 位置不改变。答案为 B。

13. 在 KMP 算法中,已经求出 next 数组。当模式串位 j 与目标串位 i 比较时,两字符不相等,则 j 的位移方式是________。

A. i=next[j]　B. i 不变　C. j 不变　D. j=next[j]

答:在 KMP 算法中,当 $t_j \neq s_i$ 时,j 置为 next[j]。答案为 D。

14. 在 KMP 算法中，已经求出 next 数组。当模式串位 j 与目标串位 i 比较时，两字符相等，则 i 的位移方式是________。

A. $i++$　　B. $i=j+1$　　C. $i=i-j+1$　　D. $i=j-i+1$

答：在 KMP 算法中，当 $t_j=s_i$ 时，i 和 j 均向后移动一个位置。答案为 A。

15. 在 KMP 算法中，已经求出 next 数组。当模式串位 j 与目标串 i 比较时，两字符相等，则 j 的位移方式是________。

A. $j++$　　B. j 不变　　C. $j=i-j+1$　　D. $j=0$

答：在 KMP 算法中，当 $t_j=s_i$ 时，i 和 j 均向后移动一个位置。答案为 A。

1.5　第 5 章　递归

1.5.1　问答题

1. 两个非负整数 a 和 b 相加时，若 b 为 0，则结果为 a，利用 Java 语言中的"++"和"--"运算符给出其递归定义。

答：两个非负整数 a 和 b 相加的递归定义如下。

$$\text{add}(a,b)=a \qquad \text{当 } b=0 \text{ 时}$$
$$\text{add}(a,b)=\text{add}(++a,--b) \qquad \text{当 } b>0 \text{ 时}$$

2. 求两个正整数的最大公约数(gcd)的欧几里得定理是对于两个正整数 a 和 b，当 $a>b$ 并且 $a\%b=0$ 时最大公约数为 b，否则最大公约数等于其中较小的那个数和两数相除余数的最大公约数。请给出对应的递归模型。

答：递归模型如下。

$$\gcd(a,b)=b \qquad \text{当 } a>b \text{ 且 } a\%b=0 \text{ 时}$$
$$\gcd(a,b)=\gcd(b,a\%b) \qquad \text{当 } a>b \text{ 且 } a\%b\neq0 \text{ 时}$$
$$\gcd(a,b)=\gcd(a,b\%a) \qquad \text{当 } a\leqslant b \text{ 且 } b\%a\neq0 \text{ 时}$$

3. 有以下递归函数：

```
public static void fun(int n)
{  if(n==1)
        System.out.printf("a:%d\n",n);
   else
   {    System.out.printf("b:%d\n",n);
        fun(n-1);
        System.out.printf("c:%d\n",n);
   }
}
```

分析调用 fun(5)的输出结果。

答：执行结果如下。

```
b:5
b:4
b:3
b:2
a:1
c:2
c:3
c:4
c:5
```

4. 有如下递归函数 fact(n),求问题规模为 n 时的时间复杂度和空间复杂度。

```
int fact(int n)
{ if(n<=1)
      return 1;
  else
      return n * fact(n-1);
}
```

解:设 fact(n)的执行时间为 $T(n)$,则 fact($n-1$)的执行时间为 $T(n-1)$。其递推式如下:

$$T(n)=1 \qquad n\leqslant 1$$
$$T(n)=T(n-1)+1 \quad n>1$$

则:

$$\begin{aligned}T(n)&=T(n-1)+1\\&=T(n-2)+1+1=T(n-2)+2\\&=\cdots\\&=T(1)+n-1\\&=n=O(n)\end{aligned}$$

所以问题规模为 n 时的时间复杂度是 $O(n)$。

设 fact(n)的临时空间为 $S(n)$,则 fact($n-1$)的临时空间为 $S(n-1)$,其递推式如下:

$$S(n)=1 \qquad n\leqslant 1$$
$$S(n)=S(n-1)+1 \quad n>1$$

同样求出 $S(n)=n=O(n)$,所以问题规模为 n 时的空间复杂度是 $O(n)$。

1.5.2 算法设计题

1. 角谷定理。输入一个自然数,若为偶数,则把它除以 2,若为奇数,则把它乘以 3 加 1。经过如此有限次运算后,总可以得到自然数值 1。设计一个递归算法求经过多少次可得到自然数 1。例如输入 22,输出 STEP=16,即自然数 22 经过 16 次运算后可得到自然数 1。

解:设 $f(n)$表示由 n 得到自然数 1 经过的次数。对应的递归模型如下:

$f(1)=1$
$f(n)=f(n/2)+1$ $\qquad$ n 为偶数
$f(n)=f(3n)+1$ $\qquad$ n 为奇数

对应的递归算法如下：

```
public static int fun(int n)
{ if(n==1)
      return 1;
  else
  {    if(n%2==0)                         //n为偶数
           return fun(n/2)+1;
       else                               //n为奇数
           return fun(3*n+1)+1;
  }
}
```

2. 对于含 n 个整数的数组 $a[0..n-1]$，可以这样求最大元素值：

(1) 若 $n=1$，则返回 $a[0]$。

(2) 否则取中间位置 mid，求出前半部分中的最大元素值 max1，求出后半部分中的最大元素值 max2，返回 max(max1，max2)。

给出实现上述过程的递归算法。

解：对应的递归算法如下。

```
public static int maxfun(int[] a,int low,int high)
{ if(low==high)                                              //包含一个元素
      return a[low];
  else                                                       //包含两个或两个以上元素
  {   int mid=(low+high)/2;
      int max1=maxfun(a,low,mid);
      int max2=maxfun(a,mid+1,high);
      return max1>max2?max1:max2;
  }
}
```

求 $a[0..n-1]$中最大元素值的调用的语句是 maxfun(a，0，$n-1$)。

3. 设有一个不带表头结点的整数单链表 p，设计一个递归算法 getno(p，x)查找第一个值为 x 的结点的序号(假设首结点的序号为 0)，没有找到时返回－1。

解：设计 getno1(p，x，no)算法，其中形参 no 表示 p 结点的序号，初始时 p 为首结点，no 为 0。

(1) p=null，返回－1。

(2) p.data=x，返回 no。

(3) 其他情况返回小问题 getno1(p.next，x，no+1)的结果。

对应的递归算法如下：

```
public static int getno1(LinkNode<Integer> p,int x,int no)
{ if(p==null)
      return -1;
  if(p.data==x)                                     //找到第一个值为x的结点
      return no;                                    //返回no
  else                                              //p结点不是值为x的结点
      return getno1(p.next,x,no+1);                 //在子单链表中查找
```

```
}
public static int getno(LinkNode<Integer> p, int x)
{
    return getno1(p, x, 0);
}
```

4. 设有一个不带表头结点的整数单链表 p,设计两个递归算法,maxnode(p)返回单链表 p 中的最大结点值,minnode(p)返回单链表 p 中的最小结点值。

解:设最大整数为 INF。在 p 不空时,先递归求出 p.next 单链表的结果 m,再返回 p.data 和 m 中的最大值(或者最小值);在 p 为空时返回 -INF(或者 INF)。对应的递归算法如下:

```
public static int maxnode(LinkNode<Integer> p)
{   if(p!=null)
    {     int m=maxnode(p.next);
          return p.data>m?p.data:m;
    }
    return -INF;
}
public static int minnode(LinkNode<Integer> p)
{   if(p!=null)
    {     int m=minnode(p.next);
          return p.data<m?p.data:m;
    }
    return INF;
}
```

5. 设有一个不带表头结点的整数单链表 p,设计一个递归算法 replace(p,x,y)将单链表 p 中所有值为 x 的结点替换为 y。

解:设 $f(p,x,y)$的功能是返回在单链表 p 中将所有值为 x 的结点替换为 y 后的结果单链表的首结点。对应的递归模型如下:

$f(p,x,y)=\text{null}$　　当 $p=\text{null}$ 时

$f(p,x,y)=p(q=f(p.\text{next},x,y),p.\text{data}=y,p.\text{next}=q)$　　当 $p.\text{data}==x$ 时

$f(p,x,y)=p(q=f(p.\text{next},x,y),p.\text{next}=q)$　　其他情况

对应的递归算法如下:

```
public static LinkNode<Integer> replace(LinkNode<Integer> p, int x, int y)
{   LinkNode<Integer> q;
    if(p==null)
        return null;
    if(p.data==x)                           //找到一个值为 x 的结点
    {     q=replace(p.next, x, y);          //在子单链表中替换
          p.data=y;                         //结点值替换
          p.next=q;                         //连接起来
          return p;                         //返回 p
    }
    else                                    //p 不是值为 x 的结点
    {     q=replace(p.next, x, y);          //在子单链表中替换
```

```
        p.next=q;                                           //连接起来
        return p;                                           //返回 p
    }
}
```

6. 设有一个不带表头结点的整数单链表 p，设计两个递归算法，delx(p,x)删除单链表 p 中第一个值为 x 的结点，delxall(p,x)删除单链表 p 中所有值为 x 的结点。

解：(1) 设 $f(p,x)$的功能是返回在单链表 p 中删除第一个值为 x 的结点后的结果单链表的首结点。对应的递归模型如下：

$f(p,x)=\text{null}$　　　　当 $p=\text{null}$ 时

$f(p,x)=p.\text{next}$　　　　当 $p.\text{data}==x$ 时

$f(p,x)=p(q=f(p.\text{next},x),\ p.\text{next}=q)$　　　　其他情况

对应的递归算法如下：

```
public static LinkNode<Integer> delx(LinkNode<Integer> p,int x)
{  if(p==null)
       return null;
   if(p.data==x)                                            //找到第一个值为 x 的结点
       return p.next;                                       //返回删除后的结点
   else                                                     //p 结点不是值为 x 的结点
     {    LinkNode<Integer> q=delx(p.next,x);               //在子单链表中删除
       p.next=q;                                            //连接起来
       return p;                                            //返回 p 结点
   }
}
```

(2) 设 $f(p,x)$的功能是返回在单链表 p 中删除所有值为 x 的结点后的结果单链表的首结点。对应的递归模型如下：

$f(p,x)=\text{null}$　　　　当 $p=\text{null}$ 时

$f(p,x)=q(q=f(p.\text{next},x))$　　　　当 $p.\text{data}==x$ 时

$f(p,x)=p(q=f(p.\text{next},x),\ p.\text{next}=q)$　　　　其他情况

对应的递归算法如下：

```
public static LinkNode<Integer> delxall(LinkNode<Integer> p,int x)
{  if(p==null)
       return null;
   if(p.data==x)                                            //找到一个值为 x 的结点
   {   LinkNode<Integer> q=delxall(p.next,x);               //在子单链表中删除
       return q;                                            //返回删除后的结点
   }
   else                                                     //p 结点不是值为 x 的结点
   {   LinkNode<Integer> q=delxall(p.next,x);               //在子单链表中删除
       p.next=q;                                            //连接起来
       return p;                                            //返回 p 结点
   }
}
```

1.5.3 补充的单项选择题

1. 递归模型如下：

$f(1)=1$
$f(n)=f(n-1)+n \qquad n>1$

其中递归出口是________。

A. $f(1)=0$　　B. $f(1)=1$　　C. $f(0)=1$　　D. $f(n)=n$

答：递归出口对应的小问题可以直接求解。答案为 B。

2. 递归模型如下：

$f(1)=1$
$f(n)=f(n-1)+n \qquad n>1$

其中递归体是________。

A. $f(1)=0$　　B. $f(0)=1$
C. $f(n)=f(n-1)+n$　　D. $f(n)=n$

答：递归体表示大问题的分解关系。答案为 C。

3. 在将递归算法转换成非递归算法时，通常要借助的数据结构是________。

A. 线性表　　B. 栈　　C. 队列　　D. 树

答：将递归算法转换成非递归算法时通常借助栈实现。答案为 B。

4. 函数 $f(x,y)$ 定义如下：

$f(n)=f(n-1)+f(n-2)+1$　　当 $n>1$ 时
$f(n)=1$　　否则

则 $f(5)$ 的值是________。

A. 10　　B. 15　　C. 16　　D. 20

答：这里有 $f(0)=1$，$f(1)=1$，$f(2)=f(1)+f(0)+1=3$，$f(3)=f(2)+f(1)+1=5$，$f(4)=f(3)+f(2)+1=9$，$f(5)=f(4)+f(3)+1=15$。答案为 B。

5. 函数 $f(x,y)$ 定义如下：

$f(x,y)=f(x-1,y)+f(x,y-1)$　　当 $x>0$ 且 $y>0$ 时
$f(x,y)=x+y$　　否则

则 $f(2,1)$ 的值是________。

A. 1　　B. 2　　C. 3　　D. 4

答：$f(2,1)=f(1,1)+f(2,0)=f(0,1)+f(1,0)+2=1+1+2=4$。答案为 D。

6. 某递归算法的执行时间的递推关系如下：

$T(n)=1$　　当 $n=1$ 时
$T(n)=2T(n/2)+1$　　当 $n>1$ 时

则该算法的时间复杂度为________。

A. $O(1)$　　B. $O(\log_2 n)$　　C. $O(n)$　　D. $O(n\log_2 n)$

答：不妨设 $n=2^k$，$k=\log_2 n$。$T(n)=2^1T(n/2^1)+1=2^2T(n/2^2)+1+2^1=\cdots=2^kT(n/$

$2^k)+1+2^1+\cdots+2^{k-1}=2^k T(1)+2^k-1=2n-1=O(n)$。答案为C。

7. 设有一个递归算法如下：

```
int fun(int n)
{ if(n<=0) return 1;
  else return n * fun(n-1);
}
```

以下叙述正确的是________。

A. 计算 fun(n)需要执行 n 次递归　　B. fun(7)=5040

C. 此递归算法最多只能计算到 fun(8)　　D. 以上结论都不对

答：在计算 fun(n)时需要执行 $n-1$ 次递归调用，当最后一次调用时遇到递归出口直接返回1，不再需要递归调用。fun(7)=7×6×5×4×3×2×1=5040。显然"此递归算法最多只能计算到 fun(8)"是错误的。答案为B。

1.6 第6章 数组和稀疏矩阵

1.6.1 问答题

1. 为什么说数组是线性表的推广或扩展，而不说数组就是一种线性表呢？

答：从逻辑结构的角度看，一维数组是一种线性表；二维数组可以看成数组元素为一维数组的一维数组，所以二维数组是线性结构，可以看成是线性表，但就二维数组的形状而言，它又是非线性结构，因此将二维数组看成是线性表的推广更准确。三维及三维以上的数组也如此。

2. 为什么数组一般不使用链式结构存储？

答：因为数组的主要操作是存取元素，通常没有插入和删除操作，在使用链式结构存储时需要额外占用更多的存储空间，而且不具有随机存取特性，使得相关操作更复杂。

3. 如果某个一维数组 A 的元素个数 n 很大，存在大量重复的元素，且所有元素值相同的元素紧跟在一起，请设计一种压缩存储方式使得存储空间更节省。

答：设数组的元素类型为 E，采用一个数组 B 来实现压缩存储。其元素类型如下：

```
class CT<E>
{ E data;                                  //元素值
  int cnt;                                 //重复元素的个数
}
```

例如 E 为 int 类型，数组 A 为{1,1,1,5,5,5,5,3,3,3,3,4,4,4,4,4,4}，共有17个元素，对应的压缩存储 B 为{{1,3},{5,4},{3,4},{4,6}}。压缩数组 B 中只有8个整数。

从中可以看出，重复元素越多，采用这种压缩存储方式越节省存储空间。

4. 一个 n 阶对称矩阵存入内存，在采用压缩存储和采用非压缩存储时占用的内存空间分别是多少？

答：若采取压缩存储，其容量为 $n(n+1)/2$，若不采用压缩存储，其容量为 n^2。

5. 设 n 阶下三角矩阵 $\mathbf{A}[0..n-1,0..n-1]$ 已压缩到一维数组 $B[1..m]$ 中，若按行为主序存储，则 $\mathbf{A}[i][j](i\geqslant j)$ 对应的 B 中存储位置为多少？给出推导过程。

答：$\mathbf{A}$ 的下标从 0 开始，对于 $\mathbf{A}[i][j](i\geqslant j)$ 元素，前面有 $0\sim i-1$ 共 i 行，各行的元素个数分别为 1、2、…、i，计 $i(i+1)/2$ 个元素。在第 i 行中 $\mathbf{A}[i][j]$ 元素前面的元素有 $\mathbf{A}[i,0..j-1]$，计 j 个元素，所以 $\mathbf{A}[i][j]$ 元素之前共存储 $i(i+1)/2+j$ 个元素。B 的下标从 1 开始，所以对应的 B 中存储位置是 $i(i+1)/2+j+1$。

6. 用十字链表表示一个含 k 个非零元素的 $m\times n$ 的稀疏矩阵，其总的结点数为多少？

答：十字链表存储结构中有一个十字链表表头结点，$\mathrm{MAX}(m,n)$ 个行列头结点。另外，每个非零元素对应一个结点，即 k 个元素结点，所以共有 $\mathrm{MAX}(m,n)+k+1$ 个结点。

1.6.2 算法设计题

1. 求一个含有 n 个整数元素的数组 $a[0..n-1]$ 中的最大元素，有这样一种思路：先比较第一个元素，再比较最后一个元素，比较过程向中间靠近。请按这种思路设计相应的算法。

解：对应的算法如下。

```
public static int getmax(int[] a)
{  int i=0,j=a.length-1;
   int max=a[0];
   while(i<j)
   {     if(a[i]>max) max=a[i];
         i++;
         if(a[j]>max) max=a[j];
         j--;
   }
   return max;
}
```

2. 设计一个算法，将含有 n 个整数元素的数组 $a[0..n-1]$ 循环右移 m 位，要求算法的空间复杂度为 $O(1)$。

解：设 a 中元素为 xy(x 为前 $n-m$ 个元素，y 为后 m 个元素)。先将 x 逆置得到 $x^{-1}y$，再将 y 逆置得到 $x^{-1}y^{-1}$，最后将整个 $x^{-1}y^{-1}$ 逆置得到 $(x^{-1}y^{-1})^{-1}=yx$。对应的算法如下：

```
public static void Reverse(int[] a,int i,int j)                //逆置 a[i..j]
{  int tmp;
   for(int k=0;k<(j-i+1)/2;k++)
   {     tmp=a[i+k];
         a[i+k]=a[j-k];
         a[j-k]=tmp;
   }
}
public static void Rightmove(int[] a,int n,int m)              //将 a[0..n-1]循环右移 m 个元素
{  if(m>n) m=m%n;
```

```
    Reverse(a,0,n-m-1);
    Reverse(a,n-m,n-1);
    Reverse(a,0,n-1);
}
```

3. 设计一个算法，求一个 n 行 n 列的二维整型数组 a 的左上角—右下角和右上角—左下角两条主对角线元素之和。

解：置 s 为 0，用 s 累加 a 的左上角—右下角元素 $a[i][i](0\leqslant i<n)$ 之和，再用 s 累加 a 的右上角—左下角元素 $a[j][n-j-1](0\leqslant j<n)$ 之和。当 n 为奇数时，两条对角线有一个重叠的元素 $a[n/2][n/2]$，需从 s 中减去。对应的算法如下：

```
public static int Diag(int[][]a)
{  int s=0;
   int n=a.length;
   for(int i=0;i<n;i++)
        s+=a[i][i];
   for(int j=0;j<n;j++)
        s+=a[j][n-j-1];
   if(n%2==1)                                    //n为奇数时
        s-=a[n/2][n/2];
   return s;
}
```

4. 假设稀疏矩阵采用三元组表示，设计一个算法求所有左上—右下的对角线元素之和。

解：对于稀疏矩阵的三元组表示 t，从 t.data[0]开始查看，若其行号等于列号，表示是一个左上—右下对角线上的元素，则进行累加，最后返回累加值。对应的算法如下：

```
public static int Diag(TupClass t)
{  if(t.rows!=t.cols)
        return 0;                                //不是方阵返回0
   int s=0;
   for(int i=0;i<t.nums;i++)
        if(t.data.get(i).r==t.data.get(i).c)     //行号等于列号
            s+=t.data.get(i).d;
   return s;
}
```

1.6.3　补充的单项选择题

1. 二维数组为 $a[6][10]$，每个数组元素占用 4 个存储单元，若按行优先顺序存放数组元素，$a[0][0]$的存储地址为 860，则 $a[3][5]$的存储地址是________。

A. 1000　　　　B. 860

C. 1140　　　　D. 1200

答：$m=6, n=10, k=4$，$\mathrm{LOC}(a[3][5])=\mathrm{LOC}(a[0][0])+[3\times10+5]\times4=1000$。答案为 A。

2. 二维数组为 $a[6][10]$,每个数组元素占用 4 个存储单元,若按行优先顺序存放数组元素,$a[3][5]$的存储地址为 1000,则 $a[0][0]$的存储地址是________。

A. 872　　B. 860　　C. 868　　D. 864

答:$m=6,n=10,k=4$,依题意有 $\text{LOC}(a[3][5])=\text{LOC}(a[0][0])+[3\times10+5]\times4=1000$,求出 $\text{LOC}(a[0][0])=860$。答案为 B。

3. 一个 n 阶对称矩阵 $\mathbf{A}$ 采用压缩存储方式,将其下三角+主对角部分元素按行优先存储到一维数组 B 中,则 B 中元素的个数是________。

A. n　　B. n^2

C. $n(n+1)/2$　　D. $n(n+1)/2+1$

答:下三角+主对角部分元素共 $n(n+1)/2$ 个。答案为 C。

4. 一个 n 阶对称矩阵 $\mathbf{A}[1..n,1..n]$采用压缩存储方式,将其下三角+主对角部分元素按行优先存储到一维数组 $B[1..m]$中,则 $A[i][j]$ $(i\geqslant j)$元素在 B 中的位置 k 是________。

A. $j(j-1)/2+i$　　B. $j(j-1)/2+i-1$

C. $i(i-1)/2+j$　　D. $i(i-1)/2+j-1$

答:在将 n 阶对称矩阵 $\mathbf{A}[1..n,1..n]$的下三角+主对角部分元素按行优先存储到一维数组 $B[1..m]$中时,对于元素 $A[i,j]$ $(i\geqslant j)$,前面第 1 行~第 $i-1$ 行的元素个数分别为 1、2、…、$i-1$,计 $i(i-1)/2$ 个元素,在第 i 行中,元素 $A[i,j]$的前面有 $A[i,1..j-1]$计 $j-1$ 个元素,由于 B 的下标从 1 开始,所以该元素在 B 中的存储位置 $k=i(i-1)/2+j-1+1=i(i-1)/2+j$。答案为 C。

5. 一个 n 阶对称矩阵 $\mathbf{A}[1..10,1..10]$采用压缩存储方式,将其下三角+主对角部分元素按行优先存储到一维数组 $B[0..m]$中,则 $A[8][5]$元素在 B 中的位置 k 是________。

A. 32　　B. 37　　C. 45　　D. 60

答:$A[8][5]$属于下三角部分的元素,所以该元素在 B(起始下标从 0 开始)中的存储位置 $k=i(i-1)/2+j-1=8\times7/2+4=32$。答案为 A。

6. 一个 n 阶对称矩阵 $\mathbf{A}[1..10,1..10]$采用压缩存储方式,将其上三角+主对角部分元素按行优先存储到一维数组 $B[0..m]$中,则 $A[5][8]$元素在 B 中的位置 k 是________。

A. 10　　B. 37　　C. 45　　D. 60

答:$A[5][8]$属于上三角部分的元素,$A[5][8]$前面存放的元素个数的计算是第 1 行有 10 个,第 2 行有 9 个,…,第 4 行有 7 个,在第 5 行中有 $A[5..7]$计 3 个元素,共 $10+9+8+7+3=37$,由于 B 的起始下标从 0 开始,所以 $k=37$。答案为 B。

7. 一个 n 阶$(n>1)$三对角矩阵 $\mathbf{A}$ 按行优先顺序压缩存放在一维数组 B 中,则 B 中元素的个数是________。

A. $3n$　　B. n^2　　C. $2n$　　D. $3n-2$

答:在三对角矩阵 $\mathbf{A}$ 中,第一行和最后一行两个非零元素,其他行有 3 个非零元素,即非零元素的个数$=3(n-2)=4=3n-2$。答案为 D。

8. 对稀疏矩阵进行压缩存储的目的是________。

A. 便于进行矩阵运算　　B. 便于输入和输出

C. 节省存储空间　　D. 降低运算的时间复杂度

答：对稀疏矩阵压缩存储的目的就是节省存储空间。答案为 C。

9. 一个稀疏矩阵采用压缩和直接采用二维数组存储相比会失去________特性。

A. 顺序存储　B. 随机存取　C. 输入与输出　D. 以上都不对

答：稀疏矩阵采用三元组或者十字链表压缩后均不再具有随机存取特性。答案为 B。

10. m 行 n 列的稀疏矩阵在采用十字链表表示时，其中循环单链表的个数为________。

A. $m+1$　B. $n+1$

C. $m+n+1$　D. $\mathrm{MAX}\{m,n\}+1$

答：其中行、列循环单链表的个数分别 m 和 n 个，另外所有行列头结点又构成一个循环单链表。答案为 C。

1.7 第 7 章 树和二叉树

1.7.1 问答题

1. 若一棵度为 4 的树中度为 1、2、3、4 的结点个数分别为 4、3、2、2，则该树的总结点个数是多少？

答：结点总数 $n=n_0+n_1+n_2+n_3+n_4$，又由于除根结点外每个结点都对应一个分支，所以总的分支数等于 $n-1$，故有总分支数 $=n-1=0\times n_0+1\times n_1+2\times n_2+3\times n_3+4\times n_4$，推出 $n_0=n_2+2n_3+3n_4+1=3+2\times2+3\times2=14$，则 $n=n_0+n_1+n_2+n_3+n_4=14+4+3+2+2=25$，所以该树的总结点个数是 25。

2. 对于具有 n 个结点的 m 次树，回答以下问题：

(1) 若采用孩子链存储结构，共有多少个空指针？

(2) 若采用孩子兄弟链存储结构，共有多少个空指针？

答：(1) 该 m 次树中有 n 个结点，在采用孩子链存储结构时，每个结点有 m 个指针，总指针个数 $=m\times n$。又由于分支数 $=n-1$，而每个分支是由一个非空指针引出的，所以总的非空指针个数 $=n-1$，因此空指针个数 $=$ 总指针个数 $-$ 非空指针个数 $=m\times n-(n-1)=n(m-1)+1$。

(2) 该 m 次树中有 n 个结点，在采用孩子兄弟链存储结构时，每个结点有两个指针，总指针个数 $=2n$。又由于分支数 $=n-1$，而每个分支是由一个非空指针引出的，所以总的非空指针个数 $=n-1$，因此空指针个数 $=$ 总指针个数 $-$ 非空指针个数 $=2n-(n-1)=n+1$。

3. 已知一棵完全二叉树的第 6 层（设根结点为第 1 层）有 8 个叶子结点，则该完全二叉树的结点个数最多是多少？最少是多少？

答：完全二叉树的叶子结点只能出现在最下面两层，对于本题而言，结点最多的情况是第 6 层为倒数第二层，即 1～6 层构成一棵满二叉树，其结点总数为 $2^6-1=63$。其中第 6 层有 $2^5=32$ 个结点，含 8 个叶子结点，则另外有 $32-8=24$ 个非叶子结点，它们中每个结点有两个孩子结点（均为第 7 层的叶子结点），计为 48 个叶子结点。这样最多的结点个数=63+48=111。

结点最少的情况是第 6 层为最下层，即 1～5 层构成一棵满二叉树，其结点总数为 $2^5-1=31$，再加上第 6 层的 8 个叶子结点，总计 31+8=39。这样最少的结点个数为 39。

4. 已知一棵完全二叉树有 50 个叶子结点，则该二叉树的总结点数至少应有多少个?

答：$n_0=50$，$n=n_0+n_1+n_2$，由二叉树性质 1 可知 $n_2=n_0-1=49$，这样 $n=n_1+99$，所以当 $n_1=0$ 时 n 最少，因此 n 至少有 99 个结点。

5. 已知一棵完全二叉树共有 892 个结点，试求：

(1) 树的高度；

(2) 单支结点数；

(3) 叶子结点数；

(4) 最小的叶子结点的层序编号。

答：(1) 该树的高度 $h=\lceil \log_2(892+1) \rceil=10$。

(2) $n=892$ 为偶数，所以 $n_1=1$。

(3) $n=n_0+1+n_2=2n_2+2=892$，得 $n_2=445$，所以 $n_0=n_2+1=446$。

(4) 对于具有 n 个结点的完全二叉树，有 $\lfloor n/2 \rfloor$ 个非叶子结点，所以最小的叶子结点的层序编号 $=\lfloor n/2 \rfloor+1=447$。

6. 对于以 b 为根结点的一棵二叉树，指出其中序遍历序列的开始结点和尾结点。

答：中序遍历序列的开始结点是根结点 b 的最左下结点，中序遍历序列的尾结点是根结点 b 的最右下结点。

7. 指出满足以下各条件的非空二叉树的形态：

(1) 先序序列和中序序列正好相同；

(2) 中序序列和后序序列正好相反。

答：(1) 二叉树的先序序列是 NLR，中序序列是 LNR。要使 NLR=LNR 成立，则 L 必须为空，所以满足条件的二叉树的形态是所有结点没有左子树的单支树。

(2) 二叉树的中序序列是 LNR，后序序列是 LRN。要使 LNR=NRL(后序序列反序)成立，则 L 必须为空，所以满足条件的二叉树的形态是所有结点没有左子树的单支树。

8. 若已知一棵完全二叉树的某种遍历序列(假设所有结点值为单个字符值且不同)，能够唯一确定这棵二叉树吗? 并举例说明。

答：能够。因为任意一种遍历序列中含有结点个数 n，当 n 已知时就可以确定完全二叉树的形态，然后由遍历序列就可以唯一构造这棵二叉树。例如，当中序序列为 HDBEAFCG 时，$n=8$，画出这棵二叉树如图 1.8(a)所示，然后根据中序序列填入相应的结点值，如图 1.8(b)所示。

9. 已知一棵含有 n 个结点的二叉树的先序遍历序列为 $1,2,\cdots,n$，它的中序序列是否可以是 $1\sim n$ 的任意排列，如果是，请予以证明，否则请举一反例。

答：不是。例如 $n=3$，该二叉树的先序序列为 1,2,3，它的中序序列不可能是 3、1、2，如

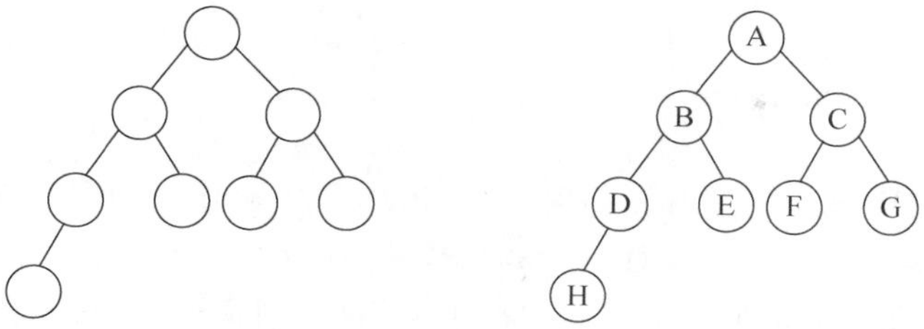

（a）画出二叉树　　（b）填入结点值

图 1.8　一棵二叉树

果是，由先序序列可知 1 为根结点，由中序序列求出 1 的左孩子结点为 3、右孩子结点为 2，而先序序列中紧跟 1 的是结点 2，这样无法由先序和中序构造出一棵二叉树，说明该中序序列是错误的。

实际上，若先序遍历序列为 1、2、…、n，中序序列是 1～n 的出栈序列，可以构造出一棵唯一的二叉树。

10. 给出在先序线索二叉树中查找结点 p 的后继结点的过程。

答：在先序线索二叉树中，若 p.rtag=1，则 p.rchild 为后继结点；若 p.rtag=0，如果 p 结点的左孩子不空，则左孩子为后继结点，否则若 p 结点有右孩子，则右孩子为后继结点。

11. 一组包含不同权值的字母已经对应好哈夫曼编码，如果某个字母对应的编码为 001，则什么编码不可能对应其他字母？什么编码肯定对应其他字母？

答：由哈夫曼树的性质可知，以 0、00 和 001 开头的编码不可能对应其他字母。该哈夫曼树的高度至少是 3，其最少叶子结点的情况如图 1.9 所示，所以以 000、01 和 1 开头的编码肯定对应其他字母。

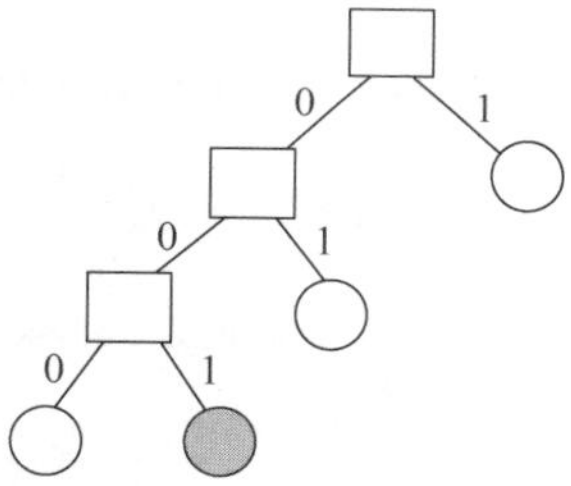

图 1.9　一棵哈夫曼树

1.7.2　算法设计题

1. 假设二叉树中每个结点值为单个字符，采用二叉链存储结构存储。试设计一个算法，求一棵给定二叉树 bt 中所有大于 x 的结点个数。

解：可以采用任何遍历算法。这里采用先序遍历，对应的算法如下：

```
public static int GreaterNodes(BTreeClass bt, char x)          //求解算法
{
   return GreaterNodes1(bt.b, x);
}
public static int GreaterNodes1(BTNode<Character> t, char x)
{  int num1, num2, num=0;
   if(t==null) return 0;
   else
   {     if(t.data > x) num++;
         num1=GreaterNodes1(t.lchild, x);
         num2=GreaterNodes1(t.rchild, x);
```

```
        num+=num1+num2;
        return num;
    }
}
```

2. 假设二叉树中每个结点值为单个字符,采用二叉链存储结构存储。二叉树 bt 的后序遍历序列为 $a_0, a_1, \cdots, a_{n-1}$,设计一个算法按 a_{n-1}、a_{n-2}、…、a_0 的次序输出各结点值。

解:后序遍历过程是先遍历左子树和右子树,再访问根结点,这里改为访问根结点,再遍历右子树和左子树。对应的算法如下:

```
public static void RePostOrder(BTreeClass bt)                    //求解算法
{
    RePostOrder1(bt.b);
}
public static void RePostOrder1(BTNode<Character> t)
{   if(t!=null)
    {   System.out.print(t.data+" ");
        RePostOrder1(t.rchild);
        RePostOrder1(t.lchild);
    }
}
```

3. 假设二叉树中每个结点值为单个字符,采用二叉链存储结构存储。设计一个算法,按从右到左的次序输出一棵二叉树 bt 中的所有叶子结点。

解:3 种递归遍历算法都是先遍历左子树,再遍历右子树,这里只需要改为仅仅输出叶子结点,并且将左、右子树的遍历次序倒过来即可。以先序遍历为基础修改的算法如下:

```
public static void RePreOrder(BTreeClass bt)                     //求解算法
{
    RePreOrder1(bt.b);
}
public static void RePreOrder1(BTNode<Character> t)
{   if(t!=null)
    {   if(t.lchild==null && t.rchild==null)
            System.out.print(t.data+" ");
        RePreOrder1(t.rchild);
        RePreOrder1(t.lchild);
    }
}
```

4. 假设二叉树中每个结点值为单个字符,采用二叉链存储结构存储。设计一个算法,计算一棵给定二叉树 bt 中的所有单分支结点个数。

解:本题可以采用任何一种遍历方法,这里采用直接递归算法设计方法。设求一棵二叉树的所有单分支结点个数的递归模型 $f(t)$ 如下:

$f(t)=0$　　　　若 t=null

$f(t)=f(t.\text{lchild})+f(t.\text{rchild})+1$　　　　若 t 为单分支

$f(t)=f(t.\text{lchild})+f(t.\text{rchild})$　　　　其他情况

对应的递归算法如下:

```
public static int SNodes(BTreeClass bt)                    //求解算法
{
  return SNodes1(bt.b);
}
public static int SNodes1(BTNode<Character> t)
{ int num1,num2,n;
  if(t==null)
      return 0;
  else if((t.lchild==null && t.rchild!=null) ||
      (t.lchild!=null && t.rchild==null))
      n=1;                                                 //为单分支结点
  else
      n=0;                                                 //其他结点
  num1=SNodes1(t.lchild);                                  //递归求左子树的单分支结点数
  num2=SNodes1(t.rchild);                                  //递归求右子树的单分支结点数
  return(num1+num2+n);
}
```

5. 假设二叉树中每个结点值为单个字符，采用顺序存储结构 sb 存储。设计一个算法，求二叉树中的双分支结点个数。

解：采用先序遍历方法求解，设计 DNodes(sb,i)求以 sb[i]为根的子树中双分支结点的个数。

(1) 当 i 大于 sb.length()时返回 0。

(2) 当 sb[i]是无效结点时返回 0。

(3) 当 sb[i]是有效结点时，若 sb[i]为双分支结点，n 置为 1，否则 n 置为 0；递归调用 num1=DNodes(sb,2*i)求出左子树的双分支结点个数 num1，递归调用 num2=DNodes(sb,2*i+1)求出右子树的双分支结点个数 num2，返回 num1+num2+n。

对应的算法如下：

```
public static int DNodes(String sb)                        //求解算法
{
  return DNodes1(sb,1);
}
public static int DNodes1(String sb,int i)
{ int num1,num2,n;
  if(i>=sb.length() || sb.charAt(i)=='#')
      return 0;
  else if(2*i<sb.length() && sb.charAt(2*i)!='#'
      && 2*i+1<sb.length() && sb.charAt(2*i+1)!='#')
      n=1;                                                 //为双分支结点
  else
      n=0;                                                 //其他结点
  num1=DNodes1(sb,2*i);                                    //递归求左子树的双分支结点数
  num2=DNodes1(sb,2*i+1);                                  //递归求右子树的双分支结点数
  return(num1+num2+n);
}
```

6. 有 n 个字符采用 str 字符串存放，对应的权值采用 int 数组 w 存放，完成以下任务。

(1) 设计一个算法构造对应的哈夫曼树，其根结点为 root，要求哈夫曼树采用二叉链存储结构存储，其结点类型如下：

```
class HNode
{  int ch;                                    //字符的位置
   int w;                                     //对应的权值
   HNode lchild,rchild;                       //左、右孩子结点的指针
   public HNode(int ch,int w)                 //构造方法
   {    this.ch=ch;
        this.w=w;
        lchild=rchild=null;
   }
   public int getw()                          //返回 w
   {
        return w;
   }
}
```

(2) 设计一个算法产生所有字符的哈夫曼编码。

(3) 设计一个算法求其带权路径长度(WPL)。

解：采用《教程》中 7.7 节的原理创建哈夫曼树和哈夫曼编码。对于以 root 为根结点的哈夫曼树，设计 WPL1(t,h)(h 表示 t 结点的层次)求 WPL，sum 累计叶子结点的 WPL(初始为 0)，当 t 结点为叶子时执行 sum+=t.w*(h-1)，再递归调用 sum+=WPL1(t.lchild,h+1)和 sum+=WPL1(t.rchild,h+1)累计左、右子树的 WPL，最后返回 sum。

对应的完整程序如下：

```
import java.lang.*;
import java.util.*;
class HNode
{  int ch;                                    //对应字符在 str 中的位置
   int w;                                     //对应的权值
   HNode lchild,rchild;                       //左、右孩子结点的指针
   public HNode(int ch,int w)                 //构造方法
   {    this.ch=ch;
        this.w=w;
        lchild=rchild=null;
   }
   public int getw()                          //返回 w
   {
        return w;
   }
}
public class Excise6
{  final static int MAXN=100;                 //最多编码字符个数
   static String str;                         //存放要编码的字符
   static int[] w=new int[MAXN];
   static HNode root;                         //根结点
   static String[] hcd=new String[MAXN];      //存放哈夫曼编码
```

```
public static void CHt(String str1,int[] w1)          //(1)由str1、w1构造哈夫曼树
{   Comparator<HNode> priComparator                   //定义priComparator
    = new Comparator<HNode>()
    {   public int compare(HNode o1,HNode o2)  //用于创建小根堆
        {   return o1.getw()-o2.getw(); }          //w越小越优先
    };
    PriorityQueue<HNode> pq=new PriorityQueue<>(MAXN,priComparator);
                                                        //定义优先队列
    str=str1;
    w=w1;
    int n=str.length();
    for(int i=0;i<n;i++)                                //n个叶子结点进队列
        pq.offer(new HNode(i,w[i]));
    HNode p,q,f;
    while(pq.size()>1)                                  //循环操作,直到仅包含一个元素
    {   p=pq.poll();
        q=pq.poll();
        f=new HNode(-1,p.w+q.w);                        //新建一个结点
        f.lchild=p; f.rchild=q;                         //合并p和q的二叉树
        pq.offer(f);                                    //f结点进队列
    }
    root=pq.poll();                                     //根结点出队
}
public static void HCode()                              //(2)产生哈夫曼编码
{   char[] path=new char[MAXN];
    HCode1(root,path,-1);
}
private static void HCode1(HNode t,char[] path,int d)
{   if(t==null) return;
    if(t.lchild==null && t.rchild==null)                //叶子结点
    {   hcd[t.ch]="";
        for(int i=0;i<=d;i++)
            hcd[t.ch]+=path[i];
    }
    d++; path[d]='0';
    HCode1(t.lchild,path,d);
    path[d]='1';
    HCode1(t.rchild,path,d);
}
public static void DispHuffman()                        //输出哈夫曼编码
{ System.out.println("各字符的哈夫曼编码");
  for(int i=0;i<str.length();i++)
      System.out.println("  "+str.charAt(i)+": "+hcd[i]);
}
public static int WPL()                                 //(3)求root哈夫曼树的带权路径长度
{
    return WPL1(root,1);                                //根结点的层次为1
}
private static int WPL1(HNode t,int h)
{   int sum=0;
    if(t.lchild==null && t.rchild==null)                //求叶子结点的WPL
```

```
            sum+=t.w*(h-1);                    //根到各叶子结点的路径长度为h-1
        else
        {   sum+=WPL1(t.lchild,h+1);           //累计左子树的WPL
            sum+=WPL1(t.rchild,h+1);           //累计右子树的WPL
        }
        return sum;
    }
    public static void main(String[] args)
    {   String str="abcd";
        int[] w={1,3,5,7};
        System.out.println("(1)创建哈夫曼树");
        CHt(str,w);
        System.out.println("(2)产生哈夫曼编码");
        HCode();
        System.out.println("(3)输出哈夫曼编码");
        DispHuffman();
        System.out.println("(4)求WPL");
        System.out.println(" WPL="+WPL());
    }
}
```

7. 假设二叉树中每个结点值为单个字符,采用二叉链存储结构存储。设计一个算法求二叉树 bt 的最小枝长,所谓最小枝长指的是根结点到最近叶子结点的路径长度。

解:设 $f(t)$ 表示根为结点 t 的二叉树的最小枝长,由最小枝长的定义可以得到如下递归模型:

$f(t)=0$　　　　当 $t=\text{null}$
$f(t)=0$　　　　当结点 t 为叶子结点
$f(t)=f(t.\text{rchild})+1$　　　　当 t.lchild 为空
$f(t)=f(t.\text{lchild})+1$　　　　当 t.rchild 为空
$f(t)=\min(f(t.\text{lchild}),f(t.\text{rchild}))+1$　　　　其他

对应的递归算法如下:

```
public static int MinBranch(BTreeClass bt)                    //求解算法
{
    return MinBranch1(bt.b);
}
private static int MinBranch1(BTNode<Character> t)            //被MinBrancd算法调用
{   if(t==null) return 0;
    else if(t.lchild==null && t.rchild==null)
        return 0;
    else if(t.lchild==null)
        return MinBranch1(t.rchild)+1;
    else if(t.rchild==null)
        return MinBranch1(t.lchild)+1;
    else
    {   int min1=MinBranch1(t.lchild);
        int min2=MinBranch1(t.rchild);
        return Math.min(min1,min2)+1;
    }
}
```

8. 假设二叉树中每个结点值为单个字符，采用二叉链存储结构存储。设计一个算法，采用先序遍历方法输出二叉树 bt 中所有结点的层次。

解：设计 NodeLevel11(BTNode<Character>t,int h)输出以 t 为根结点的二叉树中所有结点的层次，形参 h 指出当前结点的层次，其初值表示根结点的层次 1。采用先序遍历方法，当 t 为空时返回 0，直接返回。若 t 不为空，输出当前结点的层次 h；递归调用 NodeLevel11(t.lchild,$h+1$)输出左子树中各结点的层次，递归调用 NodeLevel11(t.rchild,$h+1$)输出右子树中各结点的层次。对应的算法如下：

```
public static void NodeLevel1(BTreeClass bt)            //求解算法
{
   NodeLevel11(bt.b,1);
}
public static void NodeLevel11(BTNode<Character> t,int h)
{  if(t!=null)
   {    System.out.printf(" %c结点的层次为%d\n",t.data,h);
        NodeLevel11(t.lchild,h+1);
        NodeLevel11(t.rchild,h+1);
   }
}
```

9. 假设二叉树中每个结点值为单个字符，采用二叉链存储结构存储。设计一个算法，输出二叉树 bt 中第 k 层上的所有叶子结点的个数。

解：采用《教程》中例 7.15 的 3 种解法，将原来累计第 k 层的结点个数改为累计第 k 层的叶子结点的个数。3 种解法的算法如下：

```
public static int KleafCount1(BTreeClass bt,int k)      //解法1:求二叉树第k层的叶子结
                                                        //点个数
{  int cnt=0;                                           //累计第k层的叶子结点个数
   class QNode
   {    int lno;                                        //结点的层次
        BTNode<Character> node;                         //结点
        public QNode(int l,BTNode<Character> no)        //构造方法
        {    lno=l;
             node=no;
        }
   }
   Queue<QNode> qu=new LinkedList<QNode>();             //定义一个队列qu
   QNode p;
   qu.offer(new QNode(1,bt.b));                         //根结点(层次为1)进队
   while(!qu.isEmpty())                                 //队不空时循环
   {  p=qu.poll();                                      //出队一个结点
        if(p.lno>k)                                     //当前结点的层次大于k,返回
             return cnt;
        if(p.lno==k && p.node.lchild==null && p.node.rchild==null)
             cnt++;                                     //当前结点是第k层的叶子结点,
                                                        //cnt增1
        else                                            //当前结点的层次小于k
        {    if(p.node.lchild!=null)                    //有左孩子时将其进队
                  qu.offer(new QNode(p.lno+1,p.node.lchild));
```

```
            if(p.node.rchild!=null)                    //有右孩子时将其进队
                qu.offer(new QNode(p.lno+1,p.node.rchild));
        }
    }
    return cnt;
}
public static int KleafCount2(BTreeClass bt,int k)     //解法 2:求二叉树第 k 层的叶子
                                                       //结点个数
{   int cnt=0;                                         //累计第 k 层的叶子结点个数
    Queue<BTNode> qu=new LinkedList<BTNode>();//定义一个队列 qu
    BTNode<Character> p,q=null;
    int curl=1;                                        //当前层次,从 1 开始
    BTNode<Character> last;                            //当前层中的最右结点
    last=bt.b;                                         //第 1 层的最右结点
    qu.offer(bt.b);                                    //根结点进队
    while(!qu.isEmpty())                               //队不空时循环
    {   if(curl>k)                                     //当层号大于 k 时返回 cnt,不再继续
            return cnt;
        p=qu.poll();                                   //出队一个结点
        if(curl==k && p.lchild==null && p.rchild==null)
            cnt++;                                     //当前结点是第 k 层的叶子结点,cnt 增 1
        if(p.lchild!=null)                             //有左孩子时将其进队
        {   q=p.lchild;
            qu.offer(q);
        }
        if(p.rchild!=null)                             //有右孩子时将其进队
        {   q=p.rchild;
            qu.offer(q);
        }
        if(p==last)                                    //当前层的所有结点处理完毕
        {   last=q;                                    //让 last 指向下一层的最右结点
            curl++;
        }
    }
    return cnt;
}
public static int KleafCount3(BTreeClass bt,int k)     //解法 3:求二叉树第 k 层的叶子结点个数
{   if(k<1)                                            //k<1 返回 0
        return 0;
    Queue<BTNode> qu=new LinkedList<BTNode>();         //定义一个队列 qu
    BTNode<Character> p,q=null;
    int curl=1;                                        //当前层次,从 1 开始
    qu.offer(bt.b);                                    //根结点进队
    while(!qu.isEmpty())                               //队不空时循环
    {   if(curl==k)                                    //当前层为第 k 层
        {   int cnt=0;                                 //表示第 k 层的叶子结点个数
            while(!qu.isEmpty())
            {   p=qu.poll();                           //出队一个结点
                if(p.lchild==null && p.rchild==null)
                    cnt++;                             //累计第 k 层的叶子结点个数
            }
```

```
            return cnt;
        }
        int n=qu.size();                            //求出当前层的结点个数
        for(int i=1;i<=n;i++)                       //出队当前层的 n 个结点
        {   p=qu.poll();                            //出队一个结点
            if(p.lchild!=null)                      //有左孩子时将其进队
                qu.offer(p.lchild);
            if(p.rchild!=null)                      //有右孩子时将其进队
                qu.offer(p.rchild);
        }
        curl++;                                     //转向下一层
    }
    return 0;
}
```

10. 假设二叉树采用二叉链存储结构,设计一个算法判断一棵二叉树 bt 是否为镜像对称的。

解:采用直接递归算法设计方法。设 $f(t1,t2)$ 表示以 t1 为根和以 t2 为根的两棵二叉树是否对称,对应的递归模型如下:

$f(t1,t2)=true$ 若 t1=null 且 t2=null
$f(t1,t2)=false$ 若 t1、t2 中一个空,另一个非空
$f(t1,t2)=f(t1,lchild,t2.t2.rchild)$ && $f(t1.rchild,t2.lchild)$ 若 t1.data=t2.data
$f(t1,t2)=false$ 其他情况

如果一棵二叉树的左子树和右子树是对称的,则该二叉树是镜像对称的。对应的算法如下:

```
public static boolean Symmtree(BTreeClass bt)                //判断二叉树 b 是否为镜像对称的
{  if(bt.b==null)
        return true;
   else
        return Symm(bt.b.lchild,bt.b.rchild);
}
private static boolean Symm(BTNode<Character> t1,BTNode<Character> t2)
{  if(t1==null && t2==null)
        return true;
   if(t1==null || t2==null)
        return false;
   if(t1.data==t2.data)
        return Symm(t1.lchild,t2.rchild) && Symm(t1.rchild,t2.lchild);
   else return false;
}
```

11. 假设二叉树中每个结点值为单个字符,采用二叉链存储结构存储。设计一个算法,判断一棵二叉树 bt 是否为完全二叉树。

解:根据完全二叉树的定义,对完全二叉树进行层次遍历时应该满足以下条件。

(1) 若某结点没有左孩子,则一定无右孩子。

(2) 若某结点缺左孩子或右孩子,则其所有后继一定无孩子。

若不满足上述任何一条，均不为完全二叉树。

采用层次遍历方式，逐一检查每个结点是否违背上述条件，一旦违背其中之一，则返回 false。其他属于正常情况，若遍历完毕都属于正常情况，返回 true。

对应的算法如下：

```
public static boolean CompBTree(BTreeClass bt)                    //求解算法
{
   return CompBTree1(bt.b);
}
public static boolean CompBTree1(BTNode<Character> t)
{  Queue<BTNode> qu=new LinkedList<BTNode>();//定义一个队列 qu
   boolean cm=true;                                              //cm 为 true 表示二叉树为完全二叉树
   boolean bj=true;                                              //bj 为 true 表示所有结点均有左、右孩子
   if(t==null) return true;                                      //空树为完全二叉树
   BTNode<Character> p;
   qu.offer(t);                                                  //根结点进队
   while(!qu.isEmpty())                                          //队列不空时循环
   {    p=qu.poll();                                             //出队结点 p
        if(p.lchild==null)                                       //p 结点没有左孩子
        {    bj=false;
             if(p.rchild!=null)                                  //没有左孩子但有右孩子，违反(1)
                  cm=false;
        }
        else                                                     //p 结点有左孩子
        {    if(bj)                                              //迄今为止，所有结点均有左、右孩子
             {    qu.offer(p.lchild);                            //左孩子进队
                  if(p.rchild==null)                             //p 有左孩子但没有右孩子，则 bj=false
                       bj=false;
                  else                                           //p 有右孩子，右孩子进队
                       qu.offer(p.rchild);
             }
             else                                                //bj 为假，表示已有结点缺左孩子或右孩子
                  cm=false;                                      //此时 p 结点有左孩子，违反(2)
        }
   }
   return cm;
}
```

1.7.3 补充的单项选择题

1. 现有一“遗传”关系，设 x 是 y 的父亲，则 x 可以把它的属性遗传给 y。表示该遗传关系最适合的数据结构为________。

A. 数组　　B. 树　　C. 图　　D. 线性表

答：该遗传关系是一对多的关系，最适合采用树表示。答案为 B。

2. 一棵高度为 h、结点个数为 n 的 $m(m\geqslant 3)$ 次树，其分支数是________。

A. nh　　B. $n+h$　　C. $n-1$　　D. $h-1$

答：在任何树中除了根结点外每个结点恰好有一条指向双亲的分支，所以分支数 $=n-1$。

答案为C。

3. 若一棵3次树中有两个度为3的结点、一个度为2的结点、两个度为1的结点，该树一共有________个结点。

A. 5　　B. 8　　C. 10　　D. 11

答：该3次树中有$n_3=2$，$n_2=1$，$n_1=2$，分支数=度之和=$n-1$，度之和=$1\times n_1+2\times n_2+3\times n_3=10$，则$n$=度之和+1=11。答案为D。

4. 一棵度为5、结点个数为n的树采用孩子链存储结构时，其中空指针的个数是________。

A. $5n$　　B. $4n+1$　　C. $4n$　　D. $4n-1$

答：在度为5的树的孩子链存储结构中，每个结点的指针个数为5，共有$5n$个指针，其中非空的指针个数等于分支数，即$n-1$，其余为空指针域，所以空指针个数=$5n-(n-1)=4n+1$。答案为B。

5. 以下关于二叉树的说法中正确的是________。

A. 二叉树中每个结点的度均为2

B. 二叉树中至少有一个结点的度为2

C. 二叉树中每个结点的度可以小于2

D. 二叉树中至少有一个结点

答：二叉树可以为空，非空二叉树中每个结点的度可以小于2，但不能超过2。答案为C。

6. 若一棵有n个结点的二叉树，其中所有分支结点的度均为k，该树中的叶子结点个数是________。

A. $n(k-1)/k$　　B. $n-k$

C. $(n+1)/k$　　D. $(nk-n+1)/k$

答：$n=n_0+n_k$，分支数=度之和=$n-1$，度之和=kn_k，求出$n_0=(nk-n+1)/k$。答案为D。

7. 若一棵二叉树具有10个度为2的结点、5个度为1的结点，则度为0的结点个数为________。

A. 9　　B. 11　　C. 15　　D. 不确定

答：由二叉树的性质1可知$n_0=n_2+1=10+1=11$。答案为B。

8. 具有10个叶子结点的二叉树中有________个度为2的结点。

A. 8　　B. 9　　C. 10　　D. 11

答：由二叉树的性质1可知$n_0=n_2+1$，即$n_2=n_0-1=10-1=9$。答案为B。

9. 一棵二叉树中有7个叶子结点和5个单分支结点，其总共有________个结点。

A. 16　　B. 18　　C. 12　　D. 31

答：在二叉树中，$n_0=7$，$n_1=5$，由二叉树的性质1可知$n_0=n_2+1$，即$n_2=n_0-1=7-1=6$。结点总数=$n_0+n_1+n_2=18$。答案为B。

10. 一棵二叉树中有35个结点，其中所有结点的度之和是________。

A. 35　　B. 16　　C. 33　　D. 34

答：在二叉树中，所有结点的度之和=分支数=$n-1=34$。答案为D。

11. 高度为5的二叉树最多有________个结点。

A. 16　B. 32　C. 31　D. 10

答：最多结点的情况为满二叉树，此时结点个数$=2^5-1=31$。答案为C。

12. 高度为5的二叉树最少有________个结点。

A. 5　B. 6　C. 7　D. 31

答：最少结点的情况为每层只有一个结点，此时结点个数=5。答案为A。

13. 二叉树第i层上最多有________个结点。

A. 2^i　B. 2^{i-1}　C. $2^{i-1}-1$　D. 2^i-1

答：二叉树第i层(根结点的层次为1)上最多有2^{i-1}个结点。答案为B。

14. 一个具有1025个结点的二叉树的高h为________。

A. 11　B. 10　C. 11～1025　D. 12～1024

答：该二叉树的高度最高时有1025层，每层只有一个结点，此时高度为1025。高度最小时构成一棵完全二叉树，由二叉树的性质5可知$h=\lceil \log_2(n+1) \rceil=11$。答案为C。

15. 一棵完全二叉树中有501个叶子结点，则最少有________个结点。

A. 501　B. 502　C. 1001　D. 1002

答：在该二叉树中$n_0=501$，由二叉树的性质1可知$n_0=n_2+1$，所以$n_2=n_0-1=500$，则$n=n_0+n_1+n_2=1001+n_1$，由于完全二叉树中$n_1=0$或$n_1=1$，则$n_1=0$时结点个数最少，此时$n=1001$。答案为C。

16. 一棵完全二叉树中有501个叶子结点，则最多有________个结点。

A. 501　B. 502　C. 1001　D. 1002

答：在该二叉树中$n_0=501$，由二叉树的性质1可知$n_0=n_2+1$，所以$n_2=n_0-1=500$，则$n=n_0+n_1+n_2=1001+n_1$，由于完全二叉树中$n_1=0$或$n_1=1$，则$n_1=1$时结点个数最多，此时$n=1002$。答案为D。

17. 一棵高度为8的完全二叉树最少有________个叶子结点。

A. 63　B. 64　C. 127　D. 128

答：设完全二叉树的结点个数为n，有$n=n_0+n_1+n_2=n_1+2n_0-1$，则$n_0=(n+1-n_1)/2$，也就是说n_0与n成正比，n最少时等于$2^7-1+1=2^7$(1～7层是满的，第8层仅一个结点)，n为偶数，$n_1=1$，此时$n_0=(2^7+1-1)/2=2^6=64$。答案为B。

18. 一棵高度为8的完全二叉树最多有________个叶子结点。

A. 63　B. 64　C. 127　D. 128

答：设完全二叉树的结点个数为n，有$n=n_0+n_1+n_2=n_1+2n_0-1$，则$n_0=(n+1-n_1)/2$，也就是说n_0与n成正比，n最多时等于$2^8-1=255$(高度为8的满二叉树)，n为奇数，$n_1=0$，此时$n_0=(255+1)/2=128$。答案为D。

19. 一棵满二叉树中有127个结点，其中叶子结点的个数是________。

A. 63　B. 64　C. 65　D. 不确定

答：$n=127$，$n=n_0+n_2$，$n_0=n_2+1$，即$n=2n_0-1$，$n_0=(n+1)/2=64$。答案为B。

20. 一棵满二叉树共有64个叶子结点，则其结点个数为________。

A. 64　B. 65　C. 127　D. 128

答：$n=n_0+n_2$，$n_0=n_2+1$，即 $n=2n_0-1=127$。答案为 C。

21. 设森林 F 中有 3 棵树，第一、第二和第三棵树的结点个数分别为 9、8 和 7，则与森林 F 对应的二叉树根结点的右子树上的结点个数是________。

A. 16　　B. 15　　C. 7　　D. 17

答：转换得到的二叉树根结点的右子树上的所有结点来自第二和第三棵树。答案为 B。

22. 如果一棵二叉树 B 是由一棵树 T 转换而来的二叉树，那么 T 中结点的先根序列对应 B 的________序列。

A. 先序遍历　　B. 中序遍历　　C. 后序遍历　　D. 层次遍历

答：T 的先根遍历过程是根、子树 1、子树 2、…、子树 m，而转换成 B 后子树 1 变为左子树，子树 2 变为右子树，这个序列变为根，左子树，右子树，对应二叉树的先序遍历。答案为 A。

23. 设一棵二叉树 B 是由森林 T 转换而来的，若 T 中有 n 个非叶子结点，则二叉树 B 中无右孩子的结点的个数为________。

A. $n-1$　　B. n　　C. $n+1$　　D. $n+2$

答：树中每个非叶子结点转换成二叉树后都对应一个无右孩子的结点（因为一个非叶子结点至少有一个孩子结点，其最右边的孩子结点转换成二叉树后一定没有右孩子结点），另外树的根结点转换成二叉树也没有右孩子结点，所以二叉树中无右孩子的结点的个数为 $n+1$。答案为 C。

24. 某二叉树的先序遍历序列和后序遍历序列正好相反，则该二叉树一定是________。

A. 空或只有一个结点　　B. 完全二叉树
C. 二叉排序树　　D. 高度等于其结点数

答：二叉树的先序遍历序列是 NLR（N 为根结点，L 为左子树，R 为右子树），后序遍历序列是 LRN，要使 NLR=NRL，则 L 为空或 R 为空，这样的二叉树每层中只有一个结点，即高度等于其结点数。答案为 D。

25. 一棵二叉树的先序序列为 ABCDEFG，它的中序序列可能是________。

A. CABDEFG　　B. ABCDEFG
C. DACEFBG　　D. ADCFEGB

答：当该二叉树所有结点的左子树为空时先序序列和中序序列相同。先序序列和中序序列可以确定一棵二叉树，这里由选项 A、C 和 D 的中序序列无法确定一棵二叉树。答案为 B。

说明：*以先序序列为进栈序列，如果能够得到中序序列的出栈序列，则可以唯一构造出二叉树。*

26. 一棵二叉树的先序遍历序列为 ABCDEF，中序遍历序列为 CBAEDF，则后序遍历序列为________。

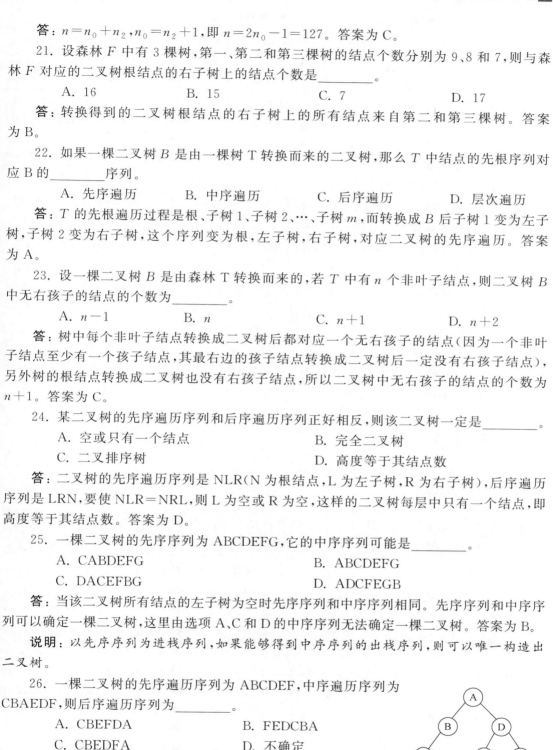

A. CBEFDA　　B. FEDCBA
C. CBEDFA　　D. 不确定

答：构造的二叉树如图 1.10 所示，对应的后序遍历序列为 CBEFDA。答案为 A。

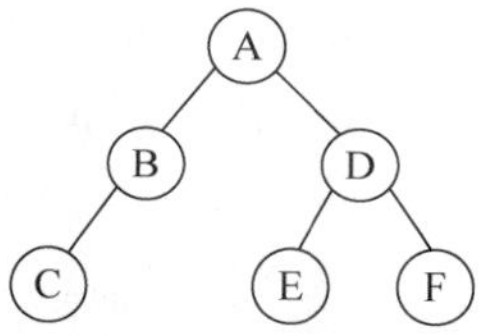

图 1.10　一棵二叉树

27. 含 n 个结点的二叉树线索化后有________个线索(不计头结点)。

A. $2n$　　B. $n+1$　　C. $n-1$　　D. $2n-1$

答：n 个结点的指针个数为 $2n$,指向孩子的指针个数为 $n-1$,所以线索的个数 $=2n-(n-1)=n+1$。答案为 B。

28. 若 x 是中序线索二叉树中一个有左孩子的结点,且不是根结点,则 x 的前驱结点为________。

A. x 的双亲结点　　B. x 的右子树中最左下结点

C. x 的左子树中最右下结点　　D. x 的左子树中最右下结点

答：设 x 的左孩子为 y,则 x 的前驱结点为以 y 为根结点的中序序列的最后一个结点,而一棵二叉树的中序序列的最后一个结点为其最右下结点。答案为 C。

29. 一棵哈夫曼树中共有 199 个结点,它用于________个字符的编码。

A. 99　　B. 100　　C. 101　　D. 199

答：该哈夫曼树中有 $n_0=(n+1)/2=100$。答案为 B。

30. 根据使用频率为 5 个字符设计的哈夫曼编码不可能是________。

A. 000,001,010,011,1　　B. 0000,0001,001,01,1

C. 000,001,01,10,11　　D. 00,100,101,110,111

答：在选项 C 中,10 和 100 有冲突,因为 10 是 100 的前缀,即一个结点既是叶子结点又是内部结点,在哈夫曼树中不可能出现这种情况。答案为 D。

1.8 第 8 章　图

1.8.1 问答题

1. 无向图 G 中有 24 个顶点、30 条边,所有顶点的度均不超过 4,且度为 4 的顶点有 5 个,度为 3 的顶点有 8 个,度为 2 的顶点有 6 个,该图 G 是连通图吗?

答：这里有 $n=24,n_4=5,n_3=8,n_2=6$,所有顶点的度之和 $=4n_4+3n_3+2n_2+n_1=56+n_1=2e=60$,求得 $n_1=4$,而 $n=n_4+n_3+n_2+n_1+n_0$,则 $n_0=24-5-8-6-4=1$,由于存在度为 0 的顶点,则该图是不连通的。

2. 图 G 是一个非连通无向图,共有 28 条边,则该图至少有多少个顶点?

答：由于图 G 是一个非连通无向图,在边数固定时,顶点数最少的情况是该图由两个连通子图构成,且其中之一只含一个顶点,另一个为完全图。其中只含一个顶点的子图没有边,另一个含 n 个顶点的完全图的边数为 $n(n-1)/2$,即 $n(n-1)/2=28$,求得 $n=8$。所以该图至少有 $1+8=9$ 个顶点。

3. 设 $\boldsymbol{A}$ 为一个不带权图的 0/1 邻接矩阵,定义:

$\boldsymbol{A}^1=\boldsymbol{A}$

$\boldsymbol{A}^n=\boldsymbol{A}^{n-1}\times\boldsymbol{A}$

试证明 $\boldsymbol{A}[i][j]$的值即为从顶点 i 到顶点 j 的路径长度为 n 的数目。

证明：采用数学归纳法求证。

当 $n=1$ 时，即 $\boldsymbol{A}^1$ 为邻接矩阵 $\boldsymbol{A}$，而其中 $\boldsymbol{A}[i][j]$的值只能是 0 或 1。若 $\boldsymbol{A}[i][j]=0$，则说明图中没有从顶点 i 到顶点 j 的路径，即对应的边数为 0；若 $\boldsymbol{A}[i][j]=1$，则说明图中存在一条从顶点 i 到顶点 j 的路径，即对应的边数为 1，此时结论成立。

假设 $n=k$ 时结论成立，即 $\boldsymbol{A}^k[i][j]$的值为从顶点 i 到顶点 j 的路径长度为 k 的数目。

当 $n=k+1$ 时，由于 $\boldsymbol{A}^{k+1}[i][j]=\sum_{l=0}^{m-1}\boldsymbol{A}^k[i][l]\times\boldsymbol{A}[l][j]$（这里 m 为图中的顶点数），其中 $\boldsymbol{A}^k[i][l]$ 是从顶点 i 到顶点 l 的路径长度为 k 的数目，$\boldsymbol{A}[l][j]$ 是从顶点 l 到顶点 j 的路径长度为 l 的数目。那么对于任意一个顶点 l，$\boldsymbol{A}^k[i][l]\times\boldsymbol{A}[l][j]$ 即为从顶点 i 到达顶点 l 后再直接到达 j 的路径长度为 $k+1$ 的数目，因此对于所有的 1（$0\leqslant 1\leqslant m$），$\boldsymbol{A}^{k+1}[i][j]=\sum_{l=0}^{m-1}A^k[i][l]\times A[l][j]$ 即为从顶点 i 到顶点 j 的路径长度为 $k+1$ 的数目。

4. 图的两种遍历算法 DFS 和 BFS 对无向图和有向图都适用吗？

答：图的遍历算法 DFS 和 BFS 对无向图和有向图都适用。但如果无向图不是连通的，或有向图从起始点出发不能访问全部顶点，调用一次遍历算法只能访问无向图中的一个连通分量或者有向图中的部分顶点，在这种情况下需要多次调用遍历算法。

5. 对于如图 1.11 所示的无向图，试给出：

(1) 给出其邻接表表示（每个边结点单链表中按顶点编号递增排列）。

(2) 从顶点 0 出发进行深度优先遍历的深度优先生成树。

(3) 从顶点 0 出发进行广度优先遍历的广度优先生成树。

答：(1) 该图的邻接表表示如图 1.12 所示。

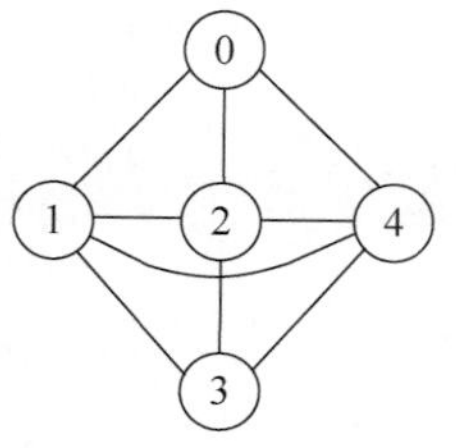

图 1.11　一个有向图

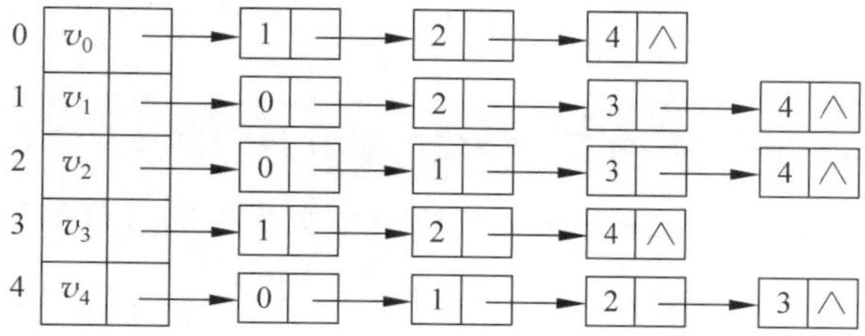

图 1.12　一个邻接表

(2) 从顶点 0 出发进行深度优先遍历序列是 0，1，2，3，4，对应的深度优先生成树如图 1.13 所示。

(3) 从顶点 0 出发进行广度优先遍历序列是 0，1，2，4，3，对应的广度优先生成树如图 1.14 所示。

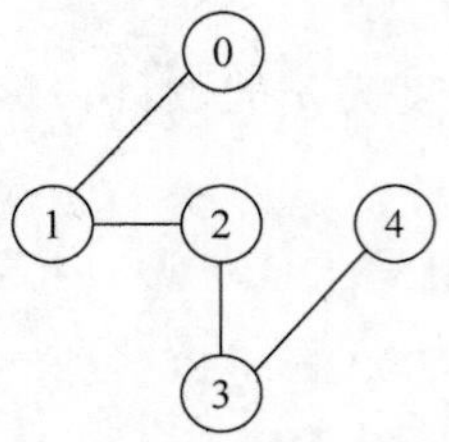

图 1.13　一棵深度优先生成树

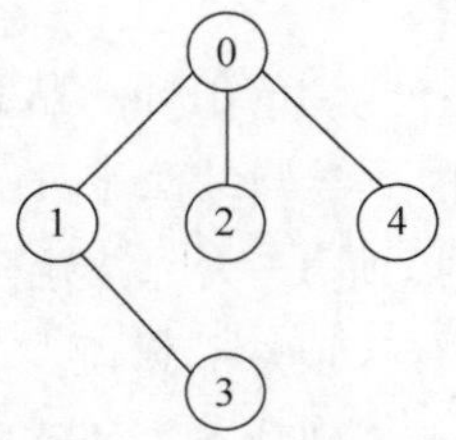

图 1.14　一棵广度优先生成树

6. 采用 Prim 算法构造出如图 1.15 所示的图 G 的一棵最小生成树。

答：采用 Prim 算法构造最小生成树的过程如图 1.16 所示。

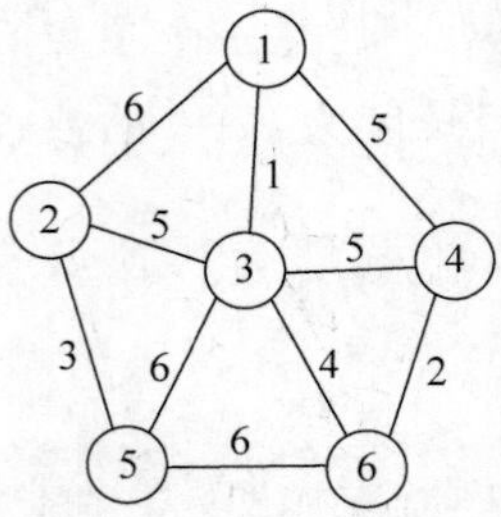

图 1.15　一个无向图

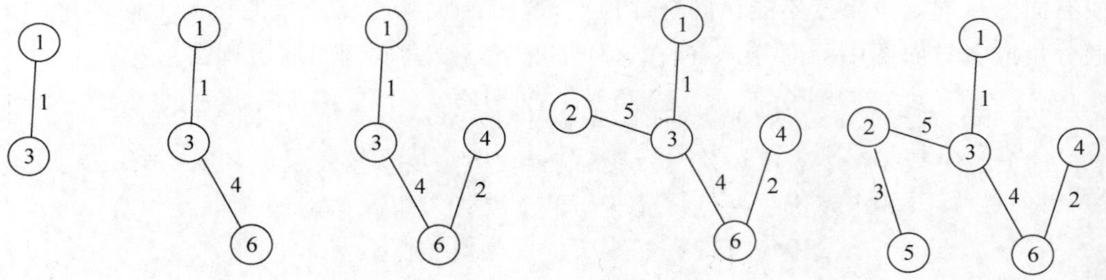

(a) 选择(1,3):1　(b) 选择(3,6):4　(c) 选择(4,6):2　(d) 选择(2,3):5　(e) 选择(2,5):3

图 1.16　用 Prim 算法构造最小生成树的过程

7. 采用 Kruskal 算法构造出如图 1.15 所示的图 G 的一棵最小生成树。

答：采用 Kruskal 算法构造最小生成树的过程如图 1.17 所示。

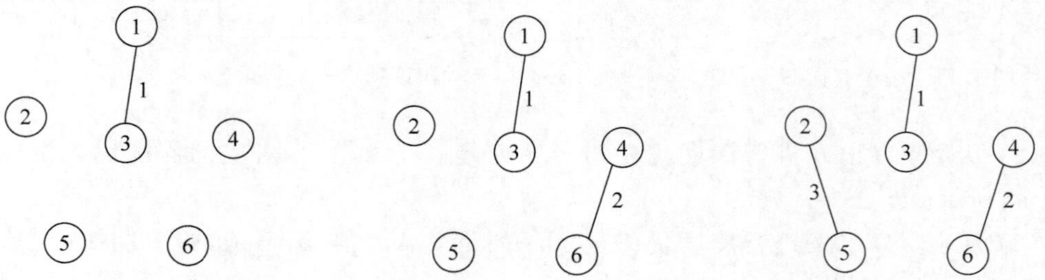

(a) 选择(1,3):1　(b) 选择(4,6):2　(c) 选择(2,5):3

图 1.17　用 Kruskal 算法构造最小生成树的过程

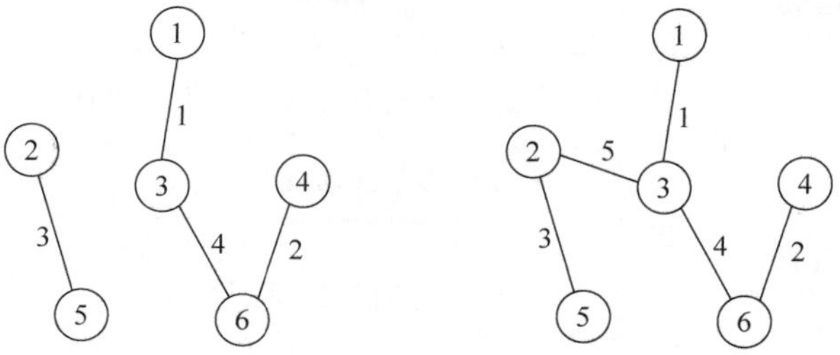

(d) 选择(3,6):4　　　(e) 选择(2,3):5

图 1.17 （续）

8. 对于如图 1.18 所示的带权有向图，采用 Dijkstra 算法求出从顶点 0 到其他各顶点的最短路径及其长度。

答：采用 Dijkstra 算法求从顶点 0 到其他各顶点的最短路径及其长度如下。

从 0 到 1 的最短路径长度为 1，最短路径为 0→1。

从 0 到 2 的最短路径长度为 4，最短路径为 0→1→2。

从 0 到 3 的最短路径长度为 2，最短路径为 0→3。

从 0 到 4 的最短路径长度为 8，最短路径为 0→1→4。

从 0 到 5 的最短路径长度为 10，最短路径为 0→3→5。

9. 设图 1.19 中的顶点表示村庄，有向边代表交通路线，若要建立一家医院，试问建在哪一个村庄能使各村庄总体的交通代价最小？

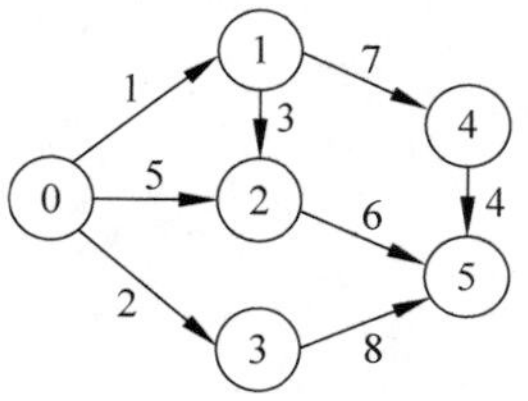

图 1.18　一个带权有向图

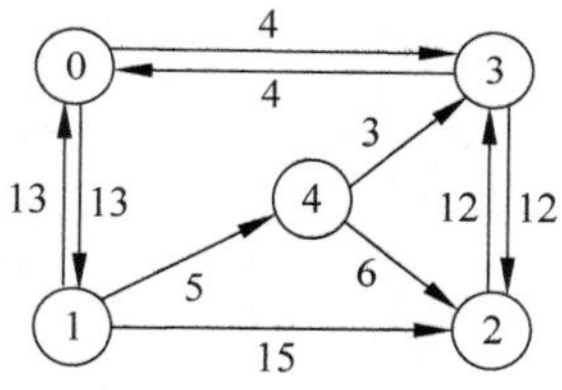

图 1.19　一个有向图

答：采用 Floyd 算法求出两顶点之间的最短路径长度。其邻接矩阵如下：

$$\boldsymbol{A}=\begin{bmatrix} 0 & 13 & \infty & 4 & \infty \\ 13 & 0 & 15 & \infty & 5 \\ \infty & \infty & 0 & 12 & \infty \\ 4 & \infty & 12 & 0 & \infty \\ \infty & \infty & 6 & 3 & 0 \end{bmatrix}$$

最后求得：

$$\boldsymbol{A}_4=\begin{bmatrix} 0 & 13 & 16 & 4 & 18 \\ 12 & 0 & 11 & 8 & 5 \\ 16 & 29 & 0 & 12 & 34 \\ 4 & 17 & 12 & 0 & 22 \\ 7 & 20 & 6 & 3 & 0 \end{bmatrix}$$

从 A_4 中求得每对村庄之间的最少交通代价。假设医院建在村庄 i,其他各村庄往返总的交通代价如表 1.4 所示。显然,把医院建在村庄 3 时总的交通代价最少。

表 1.4 交通代价表

医院建在的村庄	各村庄往返总的交通代价
0	12+16+4+7+13+16+4+18=90
1	13+29+17+20+12+11+8+5=115
2	16+11+12+6+16+29+12+34=136
3	4+8+12+3+4+17+12+22=82
4	18+5+34+22+7+20+6+3+0=115

10. 给出如图 1.20 所示有向图的所有拓扑序列。

答:拓扑序列有 aebcd、abced、abecd。

11. 对于如图 1.21 所示的 AOE 网,求:

(1) 每项活动 a_i 的最早开始时间 $e(a_i)$ 和最迟开始时间 $l(a_i)$。

(2) 完成此工程最少需要多少天(设边上的权值为天数)。

(3) 哪些是关键活动。

(4) 是否存在某项活动,当其提高速度后能使整个工程缩短工期。

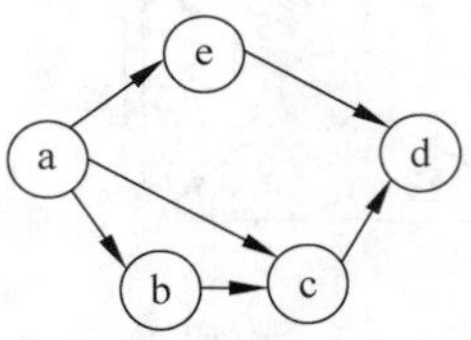

图 1.20 一个有向图

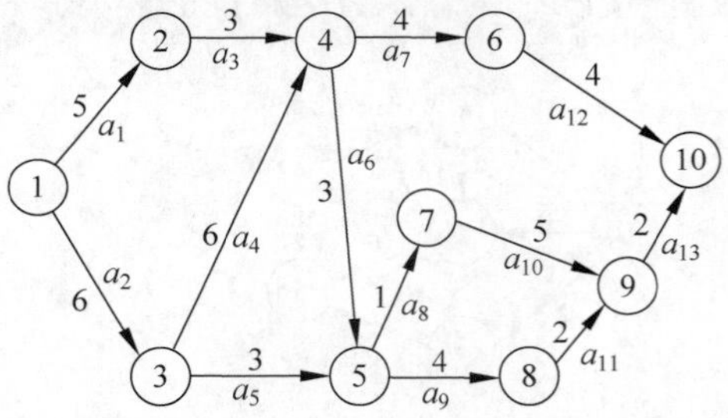

图 1.21 一个 AOE 网

答:(1) 该图的一个拓扑序列为 1,2,3,4,5,6,7,8,9,10,按此次序求所有事件的最早发生时间如下。

ve(1)=0　　ve(2)=5

ve(3)=6　　ve(4)=MAX{ve(2)+3,ve(3)+6}=12

ve(5)=MAX{ve(3)+3,ve(4)+3}=15　　ve(6)=ve(4)+4=16

ve(7)=ve(5)+1=16　　ve(8)=ve(5)+4=19

ve(9)=MAX{ve(7)+5,ve(8)+2}=21　　ve(10)=MAX{ve(6)+4,ve(9)+2}=23

按拓扑序列的逆序求所有事件的最迟发生时间如下:

vl(10)=23　　vl(9)=vl(10)−2=21

vl(8)=vl(9)−2=19　　vl(7)=vl(9)−5=16

vl(6)=vl(10)−4=19　　vl(5)=MIN{vl(7)−1,vl(8)−4}=15

$vl(4)=MIN\{vl(6)-4, vl(5)-3\}=12$　　$vl(3)=MIN\{vl(4)-6, vl(5)-3\}=6$

$vl(2)=vl(4)-3=9$　　$vl(1)=MIN\{vl(2)-5, vl(3)-6\}=0$

求所有活动的 $e()$、$l()$和 $d()$如下：

活动 a_1：$e(a_1)=ve(1)=0$　　$l(a_1)=vl(2)-5=4$　　$d(a_1)=4$

活动 a_2：$e(a_2)=ve(1)=0$　　$l(a_2)=vl(3)-6=0$　　$d(a_2)=0$

活动 a_3：$e(a_3)=ve(2)=5$　　$l(a_3)=vl(4)-3=8$　　$d(a_3)=3$

活动 a_4：$e(a_4)=ve(2)=6$　　$l(a_4)=vl(4)-6=6$　　$d(a_4)=0$

活动 a_5：$e(a_5)=ve(3)=6$　　$l(a_5)=vl(5)-3=12$　　$d(a_5)=6$

活动 a_6：$e(a_6)=ve(3)=12$　　$l(a_6)=vl(5)-3=12$　　$d(a_6)=0$

活动 a_7：$e(a_7)=ve(4)=12$　　$l(a_7)=vl(6)-4=15$　　$d(a_7)=3$

活动 a_8：$e(a_8)=ve(5)=15$　　$l(a_8)=vl(7)-1=15$　　$d(a_8)=0$

活动 a_9：$e(a_9)=ve(5)=15$　　$l(a_9)=vl(8)-4=15$　　$d(a_9)=0$

活动 a_{10}：$e(a_{10})=ve(6)=16$　　$l(a_{10})=vl(9)-5=16$　　$d(a_{10})=0$

活动 a_{11}：$e(a_{11})=ve(7)=19$　　$l(a_{11})=vl(9)-2=19$　　$d(a_{11})=0$

活动 a_{12}：$e(a_{12})=ve(8)=16$　　$l(a_{12})=vl(10)-4=19$　　$d(a_{12})=3$

活动 a_{13}：$e(a_{13})=ve(8)=21$　　$l(a_{13})=vl(10)-2=21$　　$d(a_{13})=0$

(2) 完成此工程最少需要 23 天。

(3) 从以上计算得出，关键活动为 a_2、a_4、a_6、a_8、a_9、a_{10}、a_{11} 和 a_{13}。这些活动构成了两条关键路径，即 a_2、a_4、a_6、a_8、a_{10}、a_{13} 和 a_2、a_4、a_6、a_9、a_{11}、a_{13}。

(4) 存在 a_2、a_4、a_6、a_{13} 活动，当其提高速度后能使整个工程缩短工期。

1.8.2 算法设计题

1. 给定一个带权有向图的邻接矩阵存储结构 g，创建对应的邻接表存储结构 G。

解：采用类似于由二维边数组 a 创建邻接表的方式，对于找到的边 $<i,j>$，权值为 $g.edges[i][j]$，建立邻接表的边结点 p，采用头插法插入头结点为 $G.adjlist[i]$的单链表中。对应的算法如下：

```
public static AdjGraphClass MatToAdj(MatGraphClass g)   //由邻接矩阵g创建邻接表G
{   AdjGraphClass G=new AdjGraphClass();                //创建邻接表
    G.n=g.n; G.e=g.e;
    ArcNode p;
    for(int i=0;i<G.n;i++)                              //给邻接表中所有头结点的指针置初值
        G.adjlist[i].firstarc=null;
    for(int i=0;i<G.n;i++)                              //检查边数组a中的每个元素
        for(int j=G.n-1;j>=0;j--)
            if(g.edges[i][j]!=0 && g.edges[i][j]!=g.INF)    //存在一条边
            {   p=new ArcNode();                            //创建一个边结点p
                p.adjvex=j; p.weight=g.edges[i][j];
                p.nextarc=G.adjlist[i].firstarc;            //采用头插法插入结点p
                G.adjlist[i].firstarc=p;
            }
```

```
    return G;
}
```

2. 给定一个带权有向图的邻接表存储结构 G,创建对应的邻接矩阵存储结构 g。

解:先将邻接矩阵 g 的元素初始化(g.edges[i][i]=0,其他置为∞),遍历邻接表 G 的每个单链表的所有边结点,修改 g 中 edges 数组的相应元素。对应的算法如下:

```
public static MatGraphClass AdjToMat(AdjGraphClass G)       //由邻接表 G 创建邻接矩阵 g
{ MatGraphClass g=new MatGraphClass();                      //创建邻接矩阵
  g.n=G.n; g.e=G.e;
  for(int i=0;i<g.n;i++)
      for(int j=0;j<g.n;j++)
          if(i!=j)
              g.edges[i][j]=g.INF;
          else
              g.edges[i][j]=0;
  ArcNode p;
  for(int i=0;i<G.n;i++)                                     //遍历所有单链表
  {   p=G.adjlist[i].firstarc;
      while(p!=null)                                         //遍历每个边结点
      {   int j=p.adjvex;
          g.edges[i][j]=p.weight;
          p=p.nextarc;
      }
  }
  return g;
}
```

3. 假设无向图 G 采用邻接表存储,设计一个算法求出连通分量的个数。

解:采用遍历方式求无向图 G 的连通分量个数 cnt(初始为 0)。先将 visited 数组的元素均设置初值 0,然后 i 从 0 到 $n-1$ 循环,若顶点 i 没有访问过,从它开始遍历该图(深度优先和广度优先均可),每调用一次,cnt 增 1。最后返回 cnt。采用深度优先遍历的算法如下:

```
public static void DFS1(AdjGraphClass G,int v)             //图 G 从 v 出发的深度优先遍历
{ int w;
  ArcNode p;
  visited[v]=1;                                              //设置已访问标记
  p=G.adjlist[v].firstarc;                                   //p 结点指向顶点 v 的第一个邻接点
  while(p!=null)
  {   w=p.adjvex;
      if(visited[w]==0)
          DFS1(G,w);                                         //若 w 顶点未访问,递归访问它
      p=p.nextarc;                                           //p 结点设置为下一个邻接点
  }
}
public static int Count(AdjGraphClass G)                     //返回图 G 的连通分量个数
{ int cnt=0;
  Arrays.fill(visited,0);                                    //visited 数组元素均设置为 0
  for(int i=0;i<G.n;i++)
      if(visited[i]==0)
```

```
    {   DFS1(G,i);                                  //从顶点 i 出发深度优先遍历
        cnt++;                                      //连通分量个数增 1
    }
  return cnt;
}
```

4. 一个图 G 采用邻接矩阵作为存储结构，设计一个算法采用广度优先遍历判断顶点 i 到顶点 j 是否有路径(假设顶点 i 和 j 都是 G 中的顶点)。

解：先置 visited 数组的所有元素为 0，从顶点 i 出发进行广度优先遍历，遍历完毕的若 visited[j]为 1，则顶点 i 到顶点 j 有路径，否则没有路径。对应的算法如下：

```
static final int MAXV=100;                                  //表示最多顶点个数
static int[] visited=new int[MAXV];                         //全局变量数组
static void BFS2(MatGraphClass g, int v)                    //邻接矩阵 g 顶点 v 出发广度优先遍历
{ Queue<Integer> qu=new LinkedList<Integer>();              //定义一个队列
  visited[v]=1;                                             //置已访问标记
  qu.offer(v);                                              //v 进队
  while(!qu.isEmpty())                                      //队列不空时循环
  {   v=qu.poll();                                          //出队顶点 v
      for(int w=0;w<g.n;w++)
      {   if(g.edges[v][w]!=0 && g.edges[v][w]!=g.INF)
          {   if(visited[w]==0)                             //存在边<v,w>,并且 w 未访问
              {   visited[w]=1;                             //置已访问标记
                  qu.offer(w);                              //w 进队
              }
          }
      }
  }
}
static boolean Pathij(MatGraphClass g, int i, int j)       //求解算法
{ Arrays.fill(visited,0);
  BFS2(g,i);
  if(visited[j]==1)
      return true;
  else
      return false;
}
```

5. 一个图 G 采用邻接表作为存储结构，设计一个算法判断顶点 i 到顶点 j 是否存在不包含顶点 k 的路径(假设 i、j、k 都是 G 中的顶点并且不相同)。

解：先置 visited 数组的所有元素为 0，再将 visited[k]置为 1(相当于顶点 k 是不可以访问的)。从顶点 i 出发进行深度优先遍历或者广度优先遍历，遍历完毕时若 visited[j]为 1，则顶点 i 到顶点 j 有路径，否则没有路径。采用深度优先遍历的算法如下：

```
static int[] visited=new int[MAXV];                         //全局变量数组
static void DFS2(AdjGraphClass G, int v)                    //从顶点 v 出发深度优先遍历
{ ArcNode p;
  visited[v]=1;
  p=G.adjlist[v].firstarc;
  while(p!=null)
```

```
    {   if(visited[p.adjvex]==0)
            DFS2(G,p.adjvex);
        p=p.nextarc;
    }
}
static boolean Pathijk(AdjGraphClass G,int i,int j,int k)      //求解算法
{ Arrays.fill(visited,0);
  visited[k]=1;
  DFS2(G,i);
  if(visited[j]==1)
      return true;
  else
      return false;
}
```

6. 一个非空图 G 采用邻接表作为存储结构。设计一个算法判断顶点 i 到顶点 j 是否存在包含顶点 k 的路径(假设 i、j、k 都是 G 中的顶点并且不相同)。

解:利用带回溯的深度优先遍历方法,首先初始化 visited 数组的所有元素为 0,当访问顶点 u 时,置 visited[u]=1,若顶点 u 的所有邻接点访问完毕,在从顶点 u 回退到前一个顶点时重置 visited[u]=0,这样从顶点 i 出发深度优先遍历,当访问到顶点 j 时(找到一条顶点 i 到 j 的路径),visited 数组恰好记录该路径上访问的顶点(即该路径上顶点的 visited 元素值为 1,其他为 0),若有 visited[k]=1 则说明该路径中包含顶点 k,返回 true,如果搜索所有路径都没有找到满足题目中条件的路径,则返回 false。对应的算法如下:

```
static int[] visited=new int[MAXV];                              //全局变量数组
static boolean has;                                              //是否有这样的路径
static void DFS2(AdjGraphClass G,int i,int j,int k)              //带回溯的深度优先遍历
{   ArcNode p;
    if(has) return;
    visited[i]=1;
    if(i==j && visited[k]==1)
    {   has=true;
        return;
    }
    p=G.adjlist[i].firstarc;
    while(p!=null)
    {   if(visited[p.adjvex]==0)
            DFS2(G,p.adjvex,j,k);
        p=p.nextarc;
    }
    visited[i]=0;                                                //回溯,重置 visited[i]为 0
}
static boolean Pathijk(AdjGraphClass G,int i,int j,int k)       //求解算法
{   Arrays.fill(visited,0);
    has=false;
    DFS2(G,i,j,k);
    if(has)
        return true;
    else
```

```
        return false;
    }
```

说明：本算法既适合无向图也适合有向图来判断图中顶点 i 到顶点 j 是否存在包含顶点 k 的路径。

7. 有一个含 n 个顶点(顶点编号为 $0\sim n-1$，$n>2$)的树图，采用邻接表作为存储结构。设计一个算法求其直径，树图中两个顶点之间的路径上经过的边数称为路径长度，树图的直径是指其中最大简单路径的长度。

解：假设树图中直径对应的路径为$(i,\cdots,j)$，则顶点 i 和 j 一定是叶子结点，并且是任意两个叶子结点之间最长的路径。为此采用广度优先遍历，从任意一个顶点(如顶点 0)出发广度优先遍历，最后出队的一个顶点为 i(它一定是叶子结点)，再从顶点 i 出发广度优先遍历，最后出队的一个顶点为 j(它一定是叶子结点，并且顶点 i 到顶点 j 的路径是最短路径中的最长者)，遍历累计路径长度即为直径。对应的算法如下：

```
static QNode BFS(AdjGraphClass G,int v)              //图 G 从顶点 v 出发的广度优先遍历
{   Arrays.fill(visited,0);
    ArcNode p;
    int w;
    Queue<QNode> qu=new LinkedList<QNode>();         //定义一个队列
    visited[v]=1;                                    //置已访问标记
    QNode e=new QNode(v,0);                          //建立 v 的队列元素 e
    qu.offer(e);                                     //e 进队
    while(!qu.isEmpty())                             //队列不空循环
    {   e=qu.poll();                                 //出队元素 e
        p=G.adjlist[e.vno].firstarc;                 //找顶点 v 的第一个邻接点
        while(p!=null)
        {   w=p.adjvex;
            if(visited[w]==0)                        //若 v 的邻接点 w 未访问
            {   visited[w]=1;                        //置已访问标记
                QNode e1=new QNode(w,e.dist+1);      //建立 w 的队列元素 e1
                qu.offer(e1);                        //e1 进队
            }
            p=p.nextarc;                             //找下一个邻接顶点
        }
    }
    return e;                                        //返回最后出队的元素 e
}
static int Diam(AdjGraphClass G)                     //求树图 G 的直径
{   QNode e=BFS(G,0);
    QNode e1=BFS(G,e.vno);
    return e1.dist;
}
```

8. 一个连通图 G 采用邻接表作为存储结构，假设不知道其顶点个数和边数，设计一个算法判断它是否为一棵树，若是一棵树，返回 true，否则返回 false。

解：一个连通图 G 是一棵树的条件为 G 是无回路的连通图或者恰好有 $n-1$ 条边，这里采用后者作为判断条件。由于顶点个数和边数未知，采用深度优先遍历求顶点个数 vn 及其边数 en(在深度优先遍历中无向边(i,j)是作为$\langle i,j\rangle$和$\langle j,i\rangle$两条边试探的)，所以连通图为一棵树的条件是 en/2==vn−1。对应的算法如下：

```
static int[] visited=new int[MAXV];                    //全局变量数组
static int vn,en;                                       //顶点数和边数
static void DFS2(AdjGraphClass G,int v)                 //从顶点 v 出发深度优先遍历求 vn、en
{ ArcNode p;
  visited[v]=1;
  vn++;                                                 //访问过的顶点数增 1
  p=G.adjlist[v].firstarc;
  while(p!=null)
  {   en++;                                             //试探过的边数增 1
      if(visited[p.adjvex]==0)
          DFS2(G,p.adjvex);
      p=p.nextarc;
  }
}
static boolean GIsTree(AdjGraphClass G)                 //判断连通图 G 是否为一棵树
{ vn=0; en=0;
  Arrays.fill(visited,0);
  DFS2(G,0);                                            //从顶点 0 出发深度优先遍历求 vn、en
  System.out.println("en="+en+",vn="+vn);
  if(en/2==vn-1)                                        //边数=试探边数/2
      return true;                                      //边数=顶点数-1,则为一棵树
  else
      return false;
}
```

说明:如果题目中给定的无向图不一定连通,则首先判断图的连通性,只有是连通图并且其中边数等于顶点个数−1才是一棵树,其他都不是一棵树。

9. 假设图 G 采用邻接矩阵存储,设计一个算法采用深度优先遍历方法求有向图的一个根,如果有多个根,求最小编号的根。若有向图中存在一个顶点 v,从顶点 v 可以通过路径到达图中的其他所有顶点,则称 v 为该有向图的根。

解:由于从有向图的根出发可以到达图中的其他所有顶点,所以可以通过深度优先遍历方法来判断一个顶点是否为有向图的根。i 从 0 到 $n-1$ 循环,若从顶点 i 出发深度优先遍历能够访问所有顶点,则 i 为图的最小根,返回 i。若在图中找不到根,则返回−1。对应的算法如下:

```
static int[] visited=new int[MAXV];                    //全局变量数组
static void MDFS(MatGraphClass g,int v)                 //基于邻接矩阵的深度优先遍历算法
{ visited[v]=1;                                         //置已访问标记
  for(int w=0;w<g.n;w++)                                //找顶点 v 的所有邻接点
      if(g.edges[v][w]!=0 && g.edges[v][w]!=g.INF && visited[w]==0)
          MDFS(g,w);                                    //找顶点 v 的未访问过的邻接点 w
}
static int DGRoot(MatGraphClass g)                      //基于深度优先遍历求图的最小根
{ for(int i=0;i<g.n;i++)
  {   Arrays.fill(visited,0);
      MDFS(g,i);
      int cnt=0;                                        //累计从顶点 i 出发访问到的顶点的个数
      for(int j=0;j<g.n;j++)
          if(visited[j]==1) cnt++;
```

```
        if(cnt==g.n) return i;                    //若访问所有顶点,则顶点 i 为根
    }
    return(-1);                                   //没有根时返回-1
}
```

10\. 假设一个带权图 G 采用邻接矩阵存储,设计一个算法采用 Dijkstra 算法思路求顶点 s 到顶点 t 的最短路径长度(假设顶点 s 和 t 都是 G 中的顶点)。

解:采用 Dijkstra 算法思路,dist 数组存放源点到其他顶点的最短路径长度。以顶点 s 为源点,当找到的顶点 u 恰好为 t 时返回 dist[t]即可,若没有找到顶点 t,返回∞,表示没有路径。对应的算法如下:

```
static int INF=0x3f3f3f3f;
public static int Dijkstra(MatGraphClass g,int s,int t)   //求从 s 到 t 的最短路径长度
{ int[] dist=new int[MAXV];                              //建立 dist 数组
  int[] S=new int[MAXV];                                 //建立 S 数组
  for(int i=0;i<g.n;i++)
      dist[i]=g.edges[s][i];                             //最短路径长度初始化
  S[s]=1;                                                //源点 s 放入 S 中
  int u=-1;
  int mindis;
  for(int i=0;i<g.n-1;i++)                               //循环向 S 中添加 n-1 个顶点
  {   mindis=g.INF;                                      //mindis 置最小长度初值
      for(int j=0;j<g.n;j++)                             //选取不在 S 中且具有最小距离的顶点 u
          if(S[j]==0 && dist[j]<mindis)
          {   u=j;
              mindis=dist[j];
          }
  if(u==t) return dist[t];
  S[u]=1;                                                //顶点 u 加入 S 中
  for(int j=0;j<g.n;j++)                                 //修改不在 S 中的顶点的距离
      if(S[j]==0)                                        //仅仅修改 S 中的顶点 j
      {   if(g.edges[u][j]<g.INF && dist[u]+g.edges[u][j]<dist[j])
              dist[j]=dist[u]+g.edges[u][j];
      }
  }
  return INF;
}
```

1.8.3 补充的单项选择题

1\. 在一个无向图中,所有顶点的度之和等于边数的________倍。

A. 1/2 B. 1 C. 2 D. 4

答:在无向图中,一条边计入两个顶点的度数。答案为 C。

2\. 一个有 n 个顶点的无向图最多有________条边。

A. n B. $n(n-1)$ C. $n(n-1)/2$ D. $2n$

答:当为完全无向图时边数最多。答案为 C。

3\. 一个有 n 个顶点的有向图最多有________条边。

A. n B. $n(n-1)$ C. $n(n-1)/2$ D. $2n$

答:当为完全有向图时边数最多。答案为 B。

4. 在一个具有 n 个顶点的无向连通图中最少有________条边。

A. n　　B. $n+1$　　C. $n-1$　　D. $n/2$

答：树图是边数最少的连通图，其边数$=n-1$。答案为 C。

5. 在一个具有 n 个顶点的有向图中，构成强连通图时最少有________条边。

A. n　　B. $n+1$　　C. $n-1$　　D. $n/2$

答：最少边是构成一个环，有 n 条边。答案为 A。

6. 一个有 n 个顶点的无向图，其中边数大于 $n-1$，则该图必是________。

A. 完全图　　B. 连通图　　C. 非连通图　　D. 以上都不对

答：该图可能是连通图，也可能是非连通图，可能是完全图也可能是非完全图。答案为 D。

7. 一个具有 $n(n\geqslant 1)$个顶点的图最多有________个连通分量。

A. 0　　B. 1　　C. $n-1$　　D. n

答：当边数为 0 时有 n 个连通分量，为最多的情况。答案为 D。

8. 一个具有 $n(n\geqslant 1)$个顶点的有向图，其强连通分量最少有________个。

A. 0　　B. 1　　C. $n-1$　　D. n

答：强连通图的强连通分量只有一个。答案为 B。

9. 一个图的邻接矩阵是对称矩阵，则该图一定是________。

A. 无向图　　B. 有向图　　C. 无向图或有向图　　D. 以上都不对

答：无向图和完全有向图的邻接矩阵都是对称的。答案为 C。

10. 一个图的邻接矩阵不是对称矩阵，则该图可能是________。

A. 无向图　　B. 有向图　　C. 无向图或有向图　　D. 以上都不对

答：无向图的邻接矩阵是对称的，不对称矩阵对应的图一定不是无向图。答案为 B。

11. 一个图的邻接矩阵中非 0、非∞的元素的个数为奇数，则该图可能是________。

A. 有向图　　B. 无向图

C. 无向图或有向图　　D. 以上都不对

答：无向图用邻接矩阵表示时一定是对称矩阵，非 0、非∞的元素的个数必为偶数，所以这样的元素个数为奇数时只能是有向图。答案为 A。

12. 对于一个具有 n 个顶点的无向图，若采用邻接矩阵表示，则该矩阵的大小是________。

A. n　　B. $(n-1)^2$　　C. $n-1$　　D. n^2

答：图对应的邻接矩阵中元素的个数固定为 n^2，不论图中有多少条边。答案为 D。

13. 对于一个具有 n 个顶点、e 条边的不带权无向图，若采用邻接矩阵表示，其中非零元素的个数是________。

A. n　　B. $2n$　　C. e　　D. $2e$

答：在这种图的邻接矩阵中元素值为 0 或 1，$A[i][j]=A[j][i]=1$ 表示图中有一条边(i,j)，一条边在邻接矩阵中对应两个元素 1。答案为 D。

14. 用邻接表存储图所用的空间大小________。

A. 与图的顶点和边数有关　　B. 只与图的边数有关

C. 只与图的顶点数有关　　D. 与边数的平方有关

答：含 n 个顶点和 e 条边的图用邻接表表示时，存储空间大小为 $n+e$（有向图）或 $n+2e$（无向图）。答案为 A。

15. 在有向图的邻接表表示中，顶点 v 的边单链表中结点的个数等于________。

A. 顶点 v 的度　　B. 顶点 v 的出度

C. 顶点 v 的入度　　D. 依附于顶点 v 的边数

答：在有向图的邻接表表示中，顶点 v 的边单链表中恰好存放从其出发的边数。答案为 B。

16. 在有向图的邻接表表示中，顶点 v 在边单链表中出现的次数是________。

A. 顶点 v 的度　　B. 顶点 v 的出度

C. 顶点 v 的入度　　D. 依附于顶点 v 的边数

答：有向图的邻接表表示中，若顶点 v 出现在顶点 u 的边单链表中，表示有一条边 $<u, v>$，即为顶点 v 的入边。答案为 C。

17. 如果从无向图的任一顶点出发进行一次深度优先遍历即可访问所有顶点，则该图一定是________。

A. 完全图　　B. 连通图　　C. 有回路　　D. 一棵树

答：对于无向图，从其中某个顶点出发进行一次深度优先遍历能够访问所有的顶点，说明是连通图。答案为 B。

18. 以下叙述中错误的是________。

A. 图的遍历是从给定的初始点出发访问每个顶点且每个顶点仅访问一次

B. 图的深度优先遍历适合无向图

C. 图的深度优先遍历不适合有向图

D. 图的深度优先遍历是一个递归过程

答：图的深度优先遍历适合无向图和有向图。答案为 C。

19. 无向图 $G=(V,E)$，其中 $V=\{a,b,c,d,e,f\}$，$E=\{(a,b),(a,e),(a,c),(b,e),(c,f),(f,d),(e,d)\}$，下面对该图进行深度优先遍历得到的顶点序列正确的是________。

A. a,b,e,c,d,f　　B. a,c,f,e,b,d

C. a,e,b,c,f,d　　D. a,e,d,f,c,b

答：对应的图如图 1.22 所示，只有选项 D 是从顶点 a 出发的深度优先遍历序列，过程是 a→e→d→f→c，从 c 回退到 f，从 f 回退到 d，从 d 回退到 e，再找到 e 的相邻点 b 并访问。答案为 D。

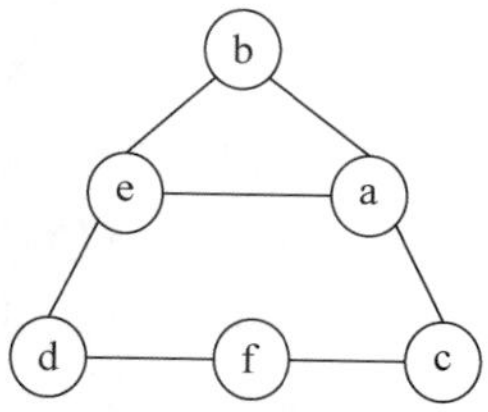

图 1.22　一个无向图

20. n 个顶点的连通图的生成树有________条边。

A. n　　B. $n-1$

C. $n+1$　　D. 不确定

答：生成树一定恰好有 $n-1$ 条边。答案为 B。

21. 设有无向图 $G=(V,E)$ 和 $G'=(V',E')$，如果 G' 是 G 的生成树，则以下说法中不正确的是________。

A. G' 为 G 的连通分量　　B. G' 是 G 的无环子图

C. G' 为 G 的子图　　D. G' 为 G 的极小连通子图且 $V'=V$

答：选项 B、D 均为生成树的特点，而选项 A 为概念错误，G' 是极小连通子图而非连通分量。答案为 A。

22. 对于有 n 个顶点的带权连通图,它的最小生成树是指图中任意一个________。

A. 由 $n-1$ 条权值最小的边构成的子图

B. 由 $n-1$ 条权值之和最小的边构成的子图

C. 由 n 个顶点构成的极大连通子图

D. 由 n 个顶点构成的极小连通子图,且边的权值之和最小

答:最小生成树是图中所有顶点构成的极小连通子图,且边的权值之和最小。答案为 D。

23. 用 Prim 算法求一个连通的带权图的最小生成树,在算法执行的某时刻,已选取的顶点的集合 $U=\{1,2,3\}$,已选取的边的集合 TE=\{(1,2),(2,3)\},要选取下一条权值最小的边,应当从________组边中选取。

A. \{(1,4),(3,4),(3,5),(2,5)\}　　B. \{(4,5),(1,3),(3,5)\}

C. \{(1,2),(2,3),(3,5)\}　　D. \{(3,4),(3,5),(4,5),(1,4)\}

答:在采用 Prim 算法求最小生成树时,$U=\{1,2,3\}$,$V-U=\{4,5,\cdots\}$,候选边只能是这两个顶点集之间的边。答案为 A。

24. 用 Prim 算法求一个连通的带权图的最小生成树,在算法执行的某时刻已选取的顶点的集合 $U=\{1,2,3\}$,边的集合 TE=\{(1,2),(2,3)\},要选取下一条权值最小的边,不可能从________组中选取。

A. \{(1,4),(3,4),(3,5),(2,5)\}　　B. \{(1,5),(2,4),(3,5)\}

C. \{(1,2),(2,3),(3,1)\}　　D. \{(1,4),(3,5),(2,5),(3,4)\}

答:在采用 Prim 算法求最小生成树时,$U=\{1,2,3\}$,$V-U=\{4,5,\cdots\}$,候选边只能是这两个顶点集之间的边。答案为 C。

25. 用 Kruskal 算法求一个连通的带权图的最小生成树,在算法执行的某时刻已选取的边的集合 TE=\{(1,2),(2,3),(3,5)\},要选取下一条权值最小的边,不可能选取的边是________。

A. (1,3)　　B. (2,4)　　C. (3,6)　　D. (1,4)

答:在采用 Kruskal 算法求最小生成树时,TE=\{(1,2),(2,3),(3,5)\},选取下一条边添加后一定不能出现回路。答案为 A。

26. 对某个带权连通图构造最小生成树,以下说法中正确的是________。

Ⅰ. 该图的所有最小生成树的总代价一定是唯一的

Ⅱ. 其所有权值最小的边一定会出现在所有的最小生成树中

Ⅲ. 用 Prim(普里姆)算法从不同顶点开始构造的所有最小生成树一定相同

Ⅳ. 使用 Prim 算法和 Kruskal(克鲁斯卡尔)算法得到的最小生成树总不相同

A. 仅Ⅰ　　B. 仅Ⅱ　　C. 仅Ⅰ、Ⅲ　　D. 仅Ⅱ、Ⅳ

答:由一个带权连通图构造的最小生成树可能有多棵,但其代价一定是唯一的;权值最小的边可能超过两条,这些最小边不一定都会出现在所有的最小生成树中;当存在多棵最小生成树时,用 Prim(普里姆)算法从不同顶点开始得到的最小生成树不一定相同;使用普里姆算法和 Kruskal(克鲁斯卡尔)算法得到的最小生成树不一定总不相同,如图中最小生成树唯一时,无论用哪种算法,得到的最小生成树都是相同的。答案为 A。

27. 在用 Prim 和 Kruskal 算法构造最小生成树时，前者更适合于__①__，后者更适合于__②__。

A. 有向图　　B. 无向图　　C. 稀疏图　　D. 稠密图

答：Prim 算法的时间复杂度为 $O(n^2)$，与 e 无关，Kruskal 算法的时间复杂度为 $O(e\log_2 e)$，与 n 无关。答案为①D、②C。

28. n 个顶点、e 条边的带权有向图采用邻接矩阵存储，求最短路径的 Dijkstra 算法的时间复杂度为________。

A. $O(n)$　　B. $O(n+e)$　　C. $O(n^2)$　　D. $O(ne)$

答：常规的 Dijkstra 算法的时间复杂度为 $O(n^2)$。答案为 C。

29. Dijkstra 算法是________求出图中从某顶点到其余顶点的最短路径的。

A. 按长度递减的顺序　　B. 按长度递增的顺序

C. 通过深度优先遍历　　D. 通过广度优先遍历

答：Dijkstra 算法是一种贪心算法，按长度递增的顺序求出图中从某顶点到其余顶点的最短路径。答案为 B。

30. 用 Dijkstra 算法求一个带权有向图 G 中从顶点 0 出发的最短路径，在算法执行的某时刻，$S=\{0,2,3,4\}$，下一步选取的目标顶点可能是________。

A. 顶点 2　　B. 顶点 3　　C. 顶点 4　　D. 顶点 7

答：下一步只能选取 $V-S$ 中的顶点。答案为 D。

31. 用 Dijkstra 算法求一个带权有向图 G 中从顶点 0 出发的最短路径，在算法执行的某时刻，$S=\{0,2,3,4\}$，则以后可能修改的最短路径是________。

A. 从顶点 0 到顶点 2 的最短路径　　B. 从顶点 0 到顶点 3 的最短路径

C. 从顶点 0 到顶点 4 的最短路径　　D. 从顶点 0 到顶点 1 的最短路径

答：只可能修改从顶点 0 到 V－S 中的某个顶点的最短路径。答案为 D。

32. 有一个顶点编号为 0～4 的带权有向图 G，现用 Floyd 算法求任意两个顶点之间的最短路径，在算法执行的某时刻已考虑了 0～2 的顶点，现考虑顶点 3，则以下叙述中正确的是________。

A. 只可能修改从顶点 0～2 到顶点 3 的最短路径

B. 只可能修改从顶点 3 到顶点 0～2 的最短路径

C. 只可能修改从顶点 0～2 到顶点 4 的最短路径

D. 所有其他两个顶点之间的路径都可能被修改

答：Floyd 算法在考虑某个顶点时，所有其他两个顶点之间的路径都可能被修改。答案为 D。

33. 在有向图 G 的拓扑序列中，若顶点 i 在顶点 j 之前，则以下情况中不可能出现的是________。

A. G 中有边 $<i,j>$

B. G 中有一条从顶点 i 到顶点 j 的路径

C. G 中没有边 $<i,j>$

D. G 中有一条从顶点 j 到顶点 i 的路径

答：若拓扑序列中顶点 i 在顶点 j 之前，说明从顶点 i 到 j 有边或者路径，但反过来一定不成立。答案为D。

34. 若用邻接矩阵存储有向图,矩阵中主对角线以下的元素均为0,则关于该图的拓扑序列的结论是________。

A. 存在,且唯一　　B. 存在,且不唯一

C. 存在,可能不唯一　　D. 无法确定是否存在

答:在这样的有向图中只有顶点 i 到顶点 j($i<j$)可能有边,而顶点 j 到顶点 i 一定没有边,也就是说在这样的有向图中一定没有回路,所以可以产生拓扑序列,但拓扑序列不一定唯一。答案为C。

35. 若一个有向图中的顶点不能排成一个拓扑序列,则可断定该有向图________。

A. 是个有根有向图　　B. 是个强连通图

C. 含有多个入度为0的顶点　　D. 含有顶点数目大于1的强连通分量

答:该图中存在回路,该回路构成一个强连通分量或者某个强连通分量中的一部分。答案为D。

36. 以下关于图拓扑排序的叙述中正确的是________。

Ⅰ. 任何无环的有向图,其顶点都可以排在一个拓扑序列中

Ⅱ. 若 n 个顶点的有向图有唯一的拓扑序列,则其边数必为 $n-1$

Ⅲ. 在一个有向图的拓扑序列中,若顶点 a 在顶点 b 之前,则图中必有一条边 $<a,b>$

A. 仅Ⅰ　　B. 仅Ⅰ、Ⅲ　　C. 仅Ⅱ、Ⅲ　　D. Ⅰ、Ⅱ和Ⅲ

答:在一个有向图的拓扑序列中,若顶点 a 在顶点 b 之前,图中不一定有边 $<a,b>$,拓扑序列唯一时并非只有 $n-1$ 条边。答案为A。

37. 用非递归深度优先遍历一个有向无环图G,在退栈返回时输出该顶点,则输出的顶点序列是________。

A. 一个拓扑序列　　B. 无序的

C. 逆拓扑序列　　D. 按顶点编号次序

答:在非递归DFS中在退栈返回时输出顶点 v,相当于输出度为0的顶点,该输出序列对应一个逆拓扑序列。答案为C。

38. 关键路径是事件结点网络中________。

A. 从源点到汇点的最长路径　　B. 从源点到汇点的最短路径

C. 最长的回路　　D. 最短的回路

答:在AOE网中,从源点到汇点的最长路径称为关键路径。答案为A。

39. 一个表示工程的AOE网中的关键路径________。

A. 必须是唯一的　　B. 可以有多条　　C. 可以没有　　D. 以上都不对

答:一个表示工程的AOE网中至少存在一条关键路径,也可以有多条关键路径。答案为B。

40. 以下对于AOE网的叙述中错误的是________。

A. 在AOE网中可能存在多条关键路径

B. 关键活动不按期完成就会影响整个工程的完成时间

C. 任何一个关键活动提前完成,整个工程也将提前完成

D. 所有关键活动都提前完成,整个工程也将提前完成

答：任何一个关键活动提前完成，只能影响它所在的关键路径，只有所有关键路径中都共有的关键活动提前完成，整个工程才能提前完成。答案为 C。

1.9　第 9 章　查找

1.9.1　问答题

1. 有一个含 n 个元素的递增有序数组 a，以下算法利用有序性进行顺序查找：

```
int Find(int[] a,int n,int k)
{  int i=0;
   while(i<n)
   {    if(a[i]==k)
            return i;
        else if(a[i]<k)
            i++;
        else
            return -1;
   }
}
```

假设查找各元素的概率相同，分别分析该算法在成功和不成功情况下的平均查找长度。和一般的顺序查找相比，哪个查找效率更高些？

答：这是有序表上的顺序查找算法。设 a 为 $(a_0,a_1,\cdots,a_i,\cdots,a_{n-1})$，在成功查找情况下找到 a_i 元素，需要和 a_0、a_1、…、a_i 的元素进行比较，即比较 $i+1$ 次，所以：

$$\mathrm{ASL}_{成功}=\sum_{i=0}^{n-1}p_ic_i=\frac{1}{n}\sum_{i=0}^{n-1}(i+1)=\frac{n+1}{2}$$

在不成功查找情况下有 $n+1$ 种情况，以 $n=5$、a 为(12,14,16,18,20)为例的查找判定树如图 1.23 所示，则：

$$\mathrm{ASL}_{不成功}=\frac{1+2+\cdots+n+n}{n+1}=\frac{n}{2}+\frac{n}{n+1}<n$$

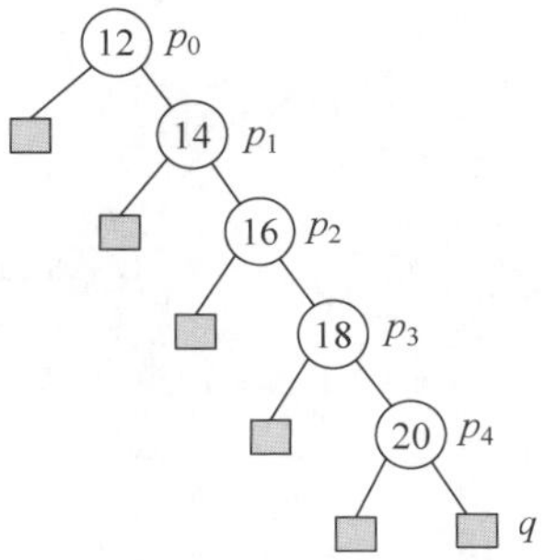

图 1.23　有序表上顺序查找的判定树

一般顺序查找在成功情况下的平均查找长度为 $(n+1)/2$，不成功情况下的平均查找长度为 n，所以两者在成功情况下的平均查找长度相同，但上述算法在不成功情况下的平均查找长度小于一般顺序查找,此时查找效率更高些。

2. 设有5个关键字do、for、if、repeat、while,它们存放在一个有序顺序表中,其查找概率分别是 $p_1=0.2$、$p_2=0.15$、$p_3=0.1$、$p_4=0.03$、$p_5=0.01$,而查找各关键字不存在的概率分别为 $q_0=0.2$、$q_1=0.15$、$q_2=0.1$、$q_3=0.03$、$q_4=0.02$、$q_5=0.01$,如图1.24所示。

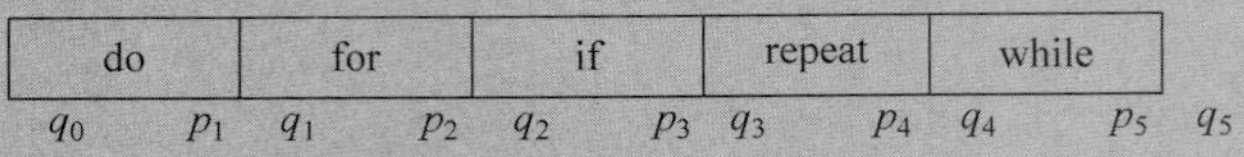

图1.24 一个有序顺序表

(1) 试画出对该有序顺序表分别采用顺序查找和折半查找时的判定树。

(2) 分别计算顺序查找时查找成功和不成功的平均查找长度。

(3) 分别计算折半查找时查找成功和不成功的平均查找长度。

答:(1) 对该有序顺序表分别采用顺序查找和折半查找时的判定树如图1.25和图1.26所示。

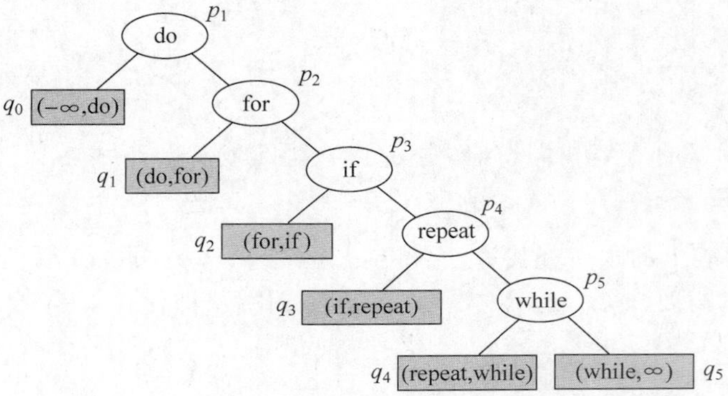

图1.25 有序顺序表上顺序查找的判定树

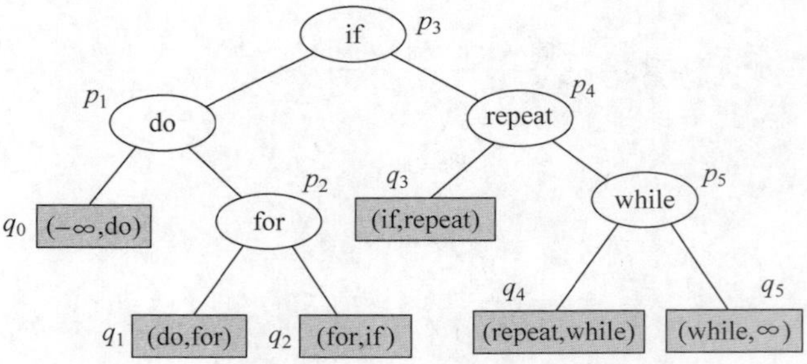

图1.26 有序顺序表上折半查找的判定树

(2) 对于顺序查找:

$ASL_{成功}=(1p_1+2p_2+3p_3+4p_4+5p_5)=0.97$。

$ASL_{不成功}=(1q_0+2q_1+3q_2+4q_3+5q_4+5q_5)=1.07$。

(3) 对于折半查找:

$ASL_{成功}=(1p_3+2(p_1+p_4)+3(p_2+p_5))=1.04$。

$ASL_{不成功}=(2q_0+3q_1+3q_2+2q_3+3q_4+3q_5)=1.3$。

3. 如何理解折半查找仅适合有序顺序表，而不适合有序链表？

答：因为折半查找是按区间查找的，先将整个数据序列看成是一个区间，然后通过中位数比较缩小查找区间，这样在算法设计时要求通过上、下界快速确定所查找的区间及其中间位置元素，具备随机存取特性的存储结构(例如顺序表)可以通过上、下界快速确定查找区间及其中间位置元素，而链表等存储结构不具有这样的特性。需要注意的是，并不能说有序链表不能进行折半查找，只是这样做性能低，体现不出折半查找的优点。

4. 对长度为 2^h-1 的有序顺序表进行折半查找，在成功查找时最少需要多少次关键字比较？最多需要多少次关键字比较？查找失败时的平均比较次数是多少？

答：长度为 2^h-1 的有序顺序表在进行折半查找时，对应的判定树为一棵高度为 h 的满二叉树(不计外部结点)。在成功情况下最多的关键字比较次数为该判定树的高度，即 $\log_2(n+1)=\log_2(2^h-1+1)=h$。在这样的判定树中比较到外部结点时表示查找失败，所有外部结点对应的比较次数恰好等于该树的高度，即 $\log_2(n+1)=\log_2(2^h-1+1)=h$。

5. 对于有序顺序表 A[0..10]，采用折半查找法，求成功和不成功时的平均查找长度。对于有序顺序表(12,18,24,35,47,50,62,83,90,92,95)，采用折半查找法，查找 90 时需进行多少次比较可确定成功，查找 47 时需进行多少次比较可确定成功，查找 60 时需进行多少次比较才能确定不成功，给出各个查找序列。

答：对于有序顺序表 A[0..10]构造的判定树如图 1.27(a)所示(图中结点的数字表示序号)。因此有：

$$ASL_{成功}=\frac{1\times1+2\times2+4\times3+4\times4}{11}=3$$

$$ASL_{不成功}=\frac{4\times3+8\times4}{12}=3.67$$

对于有序顺序表(12,18,24,35,47,50,62,83,90,92,95)，构造的判定树如图 1.27(b)所示(图中结点的数字表示关键字)。

采用折半查找法，查找 90 时需进行两次比较可确定成功，查找序列是(50,90)；查找 47 时需进行 4 次比较可确定成功，查找序列是(50,24,35,47)；查找 60 时需进行 3 次比较才能确定不成功，查找序列是(50,90,62)。

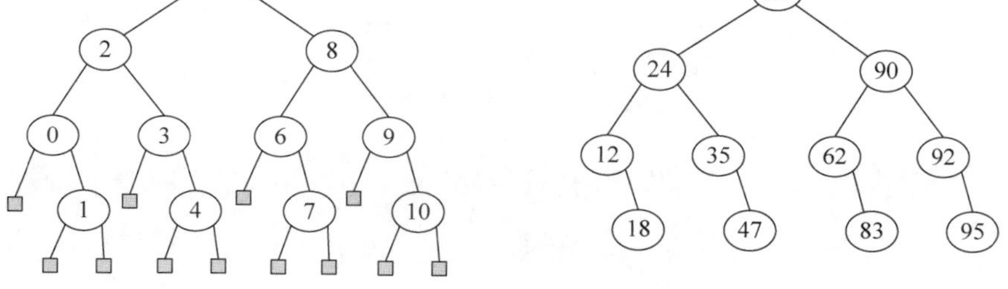

(a) 第一棵判定树　　(b) 第二棵判定树

图 1.27　两棵判定树

6. 有一个长度为2000的顺序表,采用分块查找方法,索引表采用顺序查找方法。假设每个元素的查找概率相同,回答以下问题:

(1) 理想的块长是多少? 应该分成多少块?

(2) 在理想的分块时成功查找的平均查找长度是多少?

(3) 若每块的长度为 20,则成功查找的平均查找长度是多少?

答:(1) 理想的块长 $s=\sqrt{n}\approx 45$,块数 $b=\lceil n/s \rceil=\lceil 2000/45 \rceil=45$。前 44 块每块的长度为 45,最后一块长度为 20。

(2) 索引表中的项数 $=b=45$,当索引表采用顺序查找时,查找索引表的平均查找长度 $=(b+1)/2=22.5$。

在块中顺序查找时,前 44 块每块查找的平均查找长度为 $(s+1)/2=23$,而最后一块的长度为 20,其平均查找长度为 $(20+1)/2=10.5$,则块中查找的平均查找长度 $=(44\times 23+10.5)/45\approx 22.72$。

所以此时整个分块查找的成功平均查找长度 $\text{ASL}_{成功}=22.5+22.72=45.22$。

(3) 若每块的长度 $s=20$,则块数 $b=\lceil n/s \rceil=\lceil 2000/20 \rceil=100$,此时所有块长相同,则 $\text{ASL}_{成功}=(b+1)/2+(s+1)/2=61.5$。

7. 假设一棵二叉排序树的关键字为单个字母,其后序遍历序列为 ACDBFIJHGE,回答以下问题:

(1) 画出该二叉排序树。

(2) 求在等概率下查找成功的平均查找长度。

(3) 求在等概率下查找不成功的平均查找长度。

答:(1) 该二叉排序树的后序遍历序列为 ACDBFIJHGE,则中序遍历序列为 ABCDEFGHIJ,由后序序列和中序序列构造的二叉排序树如图 1.28 所示。

(2) $\text{ASL}_{成功}=(1\times 1+2\times 2+4\times 3+2\times 4+1\times 5)/10=3$。

(3) $\text{ASL}_{不成功}=(6\times 3+3\times 4+2\times 5)/11=3.64$。

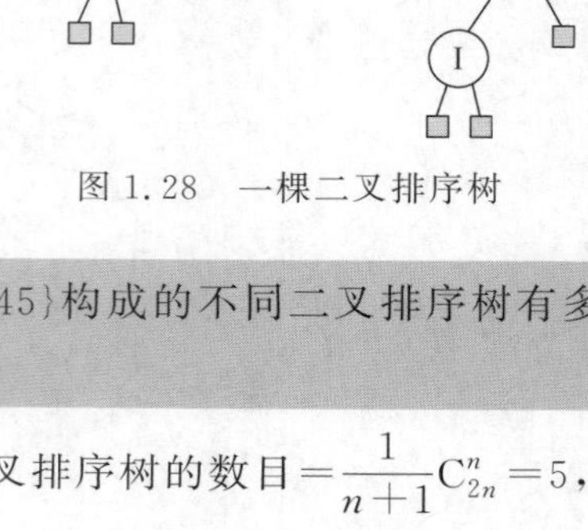

图 1.28　一棵二叉排序树

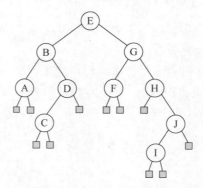

8. 由关键字集合{23,12,45}构成的不同二叉排序树有多少棵? 其中属于平衡二叉树的有多少棵?

答:这里 $n=3$,构成的二叉排序树的数目 $=\frac{1}{n+1}C_{2n}^{n}=5$,如图 1.29 所示。其中的平衡

二叉树有一棵。

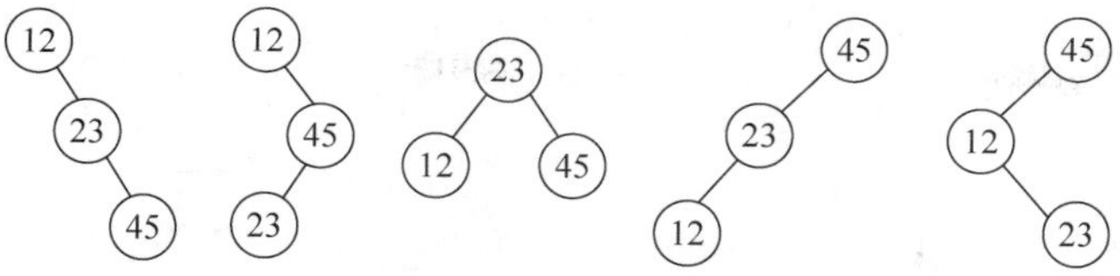

图 1.29　5 棵二叉排序树

9. 将整数序列(4,5,7,2,1,3,6)中的整数依次插入一棵空的平衡二叉树中,试构造相应的平衡二叉树。

答:建立平衡二叉树的过程如图 1.30 所示。

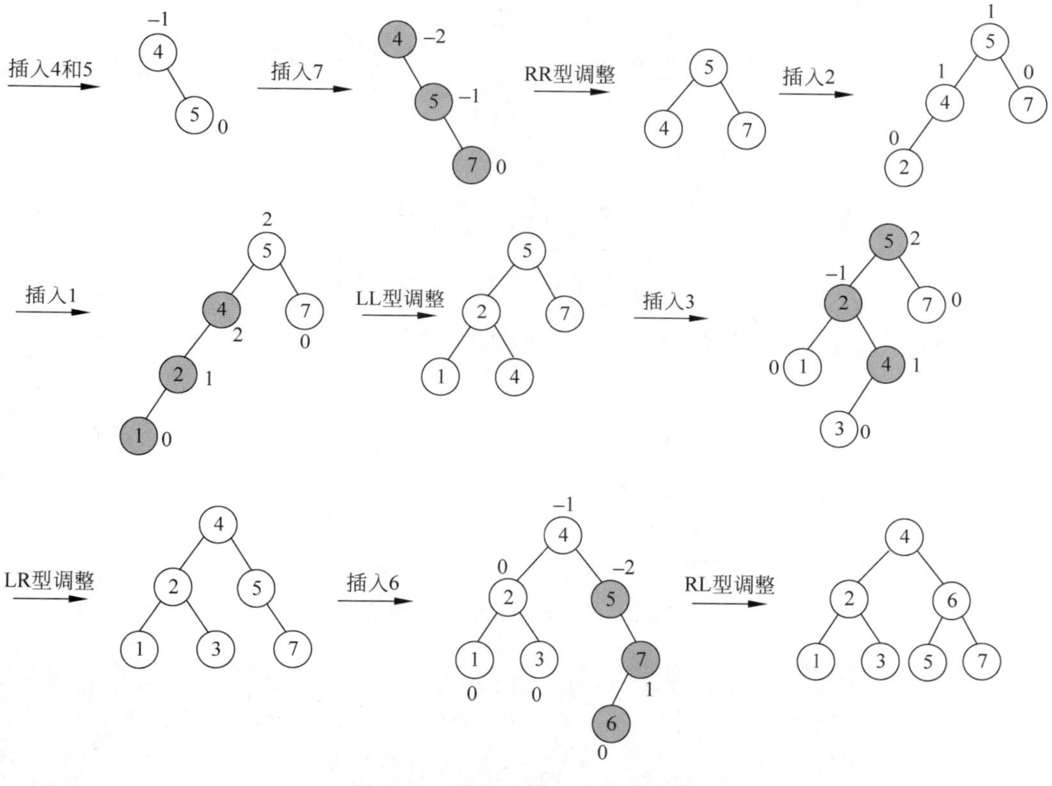

图 1.30　建立平衡二叉树的过程

10. 给定一组关键字序列(20,30,50,52,60,68,70),创建一棵 3 阶 B—树,请回答以下问题:

(1) 给出建立 3 阶 B—树的过程。

(2) 分别给出删除关键字 50 和 68 之后的结果。

答:(1) $m=3$,则除根结点外的结点关键字的个数为 1~2,建立 3 阶 B—树的过程如图 1.31 所示。

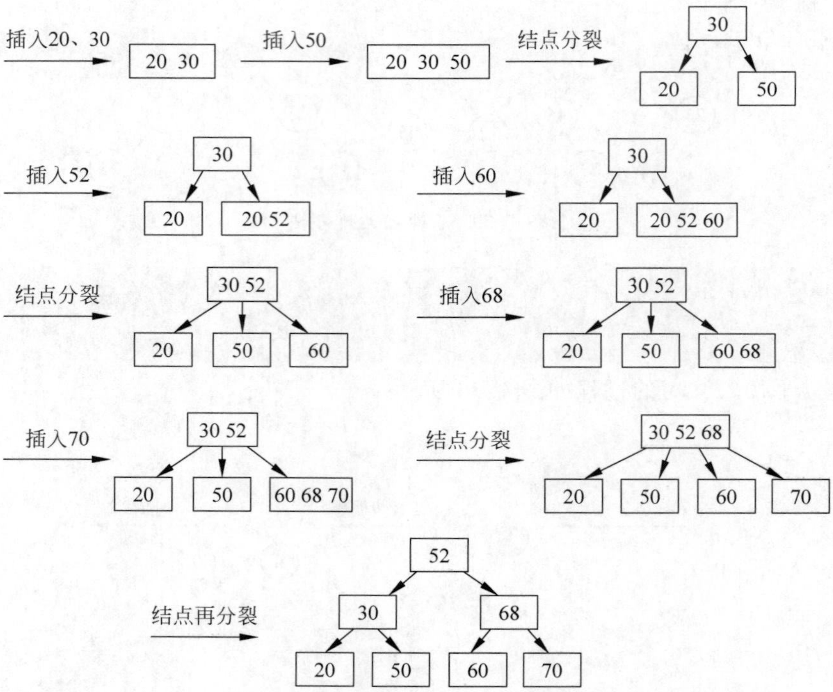

图 1.31　创建一棵 3 阶 B一树的过程

(2) 删除关键字 50 后的结果如图 1.32(a)所示,删除关键字 68 后的结果如图 1.32(b)所示。

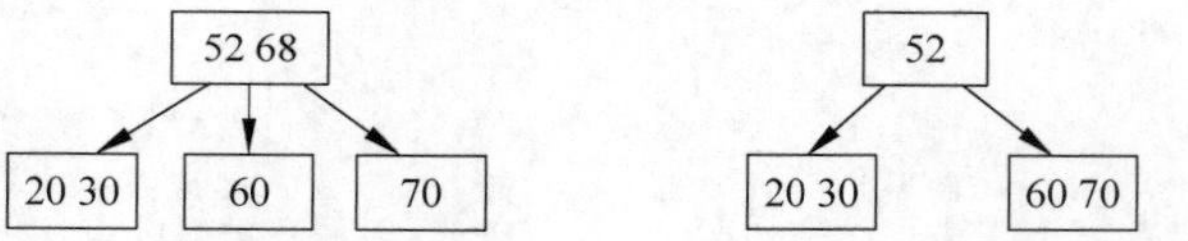

(a) 删除关键字50后　　(b) 删除关键字68后

图 1.32　删除两个关键字后的结果

11. 设有一组关键字为{19,1,23,14,55,20,84,27,68,11,10,77},其哈希函数为 $h(\text{key})=\text{key}\%13$,采用开放地址法的线性探测法解决冲突,试在 0~18 的哈希表中对该关键字序列构造哈希表,并求在成功和不成功情况下的平均查找长度。

答:依题意 $m=19$。利用线性探测法计算下一地址的计算公式为:

$$d_1=h(\text{key})$$

$$d_{j+1}=(d_j+1)\%m \quad j=1、2、\cdots$$

计算各关键字存储地址的过程如下:

$h(19)=19\%13=6$

$h(1)=1\%13=1$

$h(23)=23\%13=10$

$h(14)=14\%13=1$　　冲突

$d_0=1, d_1=(1+1)\%19=2$

$h(55)=55\%13=3$

$h(20)=20\%13=7$

$h(84)=84\%13=6$　　冲突

$d_0=6, d_1=(6+1)\%19=7$　　仍冲突

$d_2=(7+1)\%19=8$

$h(27)=27\%13=1$　　冲突

$d_0=1, d_1=(1+1)\%19=2$　　仍冲突

$d_2=(2+1)\%19=3$　　仍冲突

$d_3=(3+1)\%19=4$

$h(68)=68\%13=3$　　冲突

$d_0=3, d_1=(3+1)\%19=4$　　仍冲突

$d_2=(4+1)\%19=5$

$h(11)=11\%13=11$

$h(10)=10\%13=10$　　冲突

$d_0=10, d_1=(10+1)\%19=11$　　仍冲突

$d_2=(11+1)\%19=12$

$h(77)=77\%13=12$　　冲突

$d_0=12, d_1=(12+1)\%19=13$

因此构建的哈希表如表1.5所示。

表1.5　哈希表

下标	0	1	2	3	4	5	6	7	8	9	10	11	12	13	14	15	16	17	18
k		1	14	55	27	68	19	20	84		23	11	10	77					
探测次数		1	2	1	4	3	1	1	3		1	1	3	2					

表中的探测次数即为相应关键字成功查找时所需比较关键字的次数，因此：

$$ASL_{成功}=(1+2+1+4+3+1+1+3+1+1+3+2)/12=1.92$$

查找不成功表示在表中未找到指定关键字的元素。以哈希地址是0的关键字为例，由于此处关键字为空，只需比较1次便可确定本次查找不成功；以哈希地址是1的关键字为例，若该关键字不在哈希表中，需要将它与从1到9地址的关键字相比较，由于地址9的关键字为空，所以不再向后比较，共比较9次，其他的以此类推，所以得到如表1.6所示的结果。

表1.6　不成功查找的探测次数

下标	0	1	2	3	4	5	6	7	8	9	10	11	12	13	14	15	16	17	18
k		1	14	55	27	68	19	20	84		23	11	10	77					
探测次数	1	9	8	7	6	5	4	3	2	1	5	4	3	2	1	1	1	1	1

由于哈希函数为 $h(key)=key\%13$，所以只需考虑 $h(key)=0\sim12$ 的情况，即：

$$ASL_{不成功}=(1+9+8+7+6+5+4+3+2+1+5+4+3)/13=58/13=4.46$$

12. 设有一组关键字为{26,36,41,38,44,15,68,12,6,51,25},用拉链法解决冲突。假设装填因子 $\alpha=0.75$,哈希函数为 $h(k)=k\%p$,解答以下问题:

(1) 构造哈希函数。

(2) 计算在等概率情况下查找成功时的平均查找长度。

(3) 计算在等概率情况下查找失败时的平均查找长度。

答:(1) 这里 $n=11,\alpha=n/m=0.75,m=n/0.75=15$。哈希函数为 $h(k)=k\%13$。哈希地址空间为 T[0..12]。

$h(26)=26\%13=0$

$h(36)=36\%13=10$

$h(41)=41\%13=2$

$h(38)=38\%13=12$

$h(44)=44\%13=5$

$h(15)=15\%13=2$

$h(68)=68\%13=3$

$h(12)=12\%13=12$

$h(6)=6\%13=6$

$h(51)=51\%13=12$

$h(25)=25\%13=12$

采用拉链法解决冲突建立的链表如图 1.33 所示。

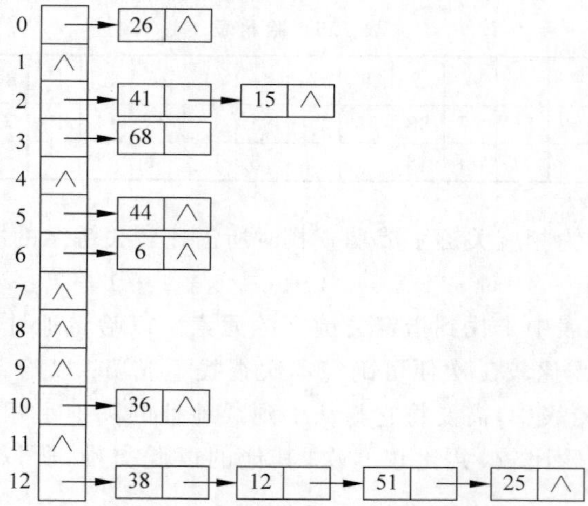

图 1.33 采用拉链法建立的哈希表

(2) $ASL_{成功}=(7\times1+2\times2+1\times3+1\times4)/11=18/11=1.63$。

(3) $ASL_{不成功}=(5\times1+1\times2+1\times4)/13=11/13=0.85$。

1.9.2 算法设计题

1. 有一个含有 n 个互不相同元素的整数顺序表,设计一个尽可能高效的算法求最大元素和最小元素。

解：顺序表采用 SqListSearchClass 类对象 s 存放，通过一趟遍历并比较，可以找出最大元素和最小元素。对应的算法如下：

```
static int[] MaxMin(SqListSearchClass s)
{  int min,max;
   min=max=s.R[0].key;
   for(int i=1;i<s.n;i++)
       if(s.R[i].key<min)
           min=s.R[i].key;
       else if(s.R[i].key>max)
           max=s.R[i].key;
   int[] ans=new int[2];
   ans[0]=min; ans[1]=max;
   return ans;
}
```

2. 有一个含有 n 个互不相同整数元素的递增有序顺序表 s，设计一个尽可能高效的算法判断是否存在某个序号 i，其元素值恰好为 i。若存在这样的元素，返回 i，否则返回 -1。

解：有序顺序表采用 SqListSearchClass 类对象 s 存放，采用折半查找方法，当出现 s.R[i].key=i 时返回 i，当找完所有元素后仍没有找到时返回 -1。对应的算法如下：

```
static int BinFind(SqListSearchClass s)
{  int low=0,high=s.n-1,mid;
   while(low<=high)
   {   mid=(low+high)/2;
       if(s.R[mid].key==mid)          //找到这样的元素返回序号
           return mid;
       else if(s.R[mid].key>mid)      //继续在 R[low..mid-1]中查找
           high=mid-1;
       else
           low=mid+1;                 //继续在 R[mid+1..high]中查找
   }
   return -1;                         //没找到这样的元素则返回-1
}
```

3. 一个长度为 $L(L\geqslant 1)$ 的升序序列 S，处在第 $\lceil L/2 \rceil$ 个位置的数称为 S 的中位数。例如，若序列 $S1=(11,13,15,17,19)$，则 $S1$ 的中位数是 15。两个序列的中位数是含它们所有元素的升序序列的中位数。例如，若 $S2=(2,4,6,8,20)$，则 $S1$ 和 $S2$ 的中位数是 11。现有两个等长的升序序列 A 和 B，试设计一个在时间和空间两方面都尽可能高效的算法，找出两个序列 A 和 B 的中位数。请说明所设计算法的时间复杂度和空间复杂度。

解：两个升序序列分别采用 int 数组 A 和 B 存放。先求出两个升序序列 A、B 的中位数，设为 a 和 b。若 $a=b$，则 a 或 b 即为所求的中位数；否则，舍弃 a、b 中的较小者所在序列之较小一半，同时舍弃较大者所在序列之较大一半，要求两次舍弃的元素个数相同。在保留的两个升序序列中，重复上述过程，直到两个序列中均只含一个元素时为止，则较小者即为所求的中位数。对应的算法如下：

```
static int FindMedian(int A[],int B[],int n)
{  int start1,end1,mid1,start2,end2,mid2;
```

```
    start1=0; end1=n-1;
    start2=0; end2=n-1;
    while(start1!=end1 || start2!=end2)
    {   mid1=(start1+end1)/2;
        mid2=(start2+end2)/2;
        if(A[mid1]==B[mid2])
            return A[mid1];
        if(A[mid1]<B[mid2])
        {   if((start1+end1)%2==0)              //若元素个数为奇数
            {   start1=mid1;                    //舍弃A中间点以前的部分且保留中间点
                end2=mid2;                      //舍弃B中间点以后的部分且保留中间点
            }
            else                                //若元素个数为偶数
            {   start1=mid1+1;                  //舍弃A的前半部分
                end2=mid2;                      //舍弃B的后半部分
            }
        }
        else
        {   if((start1+end1)%2==0)              //若元素个数为奇数
            {   end1 = mid1;                    //舍弃A中间点以后的部分且保留中间点
                start2 = mid2;                  //舍弃B中间点以前的部分且保留中间点
            }
            else                                //若元素个数为偶数
            {   end1=mid1;                      //舍弃A的后半部分
                start2=mid2+1;                  //舍弃B的前半部分
            }
        }
    }
    return A[start1]<B[start2]?A[start1]:B[start2];
}
```

上述算法的时间复杂度为$O(\log_2 n)$,空间复杂度为$O(1)$。

4. 设计一个算法,递减有序输出一棵关键字为整数的二叉排序树中所有结点的关键字。

解:对二叉排序树bt采用这样的遍历方式,先遍历右子树,然后访问根结点,再遍历左子树(即中序序列的逆序),因为右子树中所有结点的关键字大于根结点关键字,而根结点关键字大于左子树中所有结点的关键字。对应的算法如下:

```
static void ReOrder(BSTClass bt)                //求解算法
{
    ReOrder1(bt.r);
}
static void ReOrder1(BSTNode t)                 //被ReOrder()方法调用
{   if(t!=null)
    {   ReOrder1(t.rchild);
        System.out.print(t.key+" ");
        ReOrder1(t.lchild);
    }
}
```

5．设计一个算法，在一棵非空二叉排序树中求出指定结点的层次。

解：采用循环语句在二叉排序树 bt 中边查找边累计层次 lev，当找到关键字为 k 的结点时返回 lev，否则返回 0。对应的算法如下：

```
static int Level(BSTClass bt, int k)
{  int lev=1;                              //层次 lev 置初值 1
   BSTNode p=bt.r;
   while(p!=null && p.key!=k)              //二叉排序树未找完或未找到则循环
   {    if(k<p.key)
             p=p.lchild;                   //在左子树中查找
        else
             p=p.rchild;                   //在右子树中查找
        lev++;                             //层数增 1
   }
   if(p!=null)                             //找到后返回其层次
        return lev;
   else
        return 0;                          //表示未找到
}
```

6．设计一个算法，判断给定的一棵二叉树是否为二叉排序树，假设二叉排序树中所有的关键字均为正整数。

解：可以证明，若一个二叉树的中序序列是一个有序序列，则该二叉树一定是一棵二叉排序树。因此对给定的二叉树进行中序遍历，如果始终能保持当前访问的结点值大于前驱结点值，则说明该二叉树是一棵二叉排序树。对应的算法如下：

```
static boolean judgeBST(BSTClass bt)
{
   return judgeBST1(bt.r);
}
static boolean judgeBST1(BSTNode t)
{  if(t==null)                             //空树是一棵二叉排序树
        return true;
   else
   {    boolean b1=judgeBST1(t.lchild);    //判断左子树
        if(b1==false)
             return false;                 //若左子树不是 BST，则返回 false
        if(predt>t.key)
             return false;                 //若当前结点值小于中序前驱结点值，则返回 false
        predt=t.key;                       //保存当前结点的关键字
        boolean b2=judgeBST1(t.rchild);    //判断右子树
        return b2;
   }
}
```

7．设计一个算法，输出在一棵二叉排序树中查找某个关键字 k 经过的查找路径。

解：使用 ArrayList<Integer>集合 path 存储经过的结点关键字，当找到关键字为 k 的结点时向 path 中添加 k 并且输出 path 元素，从而输出从根结点到当前结点的查找路径；否则将当前结点 t 的关键字添加到 path，再根据比较结果在左或者右子树中递归查找。对应的算法如下：

```
static void SearchPath(BSTClass bt, int k)
{  ArrayList<Integer> path=new ArrayList<>();
   SearchPath1(bt.r, k, path);
}
static void SearchPath1(BSTNode t, int k, ArrayList<Integer> path)
{  if(t==null) return;
   else if(k==t.key)
   {     path.add(k);
         System.out.println(path);                 //输出查找路径
   }
   else
   {     path.add(t.key);                          //添加到路径中
         if(k<t.key)
               SearchPath1(t.lchild, k, path);     //在左子树中递归查找
         else
               SearchPath1(t.rchild, k, path);     //在右子树中递归查找
   }
}
```

8. 假设二叉排序树 bt 中所有的关键字是由整数构成的，为了查找某关键字 k，会得到一个查找序列。设计一个算法，判断一个序列(存放在 a 数组中)是否为从 bt 中搜索关键字 k 的查找序列。

解：设查找序列 a 中有 n 个关键字，如果查找成功，$a[n-1]$应等于 k。i 用于扫描 a(初值为 0)，p 用于在二叉排序树 bt 中查找(p 的初值指向根结点)，每查找一层，比较该层的结点关键字 p.key 是否等于 $a[i]$，若不相等，表示 a 不是 bt 中查找关键字 k 的查找序列，返回 false，否则执行 $i++$ 并继续查找下去。若一直未找到关键字 k，则 p 最后必为 null，表示 a 不是查找序列，返回 false，否则表示在 bt 中查找到 k，p 指向该结点，表示 a 是查找序列，返回 true。对应的算法如下：

```
static boolean Judge(BSTClass bt, int[] a, int k)
{
   return Judge1(bt.r, a, k);
}
static boolean Judge1(BSTNode t, int a[], int k)
{  BSTNode p=t;
   int i=0, n=a.length;
   if(a[n-1]!=k)                                 //a 末尾不是 k, 返回 false
        return false;
   while(i<n && p!=null)
   {    if(p.key!=a[i])                          //若不等，表示 a 不是 k 的查找序列
              return false;                      //返回 false
        if(k<p.key) p=p.lchild;                  //在左子树中查找
        else if(k>p.key) p=p.rchild;             //在右子树中查找
        i++;                                     //查找序列指向下一个关键字
   }
   if(p!=null) return true;                      //找到了 k, 返回 true
```

```
    else return false;                          //未找到k,返回false
}
```

9. 设计一个算法，在给定的二叉排序树bt上找出任意两个不同结点x和y的最近公共祖先(LCA)，其中结点x是指关键字为x的结点。

解：首先通过在二叉排序树bt中查找确定是否存在x或者y结点。当两者都存在时，求LCA的过程如下：

(1) 若x和y均小于根结点关键字，则在左子树中查找它们的LCA。

(2) 若x和y均大于根结点关键字，则在右子树中查找它们的LCA。

(3) 否则，根结点就是x和y结点的LCA。

对应的算法如下：

```
static boolean Find(BSTNode t,int k)            //判断t中是否存在k结点
{  if(t==null)                                  //空树返回false
        return false;
   if(k==t.key)
        return true;
   if(k<t.key)
        return Find(t.lchild,k);
   else
        return Find(t.rchild,k);
}
static BSTNode getLCA(BSTNode t,int x,int y)    //存在x和y结点时求LCA
{  if(t==null)                                  //空树返回null
        return null;
   if(x<t.key && y<t.key)                       //如果x和y均小于t.key,则LCA位于左子树中
        return getLCA(t.lchild,x,y);
   if(x>t.key && y>t.key)                       //如果x和y均大于t.key,则LCA位于右子树中
        return getLCA(t.rchild,x,y);
   return t;
}
static void solve(BSTClass bt,int x,int y)      //求解算法
{  BSTNode p;
   if(Find(bt.r,x) && Find(bt.r,y))
   {    p=getLCA(bt.r,x,y);
        System.out.printf("结点%d和%d的最近公共祖先是%d结点\n",x,y,p.key);
   }
   else System.out.printf("结点%d或者%d不存在\n",x,y);
}
```

10. 利用二叉树遍历思路设计一个判断二叉排序树是否为AVL树的算法。

解：用boolean型变量b表示二叉排序树是否为AVL树，int类型变量h表示二叉排序树的高度。采用递归后序遍历的判断方法求解，对应的算法如下：

```
class RetVal                                    //返回值类
{  boolean b;                                   //子树是否平衡
   int h;                                       //子树的高度
```

```
    public RetVal(boolean b,int h)                 //构造方法
    {   this.b=b;
        this.h=h;
    }
}
public class Excise10
{ static RetVal judgeAVL(BSTNode t)                //判断t的平衡性
    {   boolean b,bl,br;
        int h,hl,hr;
        if(t==null)                                //空树的情况
        {   h=0;
            b=true;
        }
        else                                       //非空树的情况
        {   RetVal retl,retr;
            retl=judgeAVL(t.lchild);
            bl=retl.b; hl=retl.h;                  //求出左子树的平衡性bl和高度hl
            retr=judgeAVL(t.rchild);
            br=retr.b; hr=retr.h;                  //求出右子树的平衡性br和高度hr
            h=(hl>hr?hl:hr)+1;
            if(Math.abs(hl-hr)<2)
                b=bl & br;                         //&为整数的逻辑与
            else
                b=false;
        }
        RetVal ret=new RetVal(b,h);
        return ret;
    }
    static boolean isAVL(BSTClass bt)              //判断bt是否为AVL
    {   RetVal ret;
        ret=judgeAVL(bt.r);
        return ret.b;
    }
}
```

1.9.3 补充的单项选择题

1. 在长度为 n 的线性表中顺序查找时，不成功情况下的平均比较次数是________。

A. n　　B. $n/2$　　C. $(n+1)/2$　　D. $(n-1)/2$

答：当查找的元素不在线性表中时均需要 n 次元素之间的比较。答案为A。

2. 在长度为 n 的线性表中顺序查找时，成功情况下最多的比较次数是________。

A. 1　　B. n　　C. $n/2$　　D. $(n+1)/2$

答：在采用从前向后顺序查找时，找到 $a_0 \sim a_{n-1}$ 的元素比较的次数分别是 $1 \sim n$。答案为B。

3. 对长度为3的顺序表进行顺序查找，若查找第1个元素的概率是1/2，查找第2个元素的概率是1/3，查找第3个元素的概率是1/6，则成功查找表中任一元素的平均查找长度

是________。

A. 5/3　　B. 2　　C. 7/3　　D. 3

答：成功情况下的平均查找长度=(1/2)×1+(1/3)×2+(1/6)×3=5/3。答案为 A。

4. 在对线性表进行折半查找时，要求线性表必须________。

A. 以顺序方式存储

B. 以链接方式存储

C. 以顺序方式存储，且结点按关键字有序排序

D. 以链表方式存储，且结点按关键字有序排序

答：在折半查找中需要快速确定查找区间的中间位置元素，这要求存储结构具有随机存取特性。答案为 C。

5. 在折半查找对应的判定树中，外部结点是________。

A. 一次成功查找过程终止的结点

B. 一次失败查找过程终止的结点

C. 一次成功查找过程中经过的中间结点

D. 一次失败查找过程中经过的中间结点

答：外部结点是查找失败对应的结点，是虚拟的空指针。答案为 B。

6. 已知一个长度为 16 的有序顺序表 $R[1..16]$，采用折半查找法查找一个存在的元素，则比较的次数最多是________。

A. 5　　B. 4　　C. 7　　D. 6

答：采用折半查找法查找一个存在的元素，即为成功查找。成功查找的最多比较次数=$\lceil \log_2(n+1) \rceil$=$\lceil \log_2 17 \rceil$=5。答案为 A。

7. 设有 100 个元素的有序顺序表，采用折半查找法，不成功时最大的比较次数是________。

A. 25　　B. 50　　C. 10　　D. 7

答：不成功时最大的比较次数为$\lceil \log_2(n+1) \rceil$=$\lceil \log_2 101 \rceil$=7。答案为 D。

8. 有一个长度为 12 的有序表 $R[0..11]$，按折半查找法对该表进行查找，在表内各元素等概率情况下查找成功所需的平均比较次数为________。

A. 35/12　　B. 37/12　　C. 39/12　　D. 43/12

答：构造相应的判定树如图 1.34 所示，仅考虑内部结点，第 1 层 1 个结点，第 2 层 2 个结点，第 3 层 4 个结点，第 4 层 5 个结点，则 $ASL_{成功}$=(1×1+2×2+3×4+4×5)/12=37/12。答案为 B。

9. 有一个长度为 12 的有序表 $R[0..11]$，按折半查找法对该表进行查找，在表内各元素等概率情况下查找不成功所需的平均比较次数为________。

A. 35/11　　B. 37/12　　C. 49/12　　D. 49/13

答：构造相应的判定树如图 1.34 所示，仅考虑外部结点，第 4 层 3 个结点，第 5 层 10 个结点，则 $ASL_{不成功}$=(3×3+10×4)/13=49/13。答案为 D。

10. 有一个有序表为(1,3,9,12,32,41,45,62,75,77,82,95,99)，当采用折半查找法查找关键字为 82 的元素时，________次比较后查找成功。

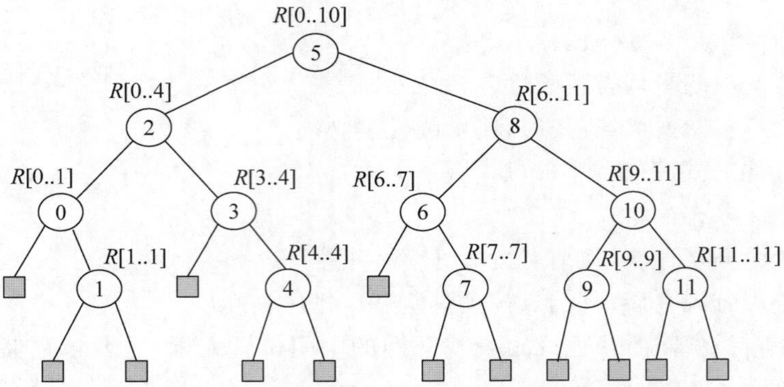

图 1.34　$R[0..11]$有序表折半查找对应的判定树

A. 1　　B. 2　　C. 4　　D. 8

答：$n=13$，有序表为$R[0..12]$，$mid=(0+12)/2=6$，$R[6]=45<82$；在$R[7..12]$中查找，$mid=(7+12)/2=9$，$R[9]=77<82$；在$R[10..12]$中查找，$mid=(10+12)/2=11$，$R[11]=95>82$；在$R[10..10]$中查找，$mid=(10+10)/2=10$，$R[10]=82$，共比较 4 次。答案为 C。

11. 有一个长度为 n 的有序顺序表，采用折半查找，经过 i 次比较成功找到的最多元素个数是________。

A. 2^i　　B. 2^{i+1}　　C. 2^i-1　　D. 2^{i-1}

答：在折半查找的判定树中第 i 层的结点个数最多为 2^{i-1}。答案为 D。

12. 当采用分块查找时，数据的组织方式为________。

A. 数据分成若干块，每块内的数据有序

B. 数据分成若干块，每块内的数据不必有序，但块间必须有序，每块内最大(或最小)的关键字组成索引块

C. 数据分成若干块，每块内的数据有序，每块内最大(或最小)的关键字组成索引块

D. 数据分成若干块，每块中的数据个数必须相同

答：分块查找的数据组织方式为数据表＋索引表、数据表分块、块间有序、块内无序。答案为 B。

13. 对含有 3600 个元素的顺序表进行分块查找，若索引表和分块均采用顺序查找方法，则最理想的块长是________。

A. 1800　　B. 60　　C. 1200　　D. $\lceil \log_2 3600 \rceil$

答：该情况下分块查找最理想的块长$=\sqrt{n}=\sqrt{3600}=60$。答案为 B。

14. 设待查关键字为 47，且已存入变量 k 中，如果在查找过程中和 k 进行比较的元素依次是 47、32、46、25、47，则所采用的查找方法________。

A. 是一种错误的方法　　B. 可能是分块查找

C. 可能是顺序查找　　D. 可能是折半查找

答：如果是顺序查找或折半查找，第一次比较成功时就会结束。这里可能是分块查找，假设索引表是对块中的最大元素进行索引，先和索引表中的 47 比较找到相应块，然后到相应块(32、46、25、47)中查找。答案为 B。

15. 设待查关键字为 47，且已存入变量 k 中，如果在查找过程中和 k 进行比较的元素依次是 27、72、16、84、47，则所采用的查找方法是________。

A. 二叉排序树查找　　B. 分块查找　　C. 顺序查找　　D. 折半查找

答：通过画出二叉排序树查找和折半查找判定树可以排除这两种查找方法，而分块查找可以从索引表的元素序列加以排除。本题只可能是顺序查找。答案为 C。

16. 从 19 个元素的序列中查找其中某个元素，如果最多进行 5 次元素之间的比较，则采用的查找方法只可能是________。

A. 折半查找　　B. 分块查找

C. 顺序查找　　D. 二叉排序树查找

答：$n=19$，折半查找的元素最多比较次数$=\lceil \log_2(n+1) \rceil=5$，顺序查找、分块查找和二叉排序树查找所需的元素比较次数会更多。答案为 A。

17. 以下关于二叉排序树的叙述中正确的是________。

A. 二叉排序树是动态树表，在插入新结点时会引起树的重新分裂和合并

B. 对二叉排序树进行层次遍历可以得到一个有序序列

C. 在构造二叉排序树时，若关键字序列有序，则二叉排序树的高度最大

D. 在二叉排序树中进行查找，关键字的比较次数最多不超过结点数的一半

答：选项 A 错误，在二叉排序树中不存在重新分裂和合并操作。选项 B 错误，对二叉排序树进行中序遍历才可以得到一个有序序列。选项 D 错误，在二叉排序树中进行查找时关键字的比较次数可能达到 n 次。答案为 C。

18. 由一个关键字序列建立一棵二叉排序树，该二叉排序树的形状取决于________。

A. 该序列的存储结构　　B. 序列中关键字的取值范围

C. 关键字的输入次序　　D. 使用的计算机软、硬件条件

答：不同的关键字输入次序可能产生不同形状的二叉排序树。答案为 C。

19. 在任意一棵非空二叉排序树 T_1 中，删除某结点 v 之后形成二叉排序树 T_2，再将 v 插入 T_2 形成二叉排序树 T_3。下列关于 T_1 与 T_3 的叙述中正确的是________。

Ⅰ. 若 v 是 T_1 的叶子结点，则 T_1 与 T_3 不同

Ⅱ. 若 v 是 T_1 的叶子结点，则 T_1 与 T_3 相同

Ⅲ. 若 v 不是 T_1 的叶子结点，则 T_1 与 T_3 不同

Ⅳ. 若 v 不是 T_1 的叶子结点，则 T_1 与 T_3 相同

A. 仅Ⅰ、Ⅲ　　B. 仅Ⅰ、Ⅳ　　C. 仅Ⅱ、Ⅲ　　D. 仅Ⅱ、Ⅳ

答：在一棵二叉排序树中删除一个结点后再将此结点插入二叉排序树中，如果删除的结点是叶子结点，那么在插入结点后，后来的二叉排序树与删除结点之前的相同。如果删除的结点不是叶子结点，那么在插入这个结点后，后来的二叉树可能发生变化，不再相同。答案为 C。

20. 对于下列关键字序列，不可能构成某二叉排序树中一条查找路径的是________。

A. 95,22,91,24,94,71　　B. 92,20,91,34,88,35

C. 21,89,77,29,36,38　　D. 12,25,71,68,33,34

答：各序列对应的查找树如图 1.35 所示，从中看到只有 A 序列的查找树构不成一棵二叉排序树，图中虚线框内的部分表示违背二叉排序树的性质的子树。答案为 A。

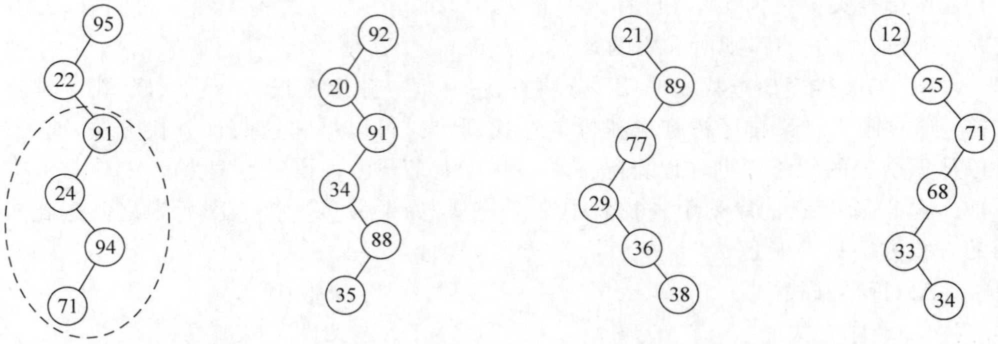

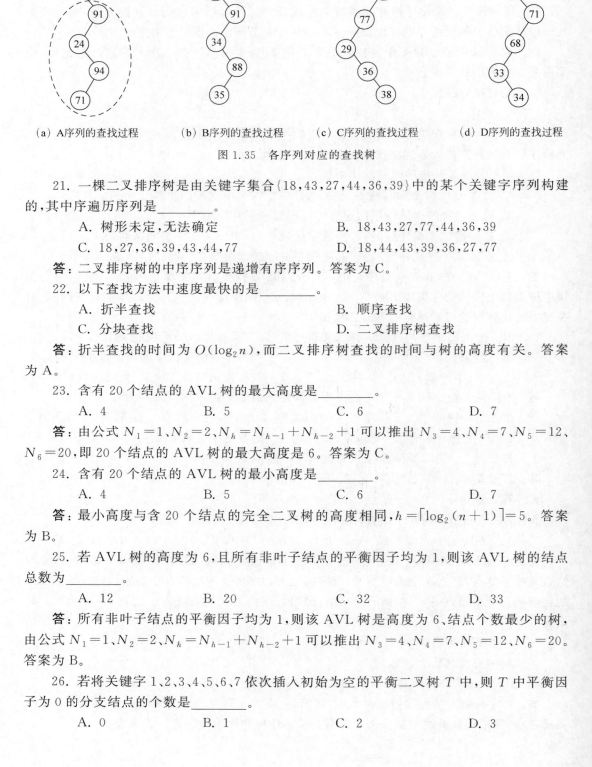

(a) A序列的查找过程　(b) B序列的查找过程　(c) C序列的查找过程　(d) D序列的查找过程

图 1.35　各序列对应的查找树

21. 一棵二叉排序树是由关键字集合{18,43,27,44,36,39}中的某个关键字序列构建的,其中序遍历序列是________。

A. 树形未定,无法确定　　B. 18,43,27,77,44,36,39

C. 18,27,36,39,43,44,77　　D. 18,44,43,39,36,27,77

答:二叉排序树的中序序列是递增有序序列。答案为C。

22. 以下查找方法中速度最快的是________。

A. 折半查找　　B. 顺序查找

C. 分块查找　　D. 二叉排序树查找

答:折半查找的时间为$O(\log_2 n)$,而二叉排序树查找的时间与树的高度有关。答案为A。

23. 含有20个结点的AVL树的最大高度是________。

A. 4　　B. 5　　C. 6　　D. 7

答:由公式$N_1=1$、$N_2=2$、$N_h=N_{h-1}+N_{h-2}+1$可以推出$N_3=4$、$N_4=7$、$N_5=12$、$N_6=20$,即20个结点的AVL树的最大高度是6。答案为C。

24. 含有20个结点的AVL树的最小高度是________。

A. 4　　B. 5　　C. 6　　D. 7

答:最小高度与含20个结点的完全二叉树的高度相同,$h=\lceil\log_2(n+1)\rceil=5$。答案为B。

25. 若AVL树的高度为6,且所有非叶子结点的平衡因子均为1,则该AVL树的结点总数为________。

A. 12　　B. 20　　C. 32　　D. 33

答:所有非叶子结点的平衡因子均为1,则该AVL树是高度为6、结点个数最少的树,由公式$N_1=1$、$N_2=2$、$N_h=N_{h-1}+N_{h-2}+1$可以推出$N_3=4$、$N_4=7$、$N_5=12$、$N_6=20$。答案为B。

26. 若将关键字1、2、3、4、5、6、7依次插入初始为空的平衡二叉树T中,则T中平衡因子为0的分支结点的个数是________。

A. 0　　B. 1　　C. 2　　D. 3

答：利用该关键字序列构建平衡二叉树的过程如图1.36所示，最终平衡二叉树中平衡因子为0的分支结点个数为3。答案为D。

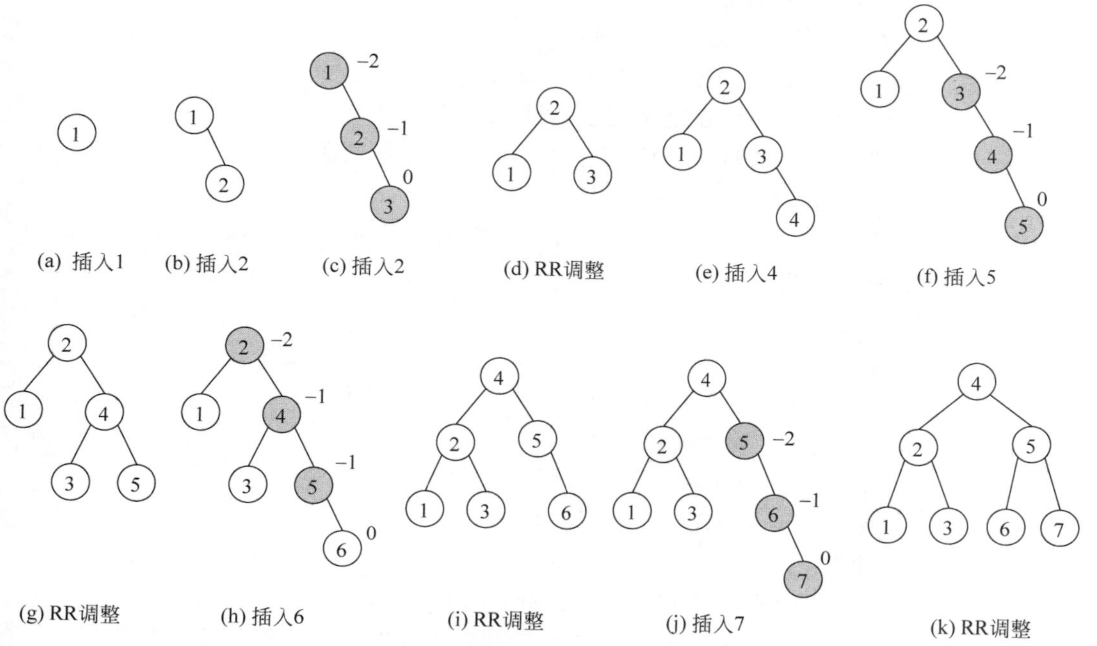

图1.36　建立平衡二叉树的过程

27. 以下关于 m 阶B—树的叙述中正确的是________。

A. 每个分支结点至少有两棵非空子树

B. 树中的每个结点最多有 $\lceil m/2 \rceil-1$ 个关键字

C. 所有叶子结点均在同一层上

D. 当插入一个关键字引起B—树结点分裂时树增高一层

答：选项A错误，因为 m 阶B—树中可能只有一个根结点。选项B错误，在 m 阶B—树中除根结点外每个结点至少有 $\lceil m/2 \rceil-1$ 个关键字。选项D错误，当插入一个关键字引起B—树分裂时树不一定会增高一层，只有结点分裂延续到根结点，根结点也分裂后，树才会增高一层。答案为C。

28. 一棵3阶B—树中含有2047个关键字，不计外部结点层，该树的最大高度为________。

A. 11　　B. 12　　C. 13　　D. 14

答：3阶B—树中每个结点至少包含 $\lceil 3/2 \rceil-1=1$ 个关键字，当所有结点仅包含一个关键字时B—树的高度最高，这样成为一棵满二叉树，其高度为 $\log_2(n+1)=\log_2(2047+1)=11$，不计外部结点层共11层。答案为A。

29. 下面关于B—树和B+树的叙述中不正确的是________。

A. B—树和B+树都能有效地支持顺序查找

B. B—树和B+树都能有效地支持随机查找

C. B—树和B+树都是平衡的多叉树

D. B－树和B＋树都可用于文件索引结构

答：由于B＋树的所有叶子结点中包含了全部关键字的信息，且叶子结点本身按关键字的大小顺序链接，可以进行顺序查找，而B－树不支持顺序查找。答案为A。

30. 下面有关哈希表的叙述中正确的是________。

A. 哈希查找的时间与元素个数 n 成正比

B. 不管是开放地址法还是拉链法，查找时间都与装填因子 α 有关

C. 线性探测法存在堆积现象，而拉链法不存在堆积现象

D. 拉链法中装填因子 α 必须小于1

答：不管是开放地址法还是拉链法，查找时间都是装填因子 α 的函数。答案为B。

31. 在哈希查找过程中可用________来处理冲突。

A. 除留余数法　　B. 数字分析法

C. 线性探测法　　D. 关键字比较法

答：其中只有线性探测法是一种解决冲突的方法。答案为C。

32. 哈希表中出现同义词冲突是指________。

A. 两个元素具有相同的序号

B. 两个元素的关键字不同，而其他属性相同

C. 数据元素过多

D. 两个元素的关键字不同，而对应的哈希函数值相同

答：哈希表冲突也称为同义词冲突，指的是两个不同的关键字的哈希函数值相同。答案为D。

33. 为提高哈希(Hash)表的查找效率，可以采取的正确措施是________。

Ⅰ. 增大装填因子

Ⅱ. 设计冲突少的哈希函数

Ⅲ. 处理冲突时避免产生堆积现象

A. 仅Ⅰ　　B. 仅Ⅱ　　C. 仅Ⅰ、Ⅱ　　D. 仅Ⅱ、Ⅲ

答：装填因子 α 越大，发生冲突的可能性越大，所以Ⅰ错误。因为哈希表是由哈希函数和处理冲突两部分组成的，查找效率与这两部分有关，所以Ⅱ和Ⅲ是正确的。答案为D。

34. 在采用线性探查法解决冲突的哈希表中，引起堆积现象的原因是________。

A. 同义词之间发生冲突　　B. 非同义词之间发生冲突

C. 同义词或非同义词之间发生冲突　　D. 哈希表溢出

答：堆积现象是指多个非同义词的元素争夺同一个哈希地址。答案为B。

35. 假设有 k 个关键字互为同义词，若用线性探测法把这 k 个关键字插入哈希表中，至少要进行________次探测。

A. $k-1$　　B. k　　C. $k+1$　　D. $k(k+1)/2$

答：因 k 个关键字互为同义词，则只有插入第一个关键字为 k 的元素没有冲突，后面插入的均与前面插入的元素有冲突，所以至少需进行 $1+2+\cdots+k=k(k+1)/2$ 次探测。答案为D。

1.10 第10章 排序

1.10.1 问答题

1. 直接插入排序算法在含有 n 个元素的初始数据正序、反序和数据全部相等时，时间复杂度各是多少？

答：含有 n 个元素的初始数据正序时，直接插入排序算法的时间复杂度为 $O(n)$；含有 n 个元素的初始数据反序时，直接插入排序算法的时间复杂度为 $O(n^2)$；含有 n 个元素的初始数据全部相等时，直接插入排序算法的时间复杂度为 $O(n)$。

2. 折半插入排序和直接插入排序的平均时间复杂度都是 $O(n^2)$，为什么一般情况下折半插入排序要好于直接插入排序？

答：折半插入排序和直接插入排序移动元素的次数相同，但一般情况下两者的关键字比较次数不同。折半插入排序的关键字比较次数 $=\sum_{i=1}^{n-1}(\log_2(n+1)-1)\approx n\log_2 n$，而直接插入排序的关键字比较次数为 $O(n^2)$，所以一般情况下折半插入排序要好于直接插入排序 。

3. 希尔排序算法中每一趟都对各个组采用直接插入排序算法，为什么希尔排序算法比直接插入排序算法的效率更高，试举例说明。

答：希尔排序利用了直接插入排序的以下特性。

(1) 直接插入排序的平均时间复杂度为 $O(n^2)$，当希尔排序中某一趟分为 d 组时，每组约为 n/d 个元素，执行时间为 $d\times O((n/d)^2)=O(n^2)/d$。当 d 比较大时，一趟希尔排序的时间远小于直接插入排序的时间。希尔排序总共有 $\log_2 n$ 趟，总时间小于 $O(n^2)$。

(2) 直接插入排序算法在数据正序或接近正序时效率很高。在希尔排序中当 d 越来越小时数据序列越来越接近正序，当 $d=1$ 时数据序列几乎正序，所以最后一趟的执行时间为 $O(n)$。

假设有 $n=10$ 个元素排序，若用直接插入排序算法，时间大致为 $O(n^2)=100$。若采用希尔排序算法，各趟如下。

$d=5$：每组两个元素，所花时间为 $5\times 2^2=20$。

$d=2$：每组 5 个元素，所花时间为 $2\times 5^2=50$。

$d=1$：此时数据基本有序，所花时间为 $O(n)=10$。

这样希尔排序算法的总时间为 80，优于直接插入排序算法的总时间 100。

4. 采用什么方法可以改善快速排序算法在最坏情况下的时间性能？

答：改善快速排序算法在最坏情况下的时间性能是从划分的基准元素选择上实现的，主要有以下两种方法。

一种方法是采用“三者取中”方法，将当前区段首、尾和中间位置上的关键字进行比较，取三者之中值所对应的元素作为基准元素。

另一种方法是随机选取当前区段中的一个元素作为基准元素,相当于使当前区段中的元素随机分布。

5. 有如下快速排序算法,指出该算法是否正确,若不正确,请说明错误的原因。

```
void QuickSort(RecType[] R,int s,int t)                    //对 R[s..t]的元素进行快速排序
{  int i=s,j=t;
   int base;
   if(s<t)
   {     base=s;
         while(i!=j)
         {     while(j>i && R[j].key>R[base].key)
                    j--;
               R[i]=R[j];
               while(i<j && R[i].key<R[base].key)
                    i++;
               R[j]=R[i];
         }
         R[i]=R[base];
         QuickSort(R,s,i-1);                               //对左区间递归排序
         QuickSort(R,i+1,t);                               //对右区间递归排序
   }
}
```

答:这个算法是错误的。与正确的快速排序算法进行比较发现,本算法将原来 base 保存划分元素值改为保存划分元素的下标,由于在后面的比较移动中可能改变该 base 下标对应的元素值,因此造成 $R[i]=R[\text{base}]$时归位操作错误,从而引起排序失败。

6. 简述堆和二叉排序树的区别。

答:以小根堆为例,堆的特点是双亲结点的关键字必然小于等于孩子结点的关键字,而两个孩子结点的关键字没有次序规定。在二叉排序树中,每个双亲结点的关键字均大于左子树结点的关键字,每个双亲结点的关键字均小于右子树结点的关键字,也就是说每个双亲结点的左、右孩子的关键字有次序关系。

7. 一个有 n 个整数的数组 $R[1..n]$,其中所有元素是有序的,将其看成是一棵完全二叉树,该树构成了一个堆吗? 若不是,请给一个反例; 若是,请说明理由。

答:该数组一定构成一个堆,递增有序数组构成一个小根堆,递减有序数组构成一个大根堆。

以递增有序数组为例,假设数组元素为 k_1、k_2、…、k_n 是递增有序的,从中看出下标越大的元素值也越大,对于任一元素 k_i,有 $k_i<k_{2i}$,$k_i<k_{2i+1}$($i<\lceil n/2\rceil$),这正好满足小根堆的特性,所以构成一个小根堆。

8. 请回答下列关于堆排序中堆的一些问题:

(1) 堆的存储表示是顺序还是链式的?

(2) 设有一个小根堆,即堆中任意结点的关键字均小于它的左孩子和右孩子的关键字,其中具有最大关键字的结点可能在什么地方?

答：(1) 通常堆的存储表示是顺序的。因为堆排序将待排序序列看成是一棵完全二叉树，然后将其调整成一个堆。而完全二叉树特别适合于采用顺序存储结构，所以堆的存储表示采用顺序方式最合适。

(2) 小根堆中具有最大关键字的结点只可能出现在叶子结点中。因为最小堆的最小关键字的结点必是根结点，而最大关键字的结点由偏序关系可知，只有叶子结点可能是最大关键字的结点。

9. 在堆排序、快速排序和归并排序中：

(1) 若只从存储空间考虑，应首先选取哪种排序方法？其次选取哪种排序方法？最后选取哪种排序方法？

(2) 若只从排序结果的稳定性考虑，应选取哪种排序方法？

(3) 若只从最坏情况下的排序时间考虑，不应选取哪种排序方法？

答：(1) 若只从存储空间考虑，应首先选取堆排序(空间复杂度为 $O(1)$)，其次选取快速排序(空间复杂度为 $O(\log_2 n)$)，最后选取归并排序(空间复杂度为 $O(n)$)。

(2) 若只从排序结果的稳定性考虑，应选取归并排序。因为归并排序是稳定的，其他两种排序方法是不稳定的。

(3) 若只从最坏情况下的排序时间考虑，不应选取快速排序方法。因为快速排序方法最坏情况下的时间复杂度为 $O(n^2)$，其他两种排序方法在最坏情况下的时间复杂度为 $O(n\log_2 n)$。

10. 由二路归并排序的思想可以推广到三路归并排序，对 n 个元素采用三路归并排序，其总的归并趟数是多少？算法的时间和空间复杂度是多少？

答：在采用三路归并排序时，共需 $\lceil \log_3 n \rceil$ 趟排序。每一趟所花时间仍为 $O(n)$，所以算法的时间复杂度为 $O(n\log_3 n)$。

三路归并排序中最后一趟排序开辟的辅助空间为 $O(n)$，总的辅助空间仍为 $O(n)$，所以算法的空间复杂度为 $O(n)$。

11. 在基数排序的过程中用队列暂存排序的元素，是否可以用栈来代替队列？为什么？

答：在基数排序中不能用栈来代替队列。基数排序是一趟一趟进行的，从第 2 趟开始必须采用稳定的排序方法，否则排序结果可能不正确，若用栈代替队列，这样会使排序过程变得不稳定。

12. 什么是多路平衡归并？多路平衡归并的目的是什么？

答：归并过程可以用一棵归并树来表示。在多路平衡归并对应的归并树中，每个结点都是平衡的。k 路平衡归并的过程是第 1 趟归并将 m 个初始归并段归并为 $\lceil m/k \rceil$ 个归并段，以后每一趟归并将 l 个初始归并段归并为 $\lceil l/k \rceil$ 个归并段(不够的段用长度为 0 的虚段表示)，直到最后形成一个大的归并段为止。

m 个归并段采用 k 路平衡归并，其归并趟数 $s=\lceil \log_k m \rceil$，其趟数是所有归并方案中最少的，所以多路平衡归并的目的是减少归并趟数。

13. 外排序中的"败者树"和堆有什么区别？若用败者树求 k 个数中的最小值，在某次比较中得到 $a>b$，那么谁是败者？

答：外排序中的“败者树”和堆的区别如下。

败者树是在双亲结点中记下刚进行比较的败者(较大者)，让胜者(较小者)去参加更高一层的比较。堆可看作是一种“胜者树”，即双亲结点表示其左、右孩子中的胜者。

败者树中参加比较的 k 个关键字全部为叶子结点，双亲结点即为左、右孩子的败者，败者树中结点的总数为 $2k-1$，加上冠军结点，总结点个数为 $2k$。堆是由 k 个元素构成的完全二叉树，每个元素作为树中的一个结点，根结点是 k 个元素中的胜者，树中结点的总数为 k。

若用败者树求 k 个数中的最小者，在某次比较中得到 $a>b$，那么 a 是败者。

14. 设有 11 个长度(即包含的元素个数)不同的初始归并段，它们所包含的元素个数依次为 25、40、16、38、77、64、53、88、9、48 和 98，试根据它们做 4 路归并，要求：

(1) 指出采用 4 路平衡归并时总的归并趟数。

(2) 构造最佳归并树。

(3) 根据最佳归并树计算总的读写元素次数(假设一个页块含一个元素)。

答：(1) 采用 4 路平衡归并时总的归并趟数 $=\lceil \log_4 11 \rceil=2$。

(2) $m=11, k=4, (m-1)\%(k-1)=1\neq 0$，需要附加 $k-1-(m-1)\%(k-1)=2$ 个长度为 0 的虚归并段，4 路归并的最佳归并树如图 1.37 所示。

(3) 根据最佳归并树计算出 $\text{WPL}=(9+16)\times 3+(25+38+40+48+53+64+77)\times 2+(88+98)\times 1=951$，假设一个页块含一个元素，总的读写元素次数 $=2\text{WPL}=1902$。

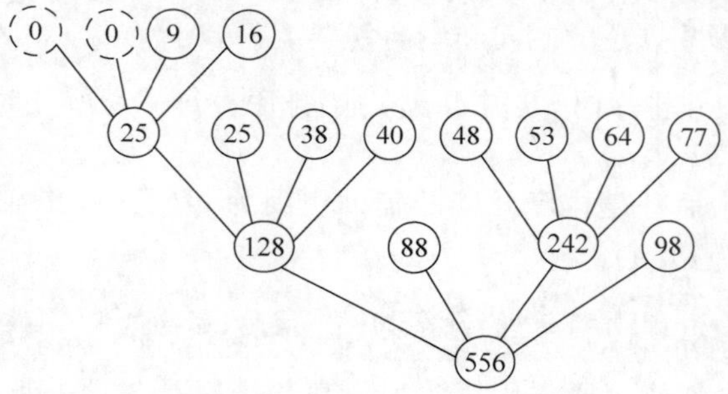

图 1.37　4 路归并的最佳归并树

1.10.2　算法设计题

1. 设计一个这样的直接插入排序算法：设整数数组为 $a[0..n-1]$，其中 $a[0..i-1]$ 为有序区、$a[i..n-1]$ 为无序区，对于排序的元素 $a[i]$，将其与有序区中的元素(从头开始)进行比较，找到一个刚好大于 $a[i]$ 的元素 $a[j]$ $(j<i)$，将 $a[j..i-1]$ 元素后移，然后将原 $a[i]$ 插入 $a[j]$ 处，要求给出每趟结束后的结果。

解：直接按要求实现题目的算法如下。

```
static void InsertSort2(int[] a,int n)
{ int tmp;
  for(int i=1;i<n;i++)
  {    if(a[i]<a[i-1])                    //反序时
```

```
        {   tmp=a[i];
            int j=0;
            while(j<i && tmp>a[j])
                j++;                          //在有序区中找到一个刚大于 tmp 的位置 j
            for(int k=i;k>j;k--)              //a[j..i-1]元素后移,以便腾出一个位置插入 tmp
                a[k]=a[k-1];
            a[j]=tmp;                         //在 j 位置处插入 tmp
        }
        System.out.printf(" i=%d: ",i);
        for(int k=0;k<n;k++)                  //输出一趟的结果
            System.out.printf("%2d ",a[k]);
        System.out.println();
    }
}
```

2. 对于含 n 个整数的数组 a,设计一个 3 分的希尔排序算法,即将希尔排序中的 $d=d/2$ 改为 $d=d/3$。

解:在 3 分的希尔排序算法中需要注意最后一趟一定是 $d=1$,所以当 $d=2$ 时将 d 修改为 $d=1$。对应的算法如下:

```
static void Shell2(int[] a,int n)             //3 分的希尔排序算法
{ int tmp;
  int d=n/3;
  while(true)
  {   for(int i=d;i<n;i++)
      {   tmp=a[i];
          int j=i-d;
          while(j>=0 && tmp<a[j])
          {   a[j+d]=a[j];
              j=j-d;
          }
          a[j+d]=tmp;
      }
      if(d==1) break;                         //d=1 的趟执行后退出
      else if(d==2) d=1;                      //d=2 时修改为 d=1
      else d=d/3;
  }
}
```

3. 设计一个算法,判断一个整数序列 $a[1..n]$是否构成一个大根堆。

解:当元素个数 n 为偶数时,最后一个分支结点(编号为 $n/2$)只有左孩子(编号为 n),其余分支结点均为双分支结点;当 n 为奇数时,所有分支结点均为双分支结点。对每个分支结点进行判断,只有一个分支结点不满足大根堆的定义,返回 false;如果所有分支结点均满足大根堆的定义,返回 true。对应的算法如下:

```
static boolean IsHeap(int[] a,int n)          //判断 a[1..n]是否为大根堆
{ if(n%2==0)                                  //当 n 为偶数时,判断最后一个分支结点
  {   if(a[n]>a[n/2])
          return false;                       //孩子结点较大时返回 false
      for(int i=n/2-1;i>=1;i--)               //判断所有双分支结点
```

```
            if(a[2 * i]> a[i] || a[2 * i+1]> a[i])
                return false;                    //孩子结点较大时返回 false
    }
    else                                         //当 n 为奇数时,所有分支结点均为双分支结点
    {   for(int i=n/2;i>=1;i--)                  //判断所有双分支结点
            if(a[2 * i]> a[i] || a[2 * i+1]> a[i])
                return false;                    //孩子结点较大时返回 false
    }
    return true;
}
```

4. 有一个整数序列 $a[0..n-1]$,设计以下快速排序的非递归算法:

(1) 用栈实现非递归,对于每次划分的两个子表,先将左子表进栈,再将右子表进栈。

(2) 用栈实现非递归,对于每次划分的两个子表,先将右子表进栈,再将左子表进栈。

(3) 用队列实现非递归,对于每次划分的两个子表,先将左子表进队,再将右子表进队。

解:栈或者队列中的每个元素表示表或者子表序列。其类型如下:

```
class DNode                                      //栈/队列元素类型
{   int low;                                     //上界
    int high;                                    //下界
    public DNode(int l,int h)                    //构造方法
    {   low=l;
        high=h;
    }
}
```

对于(1)的算法 QSort1,先将$[0,n-1]$进栈,在栈不空时循环:出栈一个子序列 $a[low..high]$,对其按首元素 $a[low]$进行划分,分为两个子序列 $a[low..i-1]$和 $a[i+1..high]$,将$[low,i-1]$和$[i+1,high]$进栈。(2)的算法 QSort2 和(3)的算法 QSort3 类似。各个算法如下:

```
static void QSort1(int[] a,int n)                //非递归快速排序 1
{ Stack<DNode> st=new Stack();
  DNode e,e1,e2;
  e=new DNode(0,n-1);
  st.push(e);                                    //[0,n-1]进栈
  while(!st.empty())                             //栈不空时循环
  {   e=st.pop();                                //出栈一个元素
      int low=e.low;
      int high=e.high;
      if(low<high)                               //当 a[low..high]中有一个以上元素时
      {   int i=Partition(a,low,high);           //调用划分算法
          e1=new DNode(low,i-1);                 //[low,i-1]进栈
          st.push(e1);
          e2=new DNode(i+1,high);                //[i+1,high]进栈
          st.push(e2);
      }
  }
}
static void QSort2(int[] a,int n)                //非递归快速排序 2
```

```
{  Stack<DNode> st=new Stack();
   DNode e,e1,e2;
   e=new DNode(0,n-1);
   st.push(e);                              //[0,n-1]进栈
   while(!st.empty())                       //栈不空时循环
     {   e=st.pop();                        //出栈一个元素
       int low=e.low;
       int high=e.high;
       if(low<high)                         //当 a[low..high]中有一个以上元素时
       {   int i=Partition(a,low,high);     //调用划分算法
           e2=new DNode(i+1,high);          //[i+1,high]进栈
           st.push(e2);
           e1=new DNode(low,i-1);           //[low,i-1]进栈
           st.push(e1);
       }
   }
}
static void QSort3(int[] a,int n)           //非递归快速排序 3
{  Queue<DNode> qu=new LinkedList();
   DNode e,e1,e2;
   e=new DNode(0,n-1);
   qu.offer(e);                             //[0,n-1]进队
   while(!qu.isEmpty())                     //队不空时循环
   {   e=qu.poll();                         //出队一个元素
       int low=e.low;
       int high=e.high;
       if(low<high)                         //当 a[low..high]中有一个以上元素时
       {   int i=Partition(a,low,high);     //调用划分算法
           e1=new DNode(low,i-1);           //[low,i-1]进队
           qu.offer(e1);
           e2=new DNode(i+1,high);          //[i+1,high]进队
           qu.offer(e2);
       }
   }
}
```

上述算法调用的 Partition()可以是《教程》10.3.2 节中的任意一种划分算法。

5. 有一个含 n 个整数的无序序列 $a[1..n]$，设计一个算法，从小到大顺序输出前 $k(1\leqslant k\leqslant n)$ 个最大的元素。

解法 1：先建立含 a 中全部 n 个元素的初始大根堆，i 从 n 到 $n-k-1$ 做 k 趟排序，将较大的 k 个元素归位，最后输出 $a[n-k+1..n]$，即从小到大顺序输出前 k 个最大的元素。对应的算法如下：

```
static void Sift(int a[],int low,int high)  //a[low..high]调整成大根堆
{  int i=low,j=2*i;                         //a[j]是 a[i]的左孩子
   int tmp=a[i];
   while(j<=high)
   {   if(j<high && a[j]<a[j+1])
           j++;                             //若右孩子较大,把 j 指向右孩子
       if(tmp<a[j])                         //若双亲关键字小于孩子关键字,需调整
```

```
        {   a[i]=a[j];                              //将a[j]调整到双亲结点位置上
            i=j;                                    //修改i和j值,以便继续向下筛选
            j=2*i;
        }
        else break;                                 //若双亲关键字大于两孩子关键字,筛选结束
    }
    a[i]=tmp;                                       //被筛选结点的值放入最终位置
}
static void Getkmin1(int a[],int n,int k)           //解法1:递增输出k个最大的元素
{   for(int i=n/2;i>=1;i--)                         //循环建立初始堆
        Sift(a,i,n);
    for(int i=n;i>n-k;i--)                          //进行k次循环,a[1..i]是大根堆
    {   int tmp=a[1];                               //将a[1]归位
        a[1]=a[i];
        a[i]=tmp;
        Sift(a,1,i-1);                              //对a[1..i-1]进行筛选
    }
    System.out.printf(" 前%2d个最大的元素: ",k);
    Disp(a,n-k+1,n);                                //输出结果
}
static void Disp(int[] a,int low,int high)          //输出a[low..high]
{   for(int i=low;i<=high;i++)
        System.out.print(a[i]+" ");
    System.out.println();
}
```

解法2:利用小根堆实现,为了简单采用Java的PriorityQueue<Integer>集合qu作为小根堆。先由a的前k个元素构建一个小根堆,再用i依次遍历a的其余元素,若$a[i]$大于堆顶元素,出队堆顶元素,再将$a[i]$进队;若$a[i]$小于等于堆顶元素,忽略它。当a遍历完毕后,qu中恰好有k个最大的元素,再依次出队所有元素,即从小到大顺序输出前k个最大的元素。对应的算法如下:

```
static void Getkmin2(int a[],int n,int k)                       //解法2:输出k个最大的元素
{   PriorityQueue<Integer> qu=new PriorityQueue<>();            //小根堆
    for(int i=1;i<=k;i++)                                       //前k个元素进队
        qu.offer(a[i]);
    for(int i=k+1;i<=n;i++)                                     //遍历其他元素
    {   if(a[i]>qu.peek())                                      //将较大元素替代根
        {   qu.poll();
            qu.offer(a[i]);
        }
    }
    System.out.printf(" 前%2d个最大的元素: ",k);
    while(!qu.isEmpty())                                        //输出结果
        System.out.print(qu.poll()+" ");
    System.out.println();
}
```

6. 设$a[0..n-1]$表示n个学生的分数,每个分数在0到100之间,大于等于90为等级A,小于90但大于等于80为B,小于80但大于等于70为C,小于70但大于等于60为D,其

他为 E。设计一个算法，将所有分数按等级 A 到 E 的顺序输出，相同等级按在 a 中的初始顺序输出。

解：利用基数排序来实现，将等级 A～E 分别用 0～4 表示，对应的基数为 5，采用一趟基数排序即可。假设 a 整数序列采用不带头结点的单链表 h 存储，排序后的单链表 h 就是所求结果。对应的算法如下：

```
private int geti(int key)                    //求分数对应的等级
{ if(key>=90) return 0;
  else if(key>=80) return 1;
  else if(key>=70) return 2;
  else if(key>=60) return 3;
  else return 4;
}
public void RadixSort()                      //分数的基数排序算法
{ int r=5;
  LinkNode p,t=null;
  LinkNode[] head=new LinkNode[5];           //建立链队队头数组
  LinkNode[] tail=new LinkNode[5];           //建立链队队尾数组
  for(int j=0;j<r;j++)                       //初始化各链队的首、尾指针
      head[j]=tail[j]=null;
  p=h;
  while(p!=null)                             //分配:对于原链表中的每个结点循环
  {    int k=geti(p.key);                    //提取结点关键字的第 i 个位 k
       if(head[k]==null)                     //第 k 个链队空时队头、队尾均指向 p 结点
       {    head[k]=p;
            tail[k]=p;
       }
       else                                  //第 k 个链队非空时 p 结点进队
       {    tail[k].next=p;
            tail[k]=p;
       }
       p=p.next;                             //取下一个结点
  }
  h=null;                                    //重新用 h 来收集所有结点
  for(int j=0;j<r;j++)                       //收集:对于每一个链队循环
       if(head[j]!=null)                     //若第 j 个链队是第一个非空链队
       {    if(h==null)
            {    h=head[j];
                 t=tail[j];
            }
            else                             //若第 j 个链队是其他非空链队
            {    t.next=head[j];
                 t=tail[j];
            }
       }
  t.next=null;                               //尾结点的 next 置空
}
```

1.10.3 补充的单项选择题

1. 对有 n 个元素的顺序表进行直接插入排序，在最坏情况下需比较________次关键字。

A. $n-1$　　B. $n+1$　　C. $n/2$　　D. $n(n-1)/2$

答：当待排序序列反序时，关键字比较次数 $=1+2+\cdots+(n-1)=n(n-1)/2$。答案为D。

2. 对同一待排序序列分别进行折半插入排序和直接插入排序，两者之间可能的不同之处是________。

A. 排序的总趟数　　B. 元素的移动次数
C. 使用辅助空间的数量　　D. 元素之间的比较次数

答：折半插入排序和直接插入排序相比主要是在有序区采用折半查找插入元素位置，当排序元素个数较多时会减少元素之间的比较次数，但不会减少元素的移动次数，也不会减少排序的总趟数。答案为D。

3. 以下排序方法中不稳定的排序方法是________。

A. 冒泡排序　　B. 直接插入排序
C. 希尔排序　　D. 二路归并排序

答：4种排序方法中只有希尔排序是不稳定的。答案为C。

说明：一般地，某种排序方法中出现相隔较远的两个元素交换，该排序方法是不稳定的，如果仅有相隔较近(或者相邻)的两个元素交换，该排序方法是稳定的。

4. 对整数序列(8,9,10,4,5,6,20,1,2)进行递增排序，采用每趟冒出一个最小元素的冒泡排序算法，需要进行的趟数是________。

A. 3　　B. 4　　C. 6　　D. 8

答：对应的排序过程如下。

初始：8 9 10 4 5 6 20 1 2

$i=0$：1 8 9 10 4 5 6 20 2

$i=1$：1 2 8 9 10 4 5 6 20

$i=2$：1 2 4 8 9 10 5 6 20

$i=3$：1 2 4 5 8 9 10 6 20

$i=4$：1 2 4 5 6 8 9 10 20

$i=5$：1 2 4 5 6 8 9 10 20

在第6趟后才能确定所有整数序列是递增有序的，此时结束。答案为C。

5. 对一组数据(2,12,16,88,5,10)进行排序，若前3趟的结果如下：

第1趟：2,12,16,5,10,88

第2趟：2,12,5,10,16,88

第3趟：2,5,10,12,16,88

则采用的排序方法可能是________。

A. 冒泡排序　　B. 希尔排序　　C. 二路归并排序　　D. 基数排序

答：希尔排序第1趟会将(2,16,5)分为一组后将其排序，从第1趟结果看出不可能是希尔排序。二路归并排序会将(16,88)分为一组后将其排序，从第1趟结果看出不可能是归并排序。基数排序第1趟的结果会将个位数或十位数排在相邻位置，也就是第1趟会将2、5相邻或12、16、10相邻，从第1趟结果看出不可能是基数排序，而且由于所有关键字最多两位，只能进行两趟基数排序。答案为A。

6. 对 8 个元素的顺序表进行快速排序，在最好情况下元素之间的比较次数为________次。

A. 7　　B. 8　　C. 12　　D. 13

答：8 个元素的顺序表采用快速排序的最好情况如图 1.38 所示，共做 4 次划分，每次 n 个元素划分的元素比较次数为 $n-1$ 次，总的比较次数 $=7+2+3+1=13$。答案为 D。

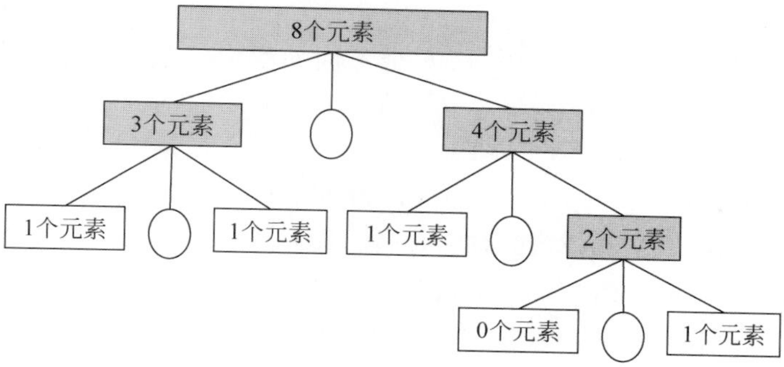

图 1.38　8 个元素快速排序的最好情况

7. 对关键字序列(28,16,32,12,60,2,5,72)进行快速排序，第 1 趟从小到大一次划分结果为________。

A. (2,5,12,16)26(60 32 72)　　B. (5,16,2,12)28(60,32,72)

C. (2,16,12,5)28(60,32,72)　　D. (5,16,2,12)28(32,60,72)

答：默认以首元素 28 为 base 采用 Partition2 算法进行划分，过程如下。

第 1 趟循环：从后向前找到小于 base 的元素 5，前移到 28 位置，从前向后找到大于 base 的元素 32，后移到原来为 5 的位置，结果是(5,16,32,12,60,2,32,72)。

第 2 趟循环：从后向前找到小于 base 的元素 2，前移到原来为 32 的位置，从前向后找到大于 base 的元素 60，后移到原来为 2 的位置，结果是(5,16,2,12,60,60,32,72)。

此时 $i=j$，将 base 放在原来为 60 的位置，结果是(5,16,2,12,28,60,32,72)。答案为 B。

8. 以下关于快速排序的叙述中正确的是________。

A. 快速排序在所有排序方法中最快，而且所需辅助空间也最少

B. 在快速排序中不可以用队列替代栈

C. 快速排序的空间复杂度为 $O(n)$

D. 快速排序在待排序的数据随机分布时效率最高

答：快速排序在待排序的数据随机分布时，一次划分产生两个长度差不多的子表，此时效率最高。答案为 D。

9. 设有 n(n 为大于 10 000 的整数)个无序元素，希望用最快速度从中选择前 k($1 \leqslant k \leqslant n$)个关键字最小的元素，在以下排序方法中应选择________。

A. 快速排序　　B. 希尔排序

C. 二路归并排序　　D. 直接插入排序

答：在采用快速排序时不必全部排序，若划分的元素位置 $i=k-1$，则 $R[0..i]$就是前 k 个关键字最小的元素，此时平均时间复杂度为 $O(n)$。答案为 A。

10. 在一般情况下，以下排序算法中元素移动次数最少的是________。

A. 直接插入排序　B. 冒泡排序　C. 简单选择排序　D. 都一样

答：简单选择排序移动元素的次数为 0～3(n－1)，在一般情况下比直接插入排序和冒泡排序移动元素的次数要少。答案为 C。

11. 从 2^n 个不同的元素中选择最小元素所需的关键字比较次数最少是________次。

A. n　B. 2^n　C. 2^n-1　D. $n-1$

答：这里只能采用简单比较方法，从 k 个不同元素中找最小(或者最大)元素必须比 $k-1$ 次。答案为 C。

12. 以下序列不是堆的是________。

A. (100,85,98,77,80,60,82,40,20,10,66)

B. (100,98,85,82,80,77,66,60,40,20,10)

C. (10,20,40,60,66,77,80,82,85,98,100)

D. (100,85,40,77,80,60,66,98,82,10,20)

答：为各序列画出对应的完全二叉树，再进行判断，A 序列和 B 序列为大根堆，C 序列为小根堆。答案为 D。

13. 有一个整数序列为(15,9,7,8,20,－1,7,4)，用堆排序的筛选方法建立的初始堆为________。

A. (－1,4,8,9,20,7,15,7)　B. (－1,7,15,7,4,8,20,9)

C. (－1,4,7,8,20,15,7,9)　D. 以上都不对

答：这里的初始堆应该为小根堆，由(15,9,7,8,20,－1,7,4)筛选出的小根堆如图 1.39 所示。答案为 C。

14. 在二路归并排序中归并的趟数是________。

A. n

B. $\lceil \log_2 n \rceil$

C. $\lceil \log_2 n \rceil+1$

D. n^2

答：n 个元素采用二路归并排序时归并树的高度为 $\lceil \log_2 n \rceil+1$，归并的趟数为 $\lceil \log_2 n \rceil$。答案为 B。

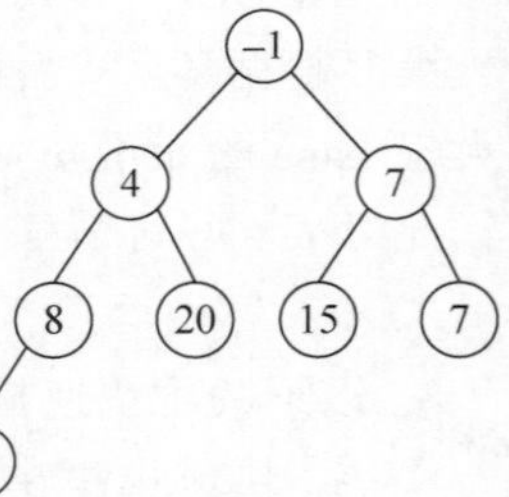

图 1.39　一个小根堆

15. 在以下排序方法中，________不需要进行关键字的比较。

A. 快速排序　B. 二路归并排序　C. 基数排序　D. 堆排序

答：基数排序不需要关键字的比较。答案为 C。

16. 在以下 4 个线性表中，最适合采用基数排序的是________。

A. 10 000 个实数

B. 1000 个由字母、数字和其他字符组成的字符串

C. 1000 个 int 类型的整数

D. 10 000 个 100 以内的正整数

答：选项 C 中有可能出现负整数，最适合基数排序的是 10 000 个 100 以内的正整数。答案为 D。

17. 对给定的关键字序列(110,119,007,911,114,120,122)进行基数排序,则第 2 趟分配收集后得到的关键字序列是________。

A. 007,110,119,114,911,120,122

B. 007,110,119,114,911,122,120

C. 007,110,911,114,119,120,122

D. 110,120,911,122,114,007,119

答:这里基数排序的第 1 趟排序是按照个位数字来排序的,第 2 趟排序是按照十位数字的大小进行排序的。答案为 C。

18. 在以下排序方法中,________在初始序列已基本有序的情况下排序效率最高。

A. 冒泡排序　　B. 直接插入排序　　C. 快速排序　　D. 堆排序

答:直接插入排序在初始序列已基本有序的情况下排序效率最高。答案为 B。

19. 数据序列(8,9,10,4,5,6,20,1,2)只能是________算法两趟排序后的结果。

A. 简单选择排序　　B. 冒泡排序　　C. 直接插入排序　　D. 堆排序

答:简单选择排序、冒泡排序和堆排序在两趟排序后产生两个元素的全局有序区,而(8,9,10,4,5,6,20,1,2)序列中没有两个元素的全局有序区。答案为 C。

20. 在以下排序算法中,________在最后一趟排序结束之前可能所有元素都没有放到其最终位置上。

A. 简单选择排序　　B. 希尔排序　　C. 堆排序　　D. 冒泡排序

答:简单选择排序、堆排序和冒泡排序中每趟产生全局有序区,希尔排序中每趟不产生明确的有序区。答案为 B。

21. 在下列排序方法中,________在一趟结束后不一定能选出一个元素放在其最终位置上。

A. 简单选择排序　　B. 冒泡排序　　C. 二路归并排序　　D. 堆排序

答:简单选择排序、冒泡排序和堆排序中每趟产生全局有序区,全局有序区中的元素放在其最终位置上。答案为 C。

22. 整数序列(3,2,4,1,5,6,8,7)是第 1 趟递减排序后的结果,则采用的排序方法可能是________。

A. 快速排序　　B. 冒泡排序

C. 堆排序　　D. 简单选择排序

答:冒泡排序、堆排序和简单选择排序中每趟产生全局有序区,这里前后没有全局有序区,但元素 5 是归位的元素。答案为 A。

23. 整数序列(5,4,15,10,3,2,9,6,1)是某排序方法第 1 趟排序后的结果,该排序方法可能是________。

A. 冒泡排序　　B. 二路归并排序

C. 堆排序　　D. 简单选择排序

答:冒泡排序、堆排序和简单选择排序中每趟产生全局有序区,这里看不出全局有序。答案为 B。

24. 以下关于外排序的叙述中正确的是________。

A. 外排序把外存文件调入内存,再利用内排序进行排序,所以外排序所花的时间

完全由采用的内排序决定

B. 外排序分为产生初始归并段和多路归并两个阶段

C. 外排序并不涉及文件的读/写操作

D. 外排序完全可以由内排序来替代

答：外排序一般分为产生初始归并段和多路归并两个阶段。答案为 B。

25. 将一个由置换-选择排序方法得到的输出文件 F_1 作为输入文件再次进行置换-选择排序，得到输出文件 F_2，那么 F_1 和 F_2 的差异是________。

A. F_2 归并段的个数减少

B. F_2 中归并段的最大长度增大

C. F_2 和 F_1 无差异

D. 归并段个数及各归并段长度均不变，但 F_2 中可能存在与 F_1 不同的归并段

答：由于 F_1 是有序的，再次进行置换-选择排序得到的输出文件 F_2 与 F_1 相同。答案为 C。

26. 采用败者树进行 k 路平衡归并的外排序算法，其总的归并效率与 k ________。

A. 有关　　B. 无关

答：在 k 路平衡归并中若采用败者树选择最小元素，则总的归并效率与 k 无关，此时可以根据内存容量选择较大的 k，这样元素的读/写次数减少，提高了外排序的效率。答案为 B。

27. 对 m 个初始归并段实施 k 路平衡归并排序，所需的归并趟数是________。

A. 1　　B. m/k　　C. $\lceil m/k \rceil$　　D. $\lceil \log_k m \rceil$

答：m 个初始归并段实施 k 路平衡归并排序的趟数是 $\lceil \log_k m \rceil$。答案为 D。

28. 设有 100 个初始归并段，如采用 k 路平衡归并 3 趟完成排序，则 k 值是________。

A. 5　　B. 6　　C. 7　　D. 8

答：k 越大归并的趟数越少，如 $k=100$，一趟即可完成；反之，k 越小归并的趟数越多，如 $k=2$，需要 7 趟。这里 $m=100$，要求 $\lceil \log_k m \rceil=3$，求得 $k=5$。答案为 A。

29. m 个初始归并段采用 k 路平衡归并时，构建的败者树中共有________个结点(不计冠军结点)。

A. $2k-1$　　B. $2k$　　C. $2m$　　D. $2m-1$

答：k 路平衡归并的败者树是这样的完全二叉树(不计冠军结点)，恰好有 k 个叶子结点，并且没有单分支结点，则 $n=n_0+n_2=2n_0-1=2k-1$。答案为 A。

30. 对于 100 个长度不等的初始归并段，构建 5 路最佳归并树时需要增加________个虚段。

A. 0　　B. 1　　C. 2　　D. 3

答：这里 $m=100, k=5, x=(m-1)\%(k-1)=3$，需要增加 $k-1-x=1$ 个虚段。答案为 B。

CHAPTER 2

第2章 上机实验题参考答案

2.1 第1章 绪论

1. 从"https://docs.oracle.com/"网站下载并安装 Java 1.8,通过该网站中的"javase/8/docs/"阅读相关技术文档。

解:略。

2. 编写一个 Java 程序,求一元二次方程 $ax^2+bx+c=0$ 的根,并用相关数据测试。

解:设计 solve()方法求方程的根,用 Solution 类对象 s 返回结果,用 disp()方法输出结果。对应的程序如下:

```
class Solution                                              //存放解
{ int cnt;                                                  //根的个数
  double x1;                                                //根 1
  double x2;                                                //根 2
}
public class Exp2
{ static Solution solve(double a,double b,double c)         //求方程的根
  {   Solution s=new Solution();
      double d=b*b-4*a*c;
      if(d<0)
          s.cnt=0;
      else if(Math.abs(d)<=0.0001)                          //等于 0
      {   s.cnt=1;
          s.x1=(-b+Math.sqrt(d))/(2*a);
      }
      else
      {   s.cnt=2;
          s.x1=(-b+Math.sqrt(d))/(2*a);
          s.x2=(-b-Math.sqrt(d))/(2*a);
      }
      return s;
```

```
    }
    static void disp(Solution s)                                    //输出结果
    {   if(s.cnt==0)
            System.out.println("无根");
        else if(s.cnt==1)
            System.out.printf("一个根为%.1f\n",s.x1);
        else
            System.out.printf("两个根为%.1f 和%.1f\n",s.x1,s.x2);
    }
    public static void main(String[] args)
    {   Solution s;
        double a=2,b=-3,c=4;
        System.out.printf("\n 测试 1\n");
        System.out.printf(" a=%.1f, b=%.1f, c=%.1f ",a,b,c);
        s=solve(a,b,c);
        disp(s);
        a=1; b=-2; c=1;
        System.out.printf("\n 测试 2\n");
        System.out.printf(" a=%.1f, b=%.1f, c=%.1f ",a,b,c);
        s=solve(a,b,c);
        disp(s);
        a=2; b=-1; c=-1;
        System.out.printf("\n 测试 3\n");
        System.out.printf(" a=%.1f, b=%.1f, c=%.1f ",a,b,c);
        s=solve(a,b,c);
        disp(s);
    }
}
```

上述程序的执行结果如图 2.1 所示。

3. 求 $1+(1+2)+(1+2+3)+\cdots+(1+2+3+\cdots+n)$ 有 3 种解法,解法 1 是采用两重迭代,依次求出 $(1+2+\cdots+i)$ 后累加;解法 2 是采用一重迭代,利用 $i(i+1)/2$ 求和后再累加;解法 3 是直接利用 $n(n+1)(n+2)/6$ 求和。

编写一个 Java 程序,利用上述解法求 $n=1000$ 的结果,并且给出各种解法的运行时间。

解:3 种解法的方法分别是 solve1、solve2 和 solve3,对应的实验程序如下。

```
public class Exp3
{ static long solve1(int n)                                         //解法 1
  {   long sum=0;
      for(int i=1;i<=n;i++)
          for(int j=1;j<=i;j++)
              sum+=j;
      return sum;
  }
  static long solve2(int n)                                         //解法 2
  {   long sum=0,sum1=0;
      for(int i=1;i<=n;i++)
      {   sum1+=i;
          sum+=sum1;
      }
```

```
        return sum;
    }
    static long solve3(int n)                                    //解法 3
    {   long sum=n*(n+1)*(n+2)/6;
        return sum;
    }
    public static void main(String[] args)
    {   int n=1000;
        System.out.printf("\n n=%d\n",n);
        long startTime=System.nanoTime();                        //获取开始时间
        System.out.println(" 解法 1 sum1="+solve1(n));
        long endTime=System.nanoTime();                          //获取结束时间
        System.out.println(" 运行时间: "+(endTime-startTime)+"ns");
        startTime=System.nanoTime();                             //获取开始时间
        System.out.println(" 解法 2 sum2="+solve2(n));
        endTime=System.nanoTime();                               //获取结束时间
        System.out.println(" 运行时间: "+(endTime-startTime)+"ns");
        startTime=System.nanoTime();                             //获取开始时间
        System.out.println(" 解法 3 sum3="+solve3(n));
        endTime=System.nanoTime();                               //获取结束时间
        System.out.println(" 运行时间: "+(endTime-startTime)+"ns");
    }
}
```

上述程序的执行结果如图 2.2 所示。解法 2 和解法 3 差别不大的原因是因为执行输出语句的时间总是相同的。

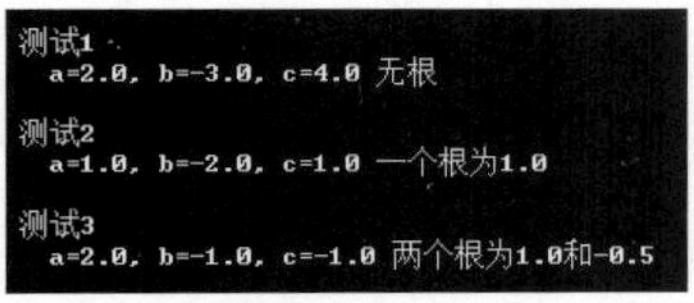

图 2.1　第 1 章实验题 2 的执行结果

图 2.2　第 1 章实验题 3 的执行结果

2.2　第 2 章　线性表

1. 编写一个简单学生成绩管理程序，每个学生记录包含学号、姓名、课程和分数成员，采用顺序表存储，完成以下功能：

(1) 屏幕显示所有学生记录。

(2) 输入一个学生记录。

(3) 按学号和课程删除一个学生记录。

(4) 按学号排序并输出所有学生记录。

(5) 按课程排序，一门课程学生按分数递减排序。

解：设计学生记录类 Stud，包含学生学号、姓名、课程和分数成员，以及构造方法、输出一个学生记录的方法和用于排序的 get 方法。

```
class Stud                                                       //学生记录类
{   int no;                                                      //学号
```

```
    String name;                                                    //姓名
    String course;                                                  //课程
    int fraction;                                                   //分数
    public Stud(int no1,String name1,String course1,int fraction1)  //构造方法
    {   no=no1;
        name=name1;
        course=course1;
        fraction=fraction1;
    }
    public int getno()
    {
        return no;
    }
    public String getcourse()
    {
        return course;
    }
    public int getfraction()
    {
        return fraction;
    }
    public void disp()
    {
        System.out.println(" 学号:"+no+" 姓名:"+name+" 课程:"+
                course+" 分数:"+fraction);
    }
}
```

再设计包括相关基本运算算法的 StudList 类,其中采用 ArrayList 类对象 sl 作为学生顺序表,存放输入的所有学生记录。学生记录的插入、删除和排序等直接利用 ArrayList 类的方法实现。

```
class StudList
{   ArrayList<Stud> sl;                                 //顺序表
    public StudList()                                   //构造方法
    {
        sl=new ArrayList<Stud>();
    }
    public void Addstud()                               //输入一个学生记录
    {   Scanner in=new Scanner(System.in);              //使用 Scanner 类定义对象
        System.out.println(" 输入一个学生记录");
        System.out.print(" 学号: ");
        int no1=in.nextInt();
        System.out.print(" 姓名: ");
        String name1=in.next();
        System.out.print(" 课程: ");
        String course1=in.next();
        System.out.print(" 分数: ");
        int fraction1=in.nextInt();
        sl.add(new Stud(no1,name1,course1,fraction1));
    }
    public void Dispstud()                            //输出所有学生记录
    {   if(sl.size()>0)
        {   System.out.println(" ** 所有学生记录");
```

```
            for(int i=0;i<sl.size();i++)
                sl.get(i).disp();
        }
        else System.out.println(" ** 没有任何学生记录");
    }
public void Delstud()                                   //删除指定学号指定课程的学生记录
{   Scanner in=new Scanner(System.in);                  //使用 Scanner 类定义对象
    System.out.print(" 删除的学号: ");
    int no1=in.nextInt();
    System.out.print(" 课程: ");
    String course1=in.next();
    int i=0;
    boolean find=false;
    while(i<sl.size())
    {   Stud s=sl.get(i);
        if(s.no==no1 && s.course.equals(course1))
        {   find=true;
            break;
        }
        i++;
    }
    if(find)
    {   sl.remove(i);
        System.out.println(" ** 成功删除该学号学生的成绩记录");
    }
    else
        System.out.println(" ** 没有找到该学生的成绩记录");
}
  public void Sort1()                                   //按学号递增排序
  {   sl.sort(Comparator.comparing(Stud::getno));
      Dispstud();
  }
  public void Sort2()                                   //按课程、分数递减排序
  {   sl.sort(Comparator.comparing(Stud::getcourse).
          thenComparing(Stud::getfraction).reversed());
      Dispstud();
  }
}
```

最后设计包含主方法的 Exp1 类如下：

```
public class Exp1
{ public static void main(String[] args) throws IOException,NotSerializableException
  {   int sel;
      StudList L=new StudList();
      Scanner in=new Scanner(System.in);                //使用 Scanner 类定义对象
      while(true)
      {   System.out.print("1.显示全部记录 2.输入 3.删除 4.学号排序 5.课程排序 0:退出");
          System.out.print("  请选择: ");
          sel=in.nextInt();
          switch(sel)
          {   case 0:break;
              case 1:L.Dispstud();break;
              case 2:L.Addstud();break;
```

```
                case 3:L.Delstud();break;
                case 4:L.Sort1();break;
                case 5:L.Sort2();break;
            }
            if(sel==0) break;
        }
    }
}
```

上述程序的执行结果如图 2.3 所示。

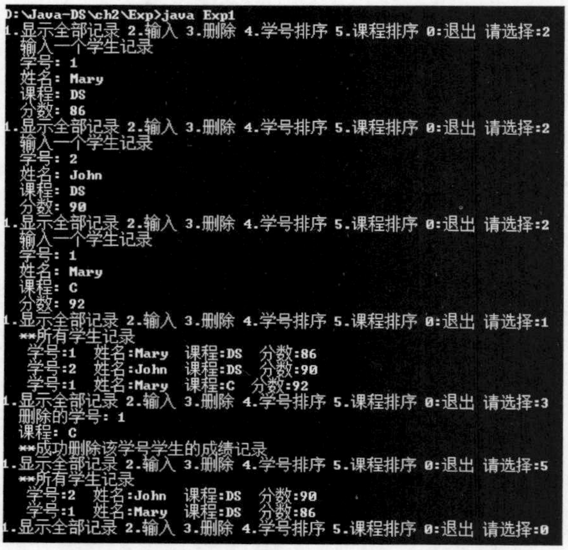

图 2.3　第 2 章实验题 1 的执行结果

2. 在《教程》2.5 节求解两个多项式相加运算的基础上编写一个实验程序,采用单链表存放多项式,实现两个多项式相乘运算,通过相关数据进行测试。

解:以两个多项式 $p(x)=2x^3+3x^2+5$ 和 $q(x)=2x+1$ 相乘为例说明,用多项式对象 $L1$ 存放 $p(x)$,多项式对象 L2 存放 $q(x)$,多项式对象 $L3$ 存放相乘的结果,先置 $L3$ 为空。其过程如下:

(1) 由 $L1$ 的第 1 个多项式项 $2x^3$ 与 $L2$ 相乘得到多项式对象 tmpL,tmpL$=4x^4+2x^3$。将 $L3$ 与 tmpL 相加,得到 $L3=4x^4+2x^3$。注意,由于每个多项式中没有相同指数的项,所以生成的 tmpL 中也一定没有相同指数的项。

(2) 由 $L1$ 的第 2 个多项式项 $3x^2$ 与 $L2$ 相乘得到多项式对象 tmpL,tmpL$=6x^3+3x^2$。将 $L3$ 与 tmpL 相加,得到 $L3=4x^4+8x^3+3x^2$。

(3) 由 $L1$ 的第 3 个多项式项 5 与 $L2$ 相乘得到多项式对象 tmpL,tmpL$=10x+5$。将 $L3$ 与 tmpL 相加,得到 $L3=4x^4+8x^3+3x^2+10x+5$。

这样得到的 $L3$ 就是最终结果。设计以下两个方法分别用于求 $L1$ 中一个多项式项 p 与 L 相乘的多项式和求两个多项式 $L1$、$L2$ 相乘运算的结果:

public static PolyClass aMulti(PolyNode p, PolyClass L):求 p 与 L 相乘的多项式
public static PolyClass Multi(PolyClass L1, PolyClass L2):两个多项式相乘的运算

完整的实验程序如下：

```
import java.util.*;
import java.io.FileInputStream;
import java.io.FileNotFoundException;
import java.io.PrintStream;
class PolyNode                                          //单链表结点类型
{  public double coef;                                  //系数
   public int exp;                                      //指数
   public PolyNode next;                                //指针成员
   PolyNode()                                           //构造方法
   {
       next=null;
   }
   PolyNode(double c,int e)                             //重载构造方法
   {   coef=c;
       exp=e;
       next=null;
   }
}
class PolyClass                                         //多项式单链表类
{ PolyNode head;                                        //存放多项式单链表头结点
  public PolyClass()                                    //构造方法
  {
      head=new PolyNode();                              //建立头结点 head
  }
  public void CreatePoly(double[] a,int[] b,int n)      //采用尾插法建立多项式单链表
  {   PolyNode s,t;
      t=head;                                           //t 始终指向尾结点，开始时指向头结点
      for(int i=0;i<n;i++)
      {   s=new PolyNode(a[i],b[i]);                    //创建新结点 s
          t.next=s;                                     //在 t 结点之后插入 s 结点
          t=s;
      }
      t.next=null;                                      //尾结点的 next 域置为 null
  }
  public void Sort()                                    //对多项式单链表按 exp 域递减排序
  {   PolyNode p,pre,q;
      q=head.next;                                      //q 指向开始结点
      if(q==null) return;                               //原单链表空时返回
      p=head.next.next;                                 //p 指向 q 结点的后继结点
      if(p==null) return;                               //原单链表只有一个数据结点时返回
      q.next=null;                                      //构造只含一个数据结点的有序单链表
      while(p!=null)
      {   q=p.next;                                     //q 用于临时保存 p 结点的后继结点
          pre=head;                                     //pre 指向插入结点 p 的前驱结点
          while(pre.next!=null && pre.next.exp>p.exp)
              pre=pre.next;                             //在有序表中找插入结点 p 的前驱结点 pre
          p.next=pre.next;                              //在 pre 结点之后插入 p 结点
          pre.next=p;
          p=q;                                          //扫描原单链表余下的结点
```

```
        }
    }
    public void DispPoly()                                  //输出多项式单链表
    {   boolean first=true;                                 //first 为 true 表示是第一项
        PolyNode p=head.next;
        while(p!=null)
        {   if(first) first=false;
            else if(p.coef>0) System.out.print("+");
            if(p.exp==0)                                    //指数为 0 时不输出"x"
                System.out.print(p.coef);
            else if(p.exp==1)                               //指数为 1 时不输出指数
                System.out.print(p.coef+"x");
            else
                System.out.print(p.coef+"x^"+p.exp);
            p=p.next;
        }
        System.out.println();
    }
}
public class Exp2
{ public static PolyClass Add(PolyClass L1,PolyClass L2)   //两个多项式相加的运算
    {   PolyNode p,q,s,t;                                   //t 始终指向 L3 的尾结点
        double c;
        PolyClass L3=new PolyClass();
        t=L3.head;
        p=L1.head.next;
        q=L2.head.next;
        while(p!=null && q!=null)
        {   if(p.exp>q.exp)                                 //L1 的结点的指数较大
            {   s=new PolyNode(p.coef,p.exp);
                t.next=s; t=s;
                p=p.next;
            }
            else if(p.exp<q.exp)                            //L2 的结点的指数较大
            {   s=new PolyNode(q.coef,q.exp);
                t.next=s; t=s;
                q=q.next;
            }
            else                                            //两个结点的指数相等
            {   c=p.coef+q.coef;                            //求两指数相等结点的系数和 c
                if(c!=0)                                    //系数和 c 不为 0 时
                {   s=new PolyNode(c,p.exp);                //新建结点 s
                    t.next=s; t=s;                          //将结点 s 链接到 L3 末尾
                }
                p=p.next; q=q.next;
            }
        }
        t.next=null;                                        //尾结点的 next 域置为 null
        if(p!=null) t.next=p;
        if(q!=null) t.next=q;
        return L3;
```

```
}
public static PolyClass aMulti(PolyNode p,PolyClass L)  //求 p 与 L 相乘的多项式
{   PolyClass L1=new PolyClass();
    PolyNode q=L.head.next,s,t;
    t=L1.head;                                  //t 始终指向 L1 的尾结点
    double c;
    int e;
    while(q!=null)
    {   c=p.coef * q.coef;                      //两项系数相乘
        e=p.exp+q.exp;                          //两项指数相加
        s=new PolyNode(c,e);                    //建立新结点 s
        t.next=s; t=s;                          //s 结点链接到 L1 末尾
        q=q.next;
    }
    t.next=null;                                //尾结点的 next 域置为 null
    return L1;                                  //返回 L1
}
public static PolyClass Multi(PolyClass L1,PolyClass L2)//两个多项式相乘的运算
{   PolyNode p,q,s,t;
    double c;
    PolyClass L3=new PolyClass(),tmpL;
    t=L3.head;                                  //t 始终指向 L3 的尾结点
    p=L1.head.next;
    while(p!=null)                              //遍历 L1 的每个多项式项
    {   tmpL=aMulti(p,L2);                      //p 结点多项式项与 L2 相乘得到 tmpL
        L3=Add(L3,tmpL);                        //L3 与 tmpL 相加得到 L3
        p=p.next;
    }
    return L3;                                  //返回 L3
}
public static void main(String[] args) throws FileNotFoundException
{   System.setIn(new FileInputStream("abc.in"));   //将标准输入流重定向至 abc.in
    Scanner fin = new Scanner(System.in);
    System.setOut(new PrintStream("abc.out"));     //将标准输出流重定向至 abc.out
    PolyClass L1=new PolyClass();
    PolyClass L2=new PolyClass();
    PolyClass L3;
    double[] a=new double[100];
    int[] b=new int[100];
    int n;
    n = fin.nextInt();                          //输入第 1 个多项式的 n
    for(int i=0;i<n;i++)                        //输入第 1 个多项式系数数组 a
        a[i]=fin.nextDouble();
    for(int i=0;i<n;i++)                        //输入第 1 个多项式指数数组 b
        b[i]=fin.nextInt();
    L1.CreatePoly(a,b,n);                       //创建第 1 个多项式单链表
    System.out.print("第 1 个多项式: "); L1.DispPoly();
    L1.Sort();                                  //第 1 个多项式按指数递减排序
    System.out.print("排序后结果: "); L1.DispPoly();
    n = fin.nextInt();                          //输入第 2 个多项式的 n
    for(int i=0;i<n;i++)                        //输入第 2 个多项式系数数组 a
```

```
            a[i]=fin.nextDouble();
        for(int i=0;i<n;i++)                            //输入第2个多项式指数数组b
            b[i]=fin.nextInt();
        L2.CreatePoly(a,b,n);                           //创建第2个多项式单链表
        System.out.print("第2个多项式: "); L2.DispPoly();
        L2.Sort();                                      //第2个多项式按指数递减排序
        System.out.print("排序后结果: "); L2.DispPoly();
        L3=Multi(L1,L2);                                //两个多项式相乘
        System.out.print("相乘后多项式: "); L3.DispPoly();
    }
}
```

实验输入文件 abc.in 如下：

```
3
2 3 5
3 2 0
2
2 1
1 0
```

程序执行后产生的输出文件 abc.out 如下：

```
第1个多项式: 2.0x^3+3.0x^2+5.0
排序后结果: 2.0x^3+3.0x^2+5.0
第2个多项式: 2.0x+1.0
排序后结果: 2.0x+1.0
相乘后多项式: 4.0x^4+8.0x^3+3.0x^2+10.0x+5.0
```

3. 重新排列一个单链表的结点顺序。给定一个单链表 L 为 $L_0 \to L_1 \to \cdots L_{n-1} \to L_n$，将 L 排列成 $L_0 \to L_n \to L_1 \to L_{n-1} \to L_2 \to L_{n-2} \to \cdots$，不能够修改结点值。例如，给定 L 为(1,2,3,4)，重新排列后为(1,4,2,3)。

定义单链表的结点类型如下：

```
class ListNode
{    int val;
     ListNode next;
     ListNode(int x)
     {  val = x;
        next = null;
     }
}
```

要求实现的方法如下：

```
public class Solution
{
  public void reorderList(ListNode head)
  {
     ...
  }
}
```

解：这里改为本地编程，关键是 reorderList(head)方法的设计，其中的单链表是不带头结点的，与 head 标识整个单链表。reorderList(head)的过程如下。

(1) 断开：通过快慢指针 slow 和 fast 找到中间结点，从中间结点断开，即置 head1＝solw.next 构成后半部分的不带头结点的单链表 head1，置 slow.next＝null 构成前半部分的不带头结点的单链表 head。

(2) 逆置：采用头插法将 head1 逆置。这里注意逆置不带头结点的单链表与逆置带头结点的单链表稍有不同。

(3) 合并：采用尾插法，head 为首结点，p＝head.next，q＝head1，t 指向 head 结点，在 p 或和 q 不空时循环。先将 q 结点链接到 t 结点的后面，再将 p 结点链接到 t 结点的后面，最后置 t.next 为空。

对应的完整程序（本机运行）如下：

```
class ListNode                                  //单链表结点类
{ int val;
  ListNode next;
  ListNode(int x)
  {    val = x;
       next = null;
  }
}
class LinkList                                  //单链表类
{ ListNode head;
  public LinkList()                             //构造方法
  {
       head=null;
  }
  public void CreateList(int[] a)               //尾插法:由数组 a 整体建立不带头结点的单链表
  {    ListNode s,t;
       head=new ListNode(a[0]);
       t=head;                                  //t 始终指向尾结点,开始时指向头结点
       for(int i=1;i<a.length;i++)              //循环建立数据结点 s
       {    s=new ListNode(a[i]);               //新建存放 a[i]元素的结点 s
            t.next=s;                           //将 s 结点插入 t 结点之后
            t=s;
       }
       t.next=null;                             //将尾结点的 next 域置为 null
  }
  public String toString()                      //将线性表转换为字符串
  {    String ans="";
       ListNode p=head;
       while(p!=null)
       {    ans+=p.val+" ";
            p=p.next;
       }
       return ans;
  }
}
class Solution                                  //求解类
```

```
{ public void reorderList(ListNode head)
  {   if(head==null || head.next==null || head.next.next==null)
          return;
      //(1)断开
      ListNode slow=head,fast=head;
      while(fast.next!=null && fast.next.next!=null)
      {   slow=slow.next;                           //找到中间结点 slow
          fast=fast.next.next;
      }
      ListNode head1=slow.next;                     //head1 为后半部分单链表的首结点
      slow.next=null;                               //断开
      //将 head1 单链表逆置
      ListNode p=head1,q;
      head1=null;
      while(p!=null)
      {   q=p.next;
          p.next=head1;
          head1=p;
          p=q;
      }
      //合并操作
      p=head.next;                                  //head 含 L0,p 遍历 head 的其他结点
      q=head1;                                      //q 遍历 head1
      ListNode t=head;
      while(p!=null || q!=null)
      {   if(q!=null)
          {   t.next=q;
              t=q;
              q=q.next;
          }
          if(p!=null)
          {   t.next=p;
              t=p;
              p=p.next;
          }
      }
      t.next=null;
  }
}
public class Exp3
{ public static void main(String args[])
  {   System.out.println("测试 1");
      int[] a={1,2,3,4,5};
      LinkList L=new LinkList();
      L.CreateList(a);
      System.out.println("L: "+L.toString());      //输出:1 2 3 4 5
      Solution obj=new Solution();
      obj.reorderList(L.head);
      System.out.println("重新排列结点");
      System.out.println("L: "+L.toString());      //输出:1 5 2 4 3
      System.out.println("测试 2");
```

```
        int[] b={1,2,3,4,5,6};
        L.CreateList(b);
        System.out.println("L: "+L.toString());          //输出:1 2 3 4 5 6
        obj.reorderList(L.head);
        System.out.println("重新排列结点");
        System.out.println("L: "+L.toString());          //输出:1 6 2 5 3 4
    }
}
```

2.3 第3章 栈和队列

1. 编写一个程序求 n 个不同元素通过一个栈的出栈序列的个数,输出 n 为 1～7 的结果。

解:设 n 个不同的元素通过一个栈的出栈序列的个数为 $f(n)$。不妨设 n 个不同元素为 a、b、c、…,对于 $n \leqslant 3$ 很容易得出:

$f(1)=1$,即出栈序列为 a,共一种。

$f(2)=2$,即出栈序列为 ab、ba,共两种。

$f(3)=5$,即出栈序列为 abc、acb、bac、cba、bca,共 5 种。

再考虑 $f(4)$,4 个元素为 a、b、c、d。在出栈序列中元素 a 可能出现在 1 号位置、2 号位置、3 号位置和 4 号位置:

(1) 若元素 a 在 1 号位置,那么只可能 a 进栈马上出栈,此时还剩元素 b、c、d 等待操作,即 $f(3)$。

(2) 若元素 a 在 2 号位置,那么一定有一个元素比 a 先出栈,即有 $f(1)$种可能顺序(只能是 b),还剩 c、d,即 $f(2)$。根据乘法原理,出栈序列个数为 $f(1)\times f(2)$。

(3) 若元素 a 在 3 号位置,那么一定有两个元素比 a 先出栈,即有 $f(2)$种可能顺序(只能是 b、c),还剩 d,即为 $f(1)$。根据乘法原理,出栈序列个数为 $f(2)\times f(1)$。

(4) 若元素 a 在 4 号位置,那么一定是 a 先进栈,最后出栈,那么元素 b、c、d 的出栈顺序即是此小问题的解,即 $f(3)$。

结合所有情况,即 $f(4)=f(3)+f(2)\times f(1)+f(1)\times f(2)+f(3)$。

为了规整化,定义 $f(0)=1$,于是 $f(4)$可以重新写为:

$$f(4)=f(0)\times f(3)+f(1)\times f(2)+f(2)\times f(1)+f(3)\times f(0)$$

按照该思路可以推广到 n,可以得到 $f(n)=f(0)\times f(n-1)+f(1)\times f(n-2)+\cdots+f(n-1)\times f(0)$,即:

$$f(n)=\sum_{i=0}^{n-1} f(i)\times f(n-i-1)$$

设置一个数组 f,$f[i]$元素表示 $f(i)$,则:

$$f[0]=1$$

$$f[1]=1$$

$$f(i)=\sum_{j=0}^{i-1} f(j)\times f(i-j-1) \quad i>1 \text{ 时}$$

$f[n]$就是 $f(n)$的结果。

实际上，可以通过数学计算出 $f(n)=\frac{1}{n+1}\times C_{2n}^{n}$。利用上述两种方式得到如下程序：

```
public class Exp1
{  public static int comp1(int n)                          //方式 1
   {   int[] f=new int[100];
       f[0]=f[1]=1;
       for(int i=2;i<=n;i++)
           for(int j=0;j<=i-1;j++)
               f[i]+=f[j] * f[i-j-1];
       return f[n];
   }
   public static int factor(int n)                         //求 n!
   {   int ans=1;
       for(int i=2;i<=n;i++)
           ans * =i;
       return ans;
   }
   public static int comp2(int n)                          //方式 2
   {   int ans=1;
       for(int i=2 * n;i>=(n+2);i--)
           ans * =i;
       ans/=factor(n);
       return ans;
   }
   public static void main(String[] args)
   {   System.out.println();
       for(int i=1;i<=7;i++)
       {   System.out.println(" 算法 1 n="+i+" :" + comp1(i));
           System.out.println(" 算法 2 n="+i+" :" + comp2(i));
       }
   }
}
```

上述程序的执行结果如图 2.4 所示。

图 2.4 第 3 章实验题 1 的执行结果

2. 用一个一维数组 S(设固定容量 MaxSize 为 5，元素类型为 int)作为两个栈的共享空间。编写一个程序，采用《教程》中第 3 章例 3.7 的共享栈方法设计其判栈空运算 empty(i)、判栈满运算 full()、进栈运算 push(i,x)和出栈运算 pop(i)，其中 i 为 1 或 2，用于表示栈号，x 为进栈元素。采用相关数据进行测试。

解：直接利用《教程》中第 3 章例 3.7 的原理设计程序如下。

```
class BSTACK                                               //共享栈类
{  final int MaxSize=5;
   int[] S;                                                //存放共享栈元素
   int top1,top2;                                          //两个栈顶指针
   public BSTACK()                                         //构造方法,栈初始化
   {   S=new int[MaxSize];
```

```
        top1=-1;
        top2=MaxSize;
    }
    //-----判栈空算法------
    public boolean empty(int i)                    //i=1:栈 1,i=2:栈 2
    {   if(i==1)
            return(top1==-1);
        else if(i==2)                              //i=2
            return(top2==MaxSize);
        else
            throw new IllegalArgumentException("i 错误");
    }
    //-----判栈满算法------
    public boolean full()                          //判断栈满
    {
        return top1==top2-1;
    }
    //-----进栈算法------
    public void push(int i,int x)                  //i=1:栈 1,i=2:栈 2
    {   if(full())                                 //栈满
            throw new IllegalArgumentException("栈满");
        if(i==1)                                   //x 进栈 S1
        {   top1++;
            S[top1]=x;
        }
        else if(i==2)                              //x 进栈 S2
        {   top2--;
            S[top2]=x;
        }
        else                                       //参数 i 错误返回 0
            throw new IllegalArgumentException("i 错误");
    }
    //-----出栈算法------
    public int pop(int i)                          //i=1:栈 1,i=2:栈 2
    {   int x;
        if(i==1)                                   //S1 出栈
        {   if(empty(1))                           //S1 栈空
                throw new IllegalArgumentException("栈 1 空");
            else                                   //出栈 S1 的元素
            {   x=S[top1];
                top1--;
            }
        }
        else if(i==2)                              //S2 出栈
        {   if(empty(2))                           //S2 栈空
                throw new IllegalArgumentException("栈 2 空");
            else                                   //出栈 S2 的元素
            {   x=S[top2];
                top2++;
            }
        }
```

```
        else                                              //参数 i 错误返回 0
            throw new IllegalArgumentException("i 错误");
        return x;                                         //操作成功返回 1
    }
}
public class Exp2
{   public static void main(String[] args)
    {   BSTACK st=new BSTACK();
        System.out.println("");
        System.out.println(" (1)新建立栈 st");
        System.out.println(" 栈 1 空? "+st.empty(1));
        System.out.println(" 栈 2 空? "+st.empty(2));
        int[] a={1,2,3};
        int[] b={4,5,6,7};
        System.out.println(" (2)栈 1 的进栈操作");
        for(int i=0;i<a.length;i++)
        {   if(!st.full())
            {   System.out.println(" "+a[i]+"进栈 1");
                st.push(1,a[i]);
            }
            else System.out.println(" "+a[i]+"进栈:栈满不能进栈");
        }
        System.out.println(" 栈 1 空? "+st.empty(1));
        System.out.println(" (3)栈 2 的进栈操作");
        for(int i=0;i<b.length;i++)
        {   if(!st.full())
            {   System.out.println(" "+b[i]+"进栈 2");
                st.push(2,b[i]);
            }
            elseSystem.out.println(" "+b[i]+"进栈:栈满不能进栈");
        }
        System.out.println(" 栈 2 空? "+st.empty(2));
        System.out.println(" (4)栈 1 的出栈操作");
        while(!st.empty(1))
            System.out.println(" 出栈 1 元素"+st.pop(1));
        System.out.println(" (5)栈 2 的出栈操作");
        while(!st.empty(2))
            System.out.println(" 出栈 2 元素"+st.pop(2));
    }
}
```

上述程序的执行结果如图 2.5 所示。

3. 改进《教程》中 3.1.7 节的用栈求解迷宫问题的算法,累计图 2.6 所示的迷宫的路径条数,并输出所有迷宫路径。

解:修改《教程》中 3.1.7 节用栈求解迷宫问题的 mgpath()算法,当找到一条路径后输出栈 st 中所有方块构成一条迷宫路径(通过临时栈 tmpst 恢复栈 st,保证输出迷宫路径后栈 st 元素不变),此时并不立即返回,而是出栈 st 的栈顶方块并恢复其 mg 元素值,再从新栈顶方块继续搜索到达出口的其他迷宫路径,直到栈 st 变空为止,这样就输出了所有的迷宫路径。

图 2.5　第 3 章实验题 2 的执行结果

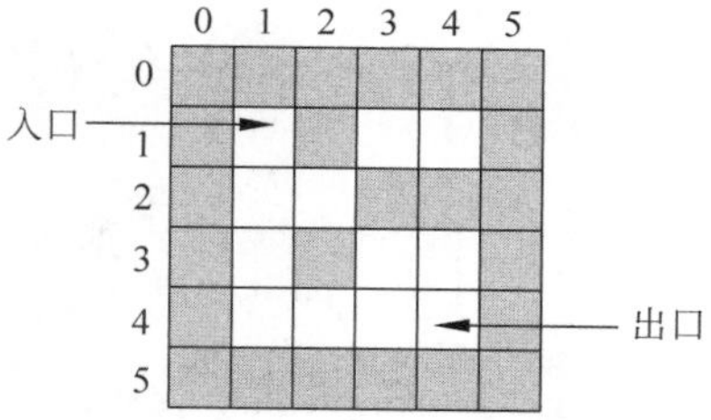

图 2.6　迷宫示意图

对应的算法和程序如下：

```
import java.util.*;
class Box                                       //方块结构体类型
{ int i;                                        //方块的行号
  int j;                                        //方块的列号
  int di;                                       //di 是下一个可走相邻方位的方位号
  public Box(int i1,int j1,int di1)             //构造方法
  {    i=i1;
       j=j1;
       di=di1;
  }
}
class MazeClass                                 //用栈求解所有迷宫路径类
{ final int MaxSize=20;
  int[][] mg;                                   //迷宫数组
  int m,n;                                      //迷宫行/列数
  int cnt=0;                                    //迷宫路径条数
  public MazeClass(int m1,int n1)               //构造方法
  {    m=m1;
       n=n1;
       mg=new int[MaxSize][MaxSize];
  }
  public void Setmg(int[][] a)                  //设置迷宫数组
  {    for(int i=0;i<m;i++)
           for(int j=0;j<n;j++)
               mg[i][j]=a[i][j];
  }
  public int mgpath(int xi,int yi,int xe,int ye)    //求一条从(xi,yi)到(xe,ye)的迷宫路径
  {    int i,j,di,i1=0,j1=0;
       boolean find;
       Box box,e;
       Stack<Box> st=new Stack<Box>();          //建立一个空栈
       st.push(new Box(xi,yi,-1));              //入口方块进栈
       mg[xi][yi]=-1;                           //进栈方块的 mg 置为-1
       while(!st.empty())                       //栈不空时循环
```

```
        {   box=st.peek();                                  //取栈顶方块,称为当前方块
            i=box.i; j=box.j; di=box.di;
            if(i==xe && j==ye)                              //找到了出口,输出一条迷宫路径
            {   Stack<Box> tmpst=new Stack<Box>();          //建立临时栈
                cnt++;                                      //路径条数增1
                System.out.print(" 迷宫路径"+cnt+": ");     //输出一条迷宫路径
                while(!st.empty())
                {   e=st.pop();
                    System.out.print("["+e.i+","+e.j+"] ");
                    tmpst.push(e);                          //出栈元素进 tmpst 栈
                }
                while(!tmpst.empty())                       //tmpst 栈中的元素出栈并进 st 栈
                    st.push(tmpst.pop());                   //恢复 st 栈
                System.out.println();
                box=st.pop();                               //退栈 st
                mg[box.i][box.j]=0;                         //让该位置变为其他路径可走方块
                i=box.i; j=box.j; di=box.di;
            }
            find=false;                                     //否则继续找路径
            while(di<4 && !find)                            //找下一个相邻可走方块
            {   di++;                                       //找下一个方位的相邻方块
                switch(di)
                {
                case 0:i1=i-1; j1=j; break;
                case 1:i1=i; j1=j+1; break;
                case 2:i1=i+1; j1=j; break;
                case 3:i1=i; j1=j-1; break;
                }
                if(mg[i1][j1]==0)
                    find=true;                              //找到下一个可走相邻方块(i1,j1)
            }
            if(find)                                        //找到了下一个可走方块
            {   e=st.pop();
                e.di=di;
                st.push(e);                                 //修改栈顶元素的 di 成员为 di
                st.push(new Box(i1,j1,-1));                 //下一个可走方块进栈
                mg[i1][j1]=-1;                              //进栈方块的 mg 置为-1
            }
            else                                            //没有路径可走,则退栈
            {   mg[i][j]=0;                                 //恢复当前方块的迷宫值
                st.pop();                                   //将栈顶方块退栈
            }
        }
        return cnt;                                         //返回迷宫路径条数
    }
}
public class Exp3
{ public static void main(String[] args)
  {   int[][] a= { {1,1,1,1,1,1},{1,0,1,0,0,1},
        {1,0,0,1,1,1},{1,0,1,0,0,1},
        {1,0,0,0,0,1},{1,1,1,1,1,1} };
```

```
        MazeClass mz=new MazeClass(6,6);
        System.out.println();
        mz.Setmg(a);
        int cnt=mz.mgpath(1,1,4,4);
        if(cnt==0)
            System.out.println(" 不存在迷宫路径");
        else
            System.out.println(" 共计"+cnt+"条迷宫路径");
        }
}
```

上述程序的执行结果如图 2.7 所示。

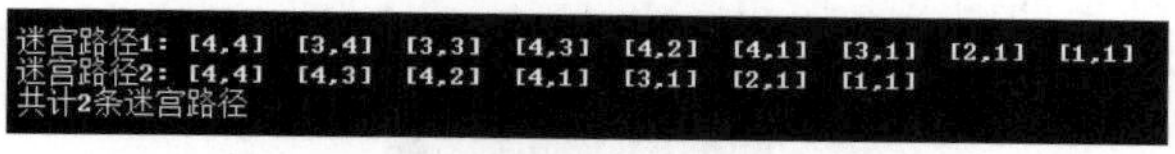

迷宫路径1: [4,4] [3,4] [3,3] [4,3] [4,2] [4,1] [3,1] [2,1] [1,1]
迷宫路径2: [4,4] [4,3] [4,2] [4,1] [3,1] [2,1] [1,1]
共计2条迷宫路径

图 2.7　第 3 章实验题 3 的执行结果

4. 用循环队列求解约瑟夫问题：设有 n 个人站成一圈，其编号为从 1 到 n。从编号为 1 的人开始按顺时针方向 1、2、…循环报数，数到 m 的人出列，然后从出列者的下一个人重新开始报数，数到 m 的人又出列，如此重复进行，直到 n 个人都出列为止。要求输出这 n 个人的出列顺序，并用相关数据进行测试。

解：采用 Queue<Integer>作为循环队列 qu，先将 1～n 进队。循环 n 次共出列 n 个人，每次从队头开始数 $m-1$ 个人（出队 $m-1$ 个人并将它们进队到队尾），再出列第 m 个人。对应的程序如下：

```
import java.util.*;
class Joseph                                          //求解 Joseph 问题类
{  int n,m;
   public Joseph(int n1,int m1)                       //构造方法
   {
        n=n1; m=m1;                                   //置数据成员值
   }
   public String Jsequence()                          //求解 Joseph 序列
   {    String ans="";
        Queue<Integer> qu=new LinkedList<Integer>();
        for(int i=1;i<=n;i++)                         //1 到 n 进队
            qu.offer(i);
        for(int i=1;i<=n;i++)                         //共出列 n 个人
        {   for(int j=1;j<m;j++)                      //数完 m-1 个人
                qu.offer(qu.poll());
            ans+=" "+qu.poll();                       //出队第 m 个人
        }
        return ans;
   }
}
public class Exp4
{ public static void main(String[] args)
  {    System.out.println();
       System.out.println(" ******** 测试 1 *********** ");
```

```
        int n=6,m=3;
        Joseph L=new Joseph(n,m);
        System.out.println(" n="+n+",m="+m+"的 Joseph 序列");
        System.out.println(L.Jsequence());
        System.out.println(" ******** 测试 2 *********** ");
        n=8; m=4;
        L=new Joseph(n,m);
        System.out.println(" n="+n+",m="+m+"的 Joseph 序列");
        System.out.println(L.Jsequence());
    }
}
```

上述程序的执行结果如图 2.8 所示。

图 2.8　第 3 章实验题 4 的执行结果

2.4　第 4 章　串

1. 编写一个实验程序,在字符串 s 中存放一个采用科学记数法正确表示的数值串,将其转换成对应的实数。例如,s="1.345e-2",转换的结果是 0.01345。

解:先考虑其符号,正数用 sign=1 表示,负数用 sign=0 表示。考虑整数和小数部分,产生一个实数 val,跳过 e 或 E,对于正指数 e,val 乘以 e 次 10,对于负指数 e,val 除以 -e 次 10。最后返回 val×sign。对应的程序如下:

```
public class Exp1
{ public static double Atoe(String s)                          //s 转换为数值
  {     double val=0.0,power=0;
        int sign,i=0,j,e;
        char c;
        sign=1;
        if(s.charAt(i)=='+'|| s.charAt(i)=='-')                //数的符号处理
        {     sign=(s.charAt(i)=='+')?1:-1;
              i++;
        }
        val=0;
        while(i<s.length())
        {     if(s.charAt(i)>='0' && s.charAt(i)<='9')         //数字字符转换
              {     val=val*10+(s.charAt(i)-'0');
                    i++;
              }
              else break;
        }
        if(i<s.length())                                       //考虑小数部分
        {     if(i<s.length() && s.charAt(i)=='.')
```

```
        {   i++;
            power=1;
            while(i<s.length())
            {   if(s.charAt(i)>='0'&& s.charAt(i)<='9')
                {   val=val*10+s.charAt(i)-'0';
                    power*=10;
                    i++;
                }
                else break;
            }
            val=val/power;
        }
    }
    if(i<s.length())                                 //考虑指数部分
    {   if(s.charAt(i)=='e'|| s.charAt(i)=='E')
        {   i++;
            if(i<s.length() && (s.charAt(i)=='+'|| s.charAt(i)=='-'))
            {   c=s.charAt(i);
                i++;
            }
            else c='+';
            e=0;
            while(i<s.length())
            {   if(s.charAt(i)>='0'&& s.charAt(i)<='9')
                {   e=e*10+(s.charAt(i)-'0');
                    i++;
                }
                else break;
            }
            if(c=='+')
            {   for(j=e;j>0;j--)
                    val*=10;
            }
            else
            {   for(j=e;j>0;j--)
                    val/=10;
            }
        }
    }
    return(val*sign);
}
public static void main(String[] args)
{   System.out.println("");
    System.out.println(" 测试 1");
    String s="+1.345e-2";
    System.out.print(" s: "+s);
    System.out.println(" s 转换的实数: "+Atoe(s));
    System.out.println(" 测试 2");
    s="-123";
    System.out.print(" s: "+s);
    System.out.println(" s 转换的实数: "+Atoe(s));
```

```
        System.out.println(" 测试 3");
        s="-1.0e-3";
        System.out.print(" s: "+s);
        System.out.println(" s 转换的实数: "+Atoe(s));
    }
}
```

上述程序的执行结果如图 2.9 所示。

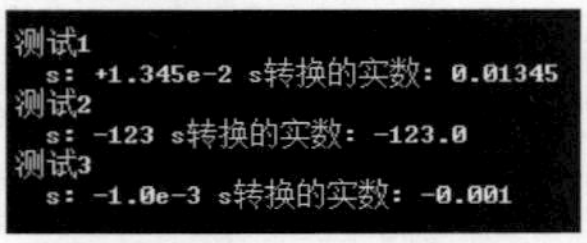
测试1
s: +1.345e-2 s转换的实数: 0.01345
测试2
s: -123 s转换的实数: -123.0
测试3
s: -1.0e-3 s转换的实数: -0.001

图 2.9　第 4 章实验题 1 的执行结果

2. 编写一个实验程序,求字符串 s 中出现的最长的可重叠的重复子串。例如,s="abababababa",输出结果为"abababa"。

解:采用简单匹配算法的思路,先给最长重复子串的下标 maxi 和长度 maxlen 均赋值为 0。设 s="$a_0 \cdots a_{n-1}$",i 从头扫描 s,对于当前字符 a_i,判定其后是否有相同的字符,j 从 $i+1$ 开始遍历 s 后面的字符,若有 $a_i==a_j$,再判定 a_{i+1} 是否等于 a_{j+1},a_{i+2} 是否等于 a_{j+2},…,直到找到一个不同的字符为止,即找到一个重复出现的子串,把其下标 i 与长度 len 记下来,将 len 与 maxlen 相比较,保留较长的重复子串 maxi 和 maxlen。再从 $a_{j+\text{len}}$ 之后查找重复子串。最后的 maxi 与 maxlen 即记录下最长可重叠重复子串的起始下标与长度,由其构造字符串 t 并返回。对应的程序如下:

```
import java.lang.*;
import java.util.*;
public class Exp2
{  public static String maxsubstr(String s)           //求 s 中出现的最长的可重叠的重复子串
   {   int maxi=0,maxlen=0,len,i=0,j,k;
       while(i<s.length())                            //i 遍历 s
       {   j=i+1;                                     //从 i+1 开始
           while(j<s.length())                        //查找以 si 开头的重复子串
           {   if(s.charAt(i)==s.charAt(j))           //遇到首字符相同
               {   len=1;
                   while(j+len<s.length() && s.charAt(i+len)==s.charAt(j+len))
                       len++;                         //找到重复子串(i,len)
                   if(len>maxlen)                     //存放较长子串(maxi,maxlen)
                   {   maxi=i;
                       maxlen=len;
                   }
                   j+=len;                            //j 跳过 len 个字符继续在后面找子串
               }
               else j++;                              //首字符不相同,j 递增
           }
           i++;                                       //i 后移
       }
       String t="";                                   //构造最长重复子串
       if(maxlen==0)
```

```
            t="null";
        else
        {   for(i=0;i<maxlen;i++)
                t+=s.charAt(maxi+i);
        }
        return t;
    }
    public static void main(String[] args)
    {   System.out.println("");
        System.out.println(" 测试 1");
        String s="ababcabccabdce";
        System.out.println(" s: "+s);
        System.out.println(" s 中最长重复子串: "+maxsubstr(s));
        System.out.println(" 测试 2");
        s="abcd";
        System.out.println(" s: "+s);
        System.out.println(" s 中最长重复子串: "+maxsubstr(s));
        System.out.println(" 测试 3");
        s="ababababa";
        System.out.println(" s: "+s);
        System.out.println(" s 中最长重复子串: "+maxsubstr(s));
    }
}
```

上述程序的执行结果如图 2.10 所示。

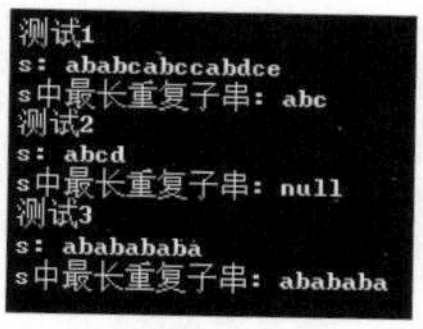

图 2.10　第 4 章实验题 2 的执行结果

3. 编写一个实验程序，求字符串 s 中出现的最长的不重叠的重复子串。例如，$s=$ "ababababa"，输出结果为"abab"。

解：思路与本节中实验程序 2 的类似，在查找子串中，i 扫描的是子串(i，len)，j 扫描的子串为(j，len)，要求两者不重叠，所以当 $i+\text{len}+1>j$ 时退出该子串的匹配。对应的程序如下：

```
import java.lang.*;
import java.util.*;
public class Exp3
{   public static String maxsubstr(String s)           //求 s 中出现的最长不重叠的重复子串
    {   int maxi=0,maxlen=0,len,i=0,j,k;
        while(i<s.length())                             //i 遍历 s
        {   j=i+1;                                      //从 i+1 开始
            while(j<s.length())                         //查找以 si 开头的重复子串
            {   if(s.charAt(i)==s.charAt(j))            //遇到首字符相同
                {   len=1;
                    while(j+len<s.length() && s.charAt(i+len)==s.charAt(j+len))
```

```
                {   len++;                               //找到重复子串(i,len)
                    if(i+len+1>j) break;                 //重叠时退出
                }
                if(len>maxlen)                           //存放较长子串(maxi,maxlen)
                {   maxi=i;
                    maxlen=len;
                }
                j+=len;                                  //j跳过len个字符继续在后面找子串
            }
            else j++;                                    //首字符不相同,j递增
        }
        i++;                                             //i后移
    }
    String t="";                                         //构造最长重复子串
    if(maxlen==0)
        t="null";
    else
    {   for(i=0;i<maxlen;i++)
            t+=s.charAt(maxi+i);
    }
    return t;
  }
  public static void main(String[] args)
  {   System.out.println("");
      System.out.println(" 测试1");
      String s="ababcabccabdce";
      System.out.println(" s: "+s);
      System.out.println(" s中最长重复子串: "+maxsubstr(s));
      System.out.println(" 测试2");
      s="abcd";
      System.out.println(" s: "+s);
      System.out.println(" s中最长重复子串: "+maxsubstr(s));
      System.out.println(" 测试3");
      s="abababababa";
      System.out.println(" s: "+s);
      System.out.println(" s中最长重复子串: "+maxsubstr(s));
  }
}
```

上述程序的执行结果如图 2.11 所示。

4. 编写一个实验程序,给定两个字符串 s 和 t,求串 t 在串 s 中不重叠出现的次数,如果不是子串则返回 0。例如,s = "aaaab",t = "aa",则 t 在 s 中出现两次。

解:采用两种解法。用 cnt 累计 t 在串 s 中不重叠出现的次数(初始值为 0)。

(1) 基于 BF 算法,在找到子串后不退出,而是 cnt 增加 1,i 增加 t 的长度并继续查找,直到整个字符串查找完毕。

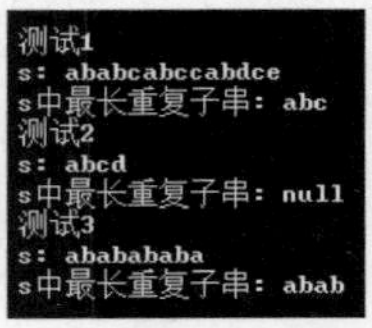

图 2.11　第 4 章实验题 3 的执行结果

(2) 基于 KMP 算法,当匹配成功时 cnt 增加 1,并且置 j 为 0 重新开始比较。对应的程序如下:

```
import java.lang.*;
import java.util.*;
public class Exp4
{  final static int MaxSize=100;
  public static int StrCount1(String s,String t)              //基于 BF 算法求解
  {    int i=0,j,k,cnt=0;
       while(i<s.length()-t.length())
       {    for(j=i,k=0; j<s.length() && k<t.length() &&
                 s.charAt(j)==t.charAt(k); j++,k++);
            if(k==t.length())                                  //找到一个子串
            {    cnt++;                                        //累加次数
                 i=j;                                          //i 从 j 开始
            }
            else i++;                                          //i 增加 1
       }
       return cnt;
  }
  public static void GetNext(String t,int next[])              //求 t 的 next 数组
  {    int j,k;
       j=0;k=-1;next[0]=-1;
       while(j<t.length()-1)
       {    if(k==-1 || t.charAt(j)==t.charAt(k))
            {    j++;k++;                                      //k 为-1 或两字符相等
                 next[j]=k;
            }
            else k=next[k];
       }
  }
  public static int StrCount2(String s,String t)               //基于 KMP 算法求解
  {    int i=0,j=0,cnt=0;
       int[] next=new int[MaxSize];
       GetNext(t,next);
       while(i<s.length() && j<t.length())
       {    if(j==-1 || s.charAt(i)==t.charAt(j))
            {    i++;
                 j++;                                          //i、j 各增 1
            }
            else j=next[j];                                    //i 不变,j 后退
            if(j>=t.length())                                  //成功匹配 1 次
            {    cnt++;
                 j=0;                                          //j 设置为 0,继续匹配
            }
       }
       return cnt;
  }
  public static void main(String[] args)
  {    System.out.println("");
```

```
        System.out.println(" 测试 1");
        String s="aaaab";
        String t="aa";
        System.out.println(" s: "+s+" t:"+t);
        System.out.println(" BF: t 在 s 中出现次数="+StrCount1(s,t));
        System.out.println(" KMP: t 在 s 中出现次数="+StrCount2(s,t));
        System.out.println(" 测试 2");
        s="abcabcdabcdeabcde";
        t="abcd";
        System.out.println(" s: "+s+" t:"+t);
        System.out.println(" BF: t 在 s 中出现次数="+StrCount1(s,t));
        System.out.println(" KMP: t 在 s 中出现次数="+StrCount2(s,t));
        System.out.println(" 测试 3");
        s="abcABCDabc";
        t="abcd";
        System.out.println(" s: "+s+" t:"+t);
        System.out.println(" BF: t 在 s 中出现次数="+StrCount1(s,t));
        System.out.println(" KMP: t 在 s 中出现次数="+StrCount2(s,t));
    }
}
```

上述程序的执行结果如图 2.12 所示。

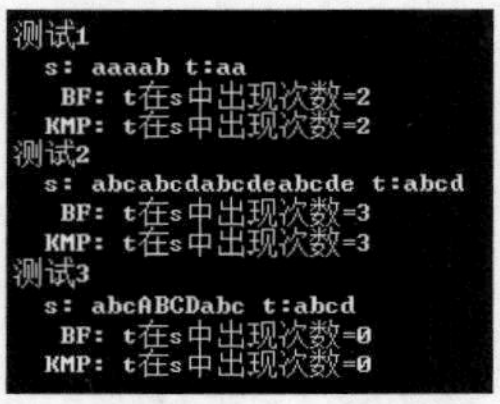

图 2.12　第 4 章实验题 4 的执行结果

2.5　第 5 章　递归

1. 求 Fibonacci(斐波那契)数列递归算法的改进。《教程》中求 Fibonacci 数列的递归算法 Fib1(n)是低效的,包含大量重复的计算,请仍然采用递归改进该算法,并且输出 $n=40$ 时两个算法的执行时间。

解:改进方法是增加一个数组 dp,dp[i]存放 Fib(i)的值,初始时 dp 的所有元素为 0,当求 Fib(n)时,若 dp[n]≠0 表示该子问题已经求出,直接返回。对应的完整程序如下:

```
public class Exp1
{ static int[] dp=new int[100];
  public static int Fib1(int n)                                   //求 Fibonacci 数列
  {   if(n==1 || n==2)
          return 1;
      else
          return Fib1(n-1)+Fib1(n-2);
  }
  public static int Fib2(int n)                                   //改进算法
```

```
    {   if(dp[n]!=0)                                          //已经求出,直接返回
            return dp[n];
        if(n==1 || n==2)
        {   dp[n]=1;
            return dp[n];
        }
        else
        {   dp[n]=Fib2(n-1)+Fib2(n-2);
            return dp[n];
        }
    }
    public static void main(String[] args)
    {   int n=40;
        long s = System.currentTimeMillis();                  //获取开始时间
        System.out.printf("\n Fib1(%d)=%d\n",n,Fib1(n));
        long t = System.currentTimeMillis();                  //获取结束时间
        System.out.println(" 运行时间:"+(t-s)+"ms");          //输出程序运行时间
        s = System.currentTimeMillis();                       //获取开始时间
        System.out.printf(" Fib2(%d)=%d\n",n,Fib2(n));
        t = System.currentTimeMillis();                       //获取结束时间
        System.out.println(" 运行时间:"+(t-s)+"ms");          //输出程序运行时间
    }
}
```

上述程序的执行结果如图 2.13 所示。

图 2.13　第 5 章实验题 1 的执行结果

2. 求楼梯走法数问题。一个楼梯有 n 个台阶,上楼可以一步上一个台阶,也可以一步上两个台阶,编写一个实验程序求上楼梯共有多少种不同的走法。

解:设 $f(n)$表示上 n 个台阶的楼梯的走法数,显然 $f(1)=1$,$f(2)=2$(一种走法是一步上一个台阶、走两步,另一种走法是一步上两个台阶)。

对于大于 2 的 n 个台阶的楼梯,一种走法是第一步上一个台阶,剩余 $n-1$ 个台阶的走法数是 $f(n-1)$;另一种走法是第一步上两个台阶,剩余 $n-2$ 个台阶的走法数是 $f(n-2)$。所以有 $f(n)=f(n-1)+f(n-2)$。

对应的递归模型如下:

$f(1)=1$

$f(2)=2$

$f(n)=f(n-1)+f(n-2)$　　　　当 $n>2$ 时

采用 4 种解法的程序如下:

```
public class Exp2
{ static int[] dp=new int[100];
  public static int solve1(int n)                          //解法 1
  {   if(n==1) return 1;
      if(n==2) return 2;
      return solve1(n-1)+solve1(n-2);
  }
```

```
public static int solve2(int n)                              //解法 2
{   if(dp[n]!=0)
        return dp[n];
    if(n==1)
    {   dp[1]=1;
        return dp[1];
    }
    if(n==2)
    {   dp[2]=2;
        return dp[2];
    }
    dp[n]=solve2(n-1)+solve2(n-2);
    return dp[n];
}
public static int solve3(int n)                              //解法 3
{   dp[1]=1;
    dp[2]=2;
    for(int i=3;i<=n;i++)
        dp[i]=dp[i-1]+dp[i-2];
    return dp[n];
}
public static int solve4(int n)                              //解法 4
{   int a=1;                                                 //对应 f(n-2)
    int b=2;                                                 //对应 f(n-1)
    int c=0;                                                 //对应 f(n)
    if(n==1) return 1;
    if(n==2) return 2;
    for(int i=3;i<=n;i++)
    {   c=a+b;
        a=b;
        b=c;
    }
    return c;
}
public static void main(String[] args)
{   int n=10;
    System.out.printf("\n n=%d\n",n);
    System.out.printf(" 解法 1: %d\n",solve1(n));
    System.out.printf(" 解法 2: %d\n",solve2(n));
    System.out.printf(" 解法 3: %d\n",solve3(n));
    System.out.printf(" 解法 4: %d\n",solve4(n));
}
}
```

上述程序的执行结果如图 2.14 所示。

3. 求解皇后问题。在 $n\times n$ 的方格棋盘上放置 n 个皇后，要求每个皇后不同行、不同列、不同左右对角线，编写一个实验程序求 n 皇后的所有解。

解：采用整数数组 $q[N]$ 存放 n 皇后问题的求解结果，因为每行只能放一个皇后，$q[i]$($1\leqslant i\leqslant n$)的值表示第 i 个皇后所在的列号，即该皇后放在(i,$q[i]$)的位置上。对于

图 2.15 的解，$q[1..6]=\{2,4,6,1,3,5\}$（为了简便，不使用 $q[0]$元素）。

图 2.14　第 5 章实验题 2 的执行结果

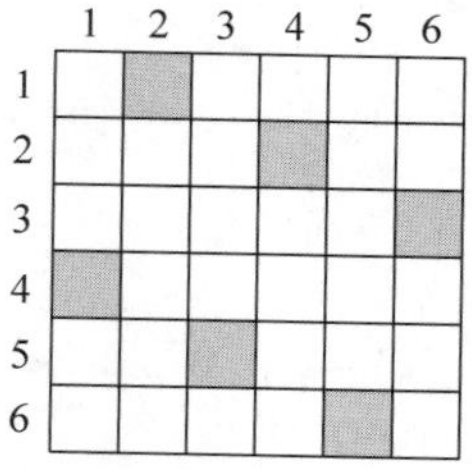

图 2.15　6 皇后问题的一个解

对于(i,j)位置上的皇后，是否与已放好的皇后$(k,q[k])(1\leqslant k\leqslant i-1)$有冲突呢？显然它们不同列，若同列则有 $q[k]==j$；对角线有两条，如图 2.16 所示，若它们在任意一条对角线上，则构成一个等腰直角三角形，即$|q[k]-j|==|i-k|$。所以只要满足以下条件就存在冲突，否则不存在冲突：

$$(q[k]==j)\ ||\ (\text{abs}(q[k]-j)==\text{abs}(i-k))$$

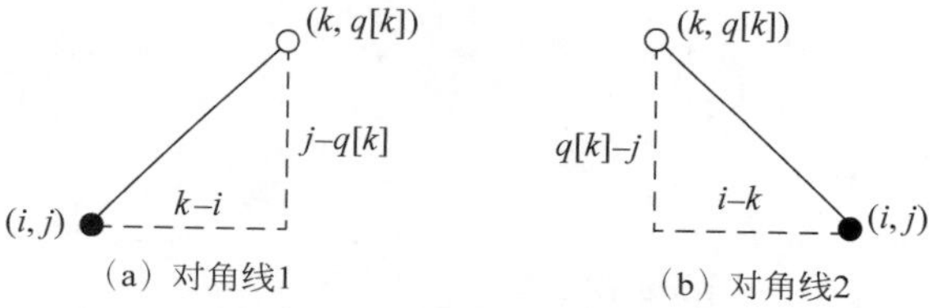

图 2.16　两个皇后构成对角线的情况

设 queen(i,n)是在 $1\sim i-1$ 行上已经放好了 $i-1$ 个皇后，用于在 $i\sim n$ 行放置剩下的 $n-i+1$ 个皇后，则 queen$(i+1,n)$表示在 $1\sim i$ 行上已经放好了 i 个皇后，用于在 $i+1\sim n$ 行放置剩下的 $n-i$ 个皇后。显然 queen$(i+1,n)$比 queen(i,n)少放置一个皇后，所以 queen(i,n)是“大问题”，queen$(i+1,n)$是“小问题”，求解皇后问题所有解的递归模型如下：

queen(i,n) ≡ n 个皇后放置完毕，输出一个解　　　　　　若 $i>n$

queen(i,n) ≡ 在第 i 行找到一个合适的位置(i,j)，放置一个皇后；　　其他情况

　　queen$(i+1,n)$；

求 6 皇后问题所有解的完整程序如下：

```
public class Exp3
{  static int N=21;
   static int[] q=new int[N];
   static int n;                                   //n 为实际存放皇后的个数
   static int cnt=0;                               //累计解个数
   public static void dispasolution()              //输出 n 皇后问题的一个解
   {   System.out.printf(" 第%d 个解:",++cnt);
       for(int i=1;i<=n;i++)
           System.out.printf(" (%d,%d)",i,q[i]);
       System.out.println();
   }
   public static int abs(int x)                    //求绝对值方法
```

```
    {
        return x>0?x:-x;
    }
    public static boolean place(int i,int j)               //测试(i,j)位置能否摆放皇后
    {   if(i==1) return true;                               //第一个皇后总是可以放置
        int k=1;
        while(k<i)                                          //k=1~i-1 是已放置了皇后的行
        {   if((q[k]==j) || (abs(q[k]-j)==abs(i-k)))
                return false;
            k++;
        }
        return true;
    }
    public static void queen(int i)                         //放置 1~i 的皇后
    {   if(i>n)
            dispasolution();                                //所有皇后放置结束
        else
        {   for(int j=1;j<=n;j++)                           //在第 i 行上试探每一个列 j
                if(place(i,j))                              //在第 i 行上找到一个合适位置(i,j)
                {   q[i]=j;
                    queen(i+1);
                }
        }
    }
    public static void main(String[] args)
    {   n=6;
        System.out.printf("\n %d 皇后问题解:\n",n);
        queen(1);                                           //放置 1~n 的皇后
    }
}
```

上述程序的执行结果如图 2.17 所示。

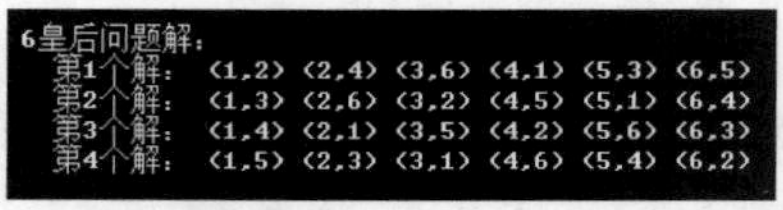

图 2.17　第 5 章实验题 3 的执行结果

2.6　第 6 章　数组和稀疏矩阵

1. 求马鞍点问题。如果矩阵 **a** 中存在一个元素 $a[i][j]$ 满足这样的条件：$a[i][j]$ 是第 i 行中值最小的元素，且又是第 j 列中值最大的元素，则称之为该矩阵的一个马鞍点。设计一个程序计算出 $m\times n$ 的矩阵 **a** 的所有马鞍点。

解：对于二维数组 $a[m][n]$，先求出每行的最小值元素放入 min 数组中，再求出每列的最大值元素放入 max 数组中。若 min[i]=max[j]，则该元素 $a[i][j]$ 便是马鞍点，找出所有这样的元素并输出。

对应的完整程序如下：

```
public class Exp1
{   public static void MinMax(int[][] a)
    {   int m=a.length;                              //行数
        int n=a[0].length;                           //列数
        int[] min=new int[m];
        int[] max=new int[n];
        for(int i=0;i<m;i++)                         //计算每行的最小元素,放入 min[i]中
        {   min[i]=a[i][0];
            for(int j=1;j<n;j++)
                if(a[i][j]<min[i])
                    min[i]=a[i][j];
        }
        for(int j=0;j<n;j++)                         //计算每列的最大元素,放入 max[j]中
        {   max[j]=a[0][j];
            for(int i=1;i<m;i++)
                if(a[i][j]>max[j])
                    max[j]=a[i][j];
        }
        for(int i=0;i<m;i++)                         //判定是否为马鞍点
            for(int j=0;j<n;j++)
                if(min[i]==max[j])                   //找到并显示马鞍点
                    System.out.printf(" (%d,%d):%d\n",i,j,a[i][j]);
    }
    public static void disp(int[][] a)               //输出二维数组
    {   for(int i=0;i<a.length;i++)
        {   for(int j=0;j<a[i].length;j++)
                System.out.printf("%4d",a[i][j]);
            System.out.println();
        }
    }
    public static void main(String[] args)
    {   int[][] a={{1,3,2,4},{15,10,1,3},{4,5,3,6}};
        System.out.println("\n a:");
        disp(a);
        System.out.println(" 所有马鞍点: ");
        MinMax(a);
    }
}
```

上述程序的执行结果如图 2.18 所示。

图 2.18　第 6 章实验题 1 的执行结果

2. 对称矩阵压缩存储的恢复。一个 n 阶对称矩阵 $\boldsymbol{A}$ 采用一维数组 a 压缩存储,压缩方式是按行优先顺序存放 $\boldsymbol{A}$ 的下三角和主对角线的各元素。完成以下功能:

(1) 由 $\boldsymbol{A}$ 产生压缩存储 a。

(2) 由 b 来恢复对称矩阵 $\boldsymbol{C}$。

并通过相关数据进行测试。

解:设 $\boldsymbol{A}$ 为 n 阶对称矩阵,若其压缩数组 a 中的 m 个元素,则有 $n(n+1)/2=m$,即 $n^2+n-2m=0$,求得 $n=(\text{int})(-1+\text{sqrt}(1+8m))/2$。

A 的下三角或者主对角线 $A[i][j](i \geqslant j)$ 元素值存放在 $b[k]$ 中,则 $k=i(i+1)/2+j$,显然 $i(i+1)/2 \leqslant k$,可以求出 $i \leqslant (-1+\text{sqrt}(1+8k))/2$,则 $i=(\text{int})(-1+\text{sqrt}(1+8k))/2$,$j=k-i(i+1)/2$。由此设计由 k 求出 i、j 下标的算法 getij(k)。

对应的程序如下:

```
import java.util.*;
public class Exp2
{ public static void disp(int[][] A)                     //输出二维数组 A
  { int n=A.length;
    for(int i=0;i<n;i++)
    { for(int j=0;j<n;j++)
        System.out.printf("%4d",A[i][j]);
      System.out.println();
    }
  }
  public static void compression(int[][] A,int[] a)     //将 A 压缩存储到 a 中
  { for(int i=0;i<A.length;i++)
      for(int j=0;j<=i;j++)
      { int k=i*(i+1)/2+j;
        a[k]=A[i][j];
      }
  }
  public static int[] getij(int k)                      //由 k 求出 i、j 下标
  { int[] ans=new int[2];
    int i=(int)(-1+Math.sqrt(1+8*k))/2;
    int j=k-i*(i+1)/2;
    ans[0]=i; ans[1]=j;
    return ans;
  }
  public static void Restore(int b[],int[][] C)         //由 b 恢复成 C
  { int[] ans=new int[2];
    int m=b.length;
    int n=(int)(-1+Math.sqrt(1+8*m))/2;
    for(int k=0;k<m;k++)                                //求主对角线和下三角部分元素
    { ans=getij(k);
      int i=ans[0];
      int j=ans[1];
      C[i][j]=b[k];
    }
    for(int i=0;i<n;i++)                                //求上三角部分元素
      for(int j=i+1;j<n;j++)
        C[i][j]=C[j][i];
  }
  public static void main(String[] args)
  { System.out.printf("\n *********测试 1**********\n");
    int n=3;
    int[][] A={{1,2,3},{2,4,5},{3,5,6}};
    int[][] C=new int[n][n];
    int[] a=new int [n*(n+1)/2];
    System.out.println(" A:"); disp(A);
```

```
        System.out.println(" A压缩得到 a");
        compression(A,a);
        System.out.print(" a:");
        for(int i=0;i<a.length;i++)
            System.out.print(" "+a[i]);
        System.out.println();
        System.out.println(" 由 a 恢复得到 C");
        Restore(a,C);
        System.out.println(" C:"); disp(C);
        System.out.printf("\n ********* 测试 2 ********** \n");
        n=4;
        int[][] B={{1,2,3,4},{2,5,6,7},{3,6,8,9},{4,7,9,10}};
        int[][] D=new int[n][n];
        int[] b=new int [n*(n+1)/2];
        System.out.println(" B:"); disp(B);
        System.out.println(" B压缩得到 b");
        compression(B,b);
        System.out.print(" b:");
        for(int i=0;i<b.length;i++)
            System.out.print(" "+b[i]);
        System.out.println();
        System.out.println(" 由 b 恢复得到 D");
        Restore(b,D);
        System.out.println(" D:"); disp(D);
    }
}
```

上述程序的执行结果如图 2.19 所示。

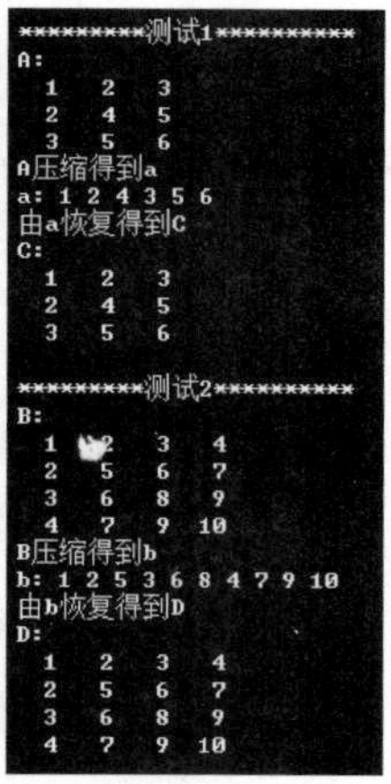

图 2.19　第 6 章实验题 2 的执行结果

3. 稀疏矩阵乘法。编写一个程序，给定两个大小为 $n\times n$ 的矩阵 **A** 和 **B**，求它们的乘积，只要求输出模 3 的结果。输入来自文件 abc.in，输出结果存放在 abc.out 文件中。例如，abc.in 文件如下：

```
3
1 2 3
3 1 2
9 3 1
5 2 1
4 6 2
7 8 9
```

结果文件 abc.out 如下：

```
1 2 2
0 1 2
1 2 0
```

解：由于两个矩阵的乘积结果是求模 3 的结果，这样模 3 后会有较多的 0，为此采用稀疏矩阵三元组存放 **A** 和 **B** 矩阵元素模 3 的结果，均按行优先存储。样例中矩阵 **A** 的三元组表示 a 如下：

行号	列号	值
0	0	1
0	1	2
1	1	1
1	2	2
2	2	1

矩阵 **B** 的三元组表示 b 如下：

下标	行号	列号	值
0	0	0	2
1	0	1	2
2	0	2	1
3	1	0	1
4	1	2	2
5	2	0	1
6	2	1	2

结果矩阵用二维数组 c 表示。用 i 遍历 a，若遍历元素的行号为 $a[i][0]$、列号为 $j=a[i][1]$，在 b 中找到行号为 j 的元素，若其位置为 k，将它们的元素值相乘，结果累加到 $c[a[i][0][b[k][1]]$中。为了在 b 中快速找到行号为 j 的元素，用 tag 数组标识 b 中所有行号为 j 的元素的起始位置和元素个数，如前面 b 的 tag 如下：

j	起始位置	个数	
0	0	3	//b 中行号为 0 的元素的首位置为 0，共 3 个
1	3	2	//b 中行号为 1 的元素的首位置为 3，共两个
2	5	2	//b 中行号为 2 的元素的首位置为 5，共两个

最后输入 c 中元素模 3 的结果。对应的完整程序如下：

```
import java.io.FileInputStream;
import java.io.FileNotFoundException;
import java.io.PrintStream;
import java.util.Scanner;
public class Exp3
{ static int MAX=801;
  static int[][] a=new int[MAX * MAX][3];                    //A 的三元组表示
  static int[][] b=new int[MAX * MAX][3];                    //B 的三元组表示
  static int[][] tag=new int[MAX][2];                        //位置标识数组
  static int cnta,cntb;                                      //分别为 a 和 b 中元素的个数
  static int[][] c=new int[MAX][MAX];                        //存放乘法结果
  static int n;
  public static void Mult()                                  //乘法运算算法
  {   for(int i=0;i<cnta;i++)
      {   int j=a[i][1];                                     //取列号
          if(tag[j][1]>0)
          {   for(int k=tag[j][0];k<tag[j][0]+tag[j][1];k++)
                  c[a[i][0]][b[k][1]]+=a[i][2] * b[k][2];
          }
      }
  }
```

```
public static void disp()                              //输出 c
{   for(int i=0;i<n;i++)
    {   for(int j=0;j<n;j++)
        {   if(j!= n-1)
                System.out.printf("%d ",c[i][j]%3);
            else
                System.out.printf("%d\n",c[i][j]%3);
        }
    }
}
public static void main(String[] args) throws FileNotFoundException
{   System.setIn(new FileInputStream("abc.in"));       //将标准输入流重定向至 abc.in
    Scanner fin = new Scanner(System.in);
    System.setOut(new PrintStream("abc.out"));         //将标准输出流重定向至 abc.out
    int x;
    n=fin.nextInt();                                   //输入 n
    cnta=0;
    for(int i=0;i<n;i++)                               //输入 A
        for(int j=0;j<n;j++)
        {   x=fin.nextInt();
            x=x%3;
            if(x!=0)                                   //仅存放非 0 元素
            {   a[cnta][0]=i; a[cnta][1]=j; a[cnta][2]=x;
                cnta++;
            }
        }
    int cnti;
    boolean first;
    cntb=0;
    for(int i=0;i<n;i++)                               //输入 B
    {   cnti=0;
        first=true;
        for(int j=0;j<n;j++)
        {   x=fin.nextInt();
            x=x%3;
            if(x!=0)                                   //仅存放非 0 元素
            {   b[cntb][0]=i; b[cntb][1]=j; b[cntb][2]=x;
                if(first)
                {   tag[i][0]=cntb;                    //标识 b 的第 i 行首元素的位置
                    first=false;
                }
                cnti++;                                //累计第 i 行元素的个数
                cntb++;
            }
        }
        tag[i][1]=cnti;                                //第 i 行输入完毕后保存元素的个数
    }
    Mult();
    disp();
  }
}
```

2.7 第7章 树和二叉树

1. 编写一个实验程序，假设非空二叉树采用二叉链存储结构，所有结点值为单个字符且不相同。将一棵二叉树bt的左、右子树进行交换，要求不破坏原二叉树，并且采用相关数据进行测试。

解：题目要求不破坏原二叉树，只有通过交换二叉树bt的左、右子树产生新的二叉树bt1。假设bt的根结点为b，bt1的根结点为t，对应的递归模型如下：

$f(b,t) \equiv t$=null　　　　若b=null

$f(b,t) \equiv$ 复制根结点b产生新结点t;　　　　其他情况

　　f(b.lchild, t1); f(b.rchild, t2);

　　t.lchild=t2; t.rchild=t1;

对应的完整程序如下：

```
import java.util.*;
@SuppressWarnings("unchecked")
public class Exp1
{  public static BTreeClass Swap(BTreeClass bt)
   {  BTreeClass bt1=new BTreeClass();
      bt1.b=Swap1(bt.b);
      return bt1;
   }
   private static BTNode<Character> Swap1(BTNode<Character> b)
   {  BTNode<Character> t,t1,t2;
      if(b==null)
         t=null;
      else
      {  t=new BTNode<Character>(b.data);          //复制根结点
         t1=Swap1(b.lchild);                       //交换左子树
         t2=Swap1(b.rchild);                       //交换右子树
         t.lchild=t2;
         t.rchild=t1;
      }
      return t;
   }
   public static void main(String[] args)
   {  String s="A(B(D(,G)),C(E,F))";
      BTreeClass bt=new BTreeClass();
      bt.CreateBTree(s);
      System.out.println();
      System.out.println(" bt: "+bt.toString());
      BTreeClass bt1;
      System.out.println(" bt->bt1");
      bt1=Swap(bt);
      System.out.println(" bt1: "+bt1.toString());
   }
}
```

上述程序的执行结果如图 2.20 所示。

图 2.20　第 7 章实验题 1 的执行结果

2. 编写一个实验程序，假设二叉树采用二叉链存储结构，所有结点值为单个字符且不相同。求 x 和 y 结点的最近公共祖先结点(LCA)，假设二叉树中存在结点值为 x 和 y 的结点，并且采用相关数据进行测试。

解：由于二叉树中存在结点值为 x 和 y 的结点，则 LCA 一定是存在的。采用先序遍历求根到 x 结点的路径 pathx(根到 x 结点的正向路径)，根到 y 结点的路径 pathy，从头开始找到它们中最后一个相同的结点。当然也可以采用后序非递归算法或者层次遍历，但这些方法要么需要遍历二叉树两次，要么回推路径比较麻烦。这里改为采用先序遍历，过程一次遍历即可完成。

设计 BTNode < Character > LCA1(BTNode < Character > t, char x, int y)算法返回根结点为 t 的二叉树中 x 和 y 结点的 LCA：

(1) 若 t=null，返回 null。

(2) 若找到 x 或者 y 结点，即 t.data==x || t.data==y，返回 t。

(3) 递归调用 p=LCA1(t.lchild, x, y)，在 t 的左子树中查找 x 或者 y 结点。

(4) 递归调用 q=LCA1(t.rchild, x, y)，在 t 的右子树中查找 x 或者 y 结点。

(5) 只有 p!=null 并且 q!=null(即在 t 的子树中找到 x 和 y 结点)，即 t 结点就是 LCA，才返回 t。

(6) 否则找到 x 或者 y 结点的子树继续查找另一个结点。

(7) 若全部没有找到，返回 null。

对应的完整程序如下：

```
import java.util.*;
@SuppressWarnings("unchecked")
public class Exp2
{ public static char LCA(BTreeClass bt, char x, int y)
  {
      return LCA1(bt.b, x, y).data;
  }
  private static BTNode<Character> LCA1(BTNode<Character> t, char x, int y)
  {   BTNode<Character> p, q;
      if(t!=null)
      {   if(t.data==x || t.data==y)          //找到 x 或者 y 结点返回 t
              return t;
          p=LCA1(t.lchild, x, y);             //在左子树中查找 x 或者 y 结点
          q=LCA1(t.rchild, x, y);             //在右子树中查找 x 或者 y 结点
          if(p!=null && q!=null)              //只有在 t 的子树中找到 x 和 y 结点才返回 t
              return t;
          if(p!=null)
              return p;
          if(q!=null)
              return q;
      }
      return null;
  }
```

```
    public static void solve(BTreeClass bt,char x,int y)
    {
        System.out.printf(" %c和%c的LCA: %c\n",x,y,LCA(bt,x,y));
    }
    public static void main(String[] args)
    {   String s="A(B(D(,G)),C(E,F))";
        BTreeClass bt=new BTreeClass();
        bt.CreateBTree(s);
        System.out.println();
        System.out.println(" bt: "+bt.toString());
        solve(bt,'A','A'); solve(bt,'F','F');
        solve(bt,'B','F');solve(bt,'G','E');
        solve(bt,'G','B');solve(bt,'F','G');
    }
}
```

上述程序的执行结果如图 2.21 所示。

3. 编写一个实验程序,假设二叉树采用二叉链存储结构,所有结点值为单个字符且不相同。采用《教程》中第 7 章的例 7.15 的 3 种解法按层次顺序(从上到下、从左到右)输出一棵二叉树中的所有结点,并且利用图 2.22 进行测试。

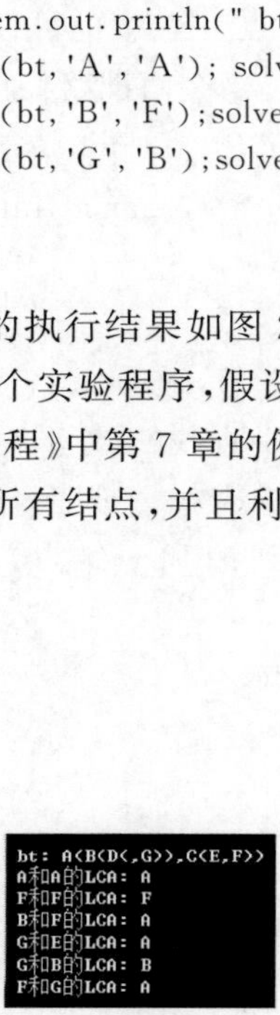

图 2.21 第 7 章实验题 2 的执行结果

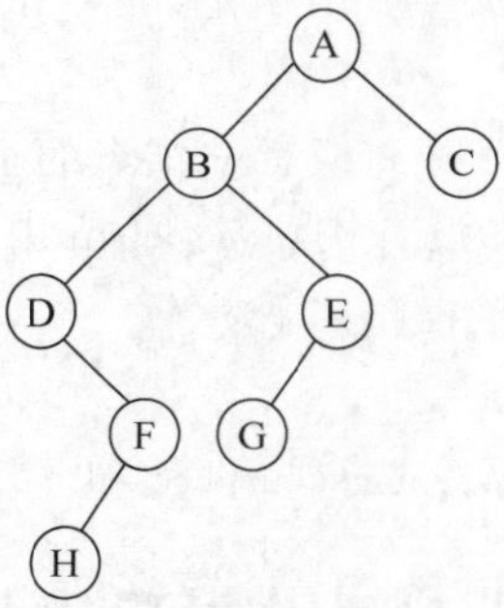

图 2.22 一棵二叉树

解:采用层次遍历,难点是如何确定每一层的结点何时访问完,3 种解法见《教程》中第 7 章的例 7.15。对应的完整程序如下:

```
import java.lang.*;
import java.util.*;
@SuppressWarnings("unchecked")
public class Exp3
{ public static void Leveldisp1(BTreeClass bt)          //解法1:分层次输出所有结点
  {   String str="";                                     //存放各层的结点
      class QNode
      {   int lno;                                       //结点的层次
          BTNode<Character> node;                        //结点的引用
          public QNode(int l,BTNode<Character> no)       //构造方法
          {   lno=l;
              node=no;
          }
```

```
    }
    Queue<QNode> qu=new LinkedList<QNode>();          //定义一个队列 qu
    QNode p;
    qu.offer(new QNode(1,bt.b));                       //根结点(层次为 1)进队
    int curl=1;                                        //当前层次,从 1 开始
    while(!qu.isEmpty())                               //队不空时循环
    {   p=qu.poll();                                   //出队一个结点
        if(p.lno==curl)
            str+=p.node.data+" ";                      //当前结点是第 curl 层的结点
        else
        {   System.out.println("    第"+curl+"层结点: "+str);
            curl++;
            str="";
            str+=p.node.data+" ";                      //当前结点是第 curl+1 层的首结点
        }
        if(p.node.lchild!=null)                        //有左孩子时将其进队
            qu.offer(new QNode(p.lno+1,p.node.lchild));
        if(p.node.rchild!=null)                        //有右孩子时将其进队
            qu.offer(new QNode(p.lno+1,p.node.rchild));
    }
    System.out.println(" 第"+curl+"层结点: "+str);
}
public static void Leveldisp2(BTreeClass bt)           //解法 2:分层次输出所有结点
{   String str="";                                     //存放各层的结点
    Queue<BTNode> qu=new LinkedList<BTNode>();  //定义一个队列 qu
    BTNode<Character> p,q=null;
    int curl=1;                                        //当前层次,从 1 开始
    BTNode<Character> last;                            //当前层中的最右结点
    last=bt.b;                                         //第 1 层的最右结点
    qu.offer(bt.b);                                    //根结点进队
    while(!qu.isEmpty())                               //队不空时循环
    {   p=qu.poll();                                   //出队一个结点
        str+=p.data+" ";                               //当前结点是第 curl 层的结点
        if(p.lchild!=null)                             //有左孩子结点时,将其进队
        {   q=p.lchild;
            qu.offer(q);
        }
        if(p.rchild!=null)                             //有右孩子结点时将其进队
        {   q=p.rchild;
            qu.offer(q);
        }
        if(p==last)                                    //当前层的所有结点处理完毕
        {   System.out.println(" 第"+curl+"层结点: "+str);
            str="";
            last=q;                                    //让 last 指向下一层的最右结点
            curl++;
        }
    }
}
public static void Leveldisp3(BTreeClass bt)           //解法 3:分层次输出所有结点
{   String str="";                                     //存放各层的结点
```

```
        Queue<BTNode> qu=new LinkedList<BTNode>(); //定义一个队列 qu
        BTNode<Character> p,q=null;
        int curl=1;                                          //当前层次,从 1 开始
        qu.offer(bt.b);                                      //根结点进队
        str+=bt.b.data;
        while(!qu.isEmpty())                                 //队不空时循环
        {   System.out.println(" 第"+curl+"层结点: "+str);
            str="";
            int n=qu.size();                                 //求出当前层的结点个数
            for(int i=1;i<=n;i++)                            //出队当前层的 n 个结点
            {   p=qu.poll();                                 //出队一个结点
                if(p.lchild!=null)                           //有左孩子结点时,将其进队
                {   qu.offer(p.lchild);
                    str+=p.lchild.data+" ";
                }
                if(p.rchild!=null)                           //有右孩子结点时将其进队
                {   qu.offer(p.rchild);
                    str+=p.rchild.data+" ";
                }
            }
            curl++;                                          //转向下一层
        }
    }
    public static void solve(BTreeClass bt)
    {   System.out.println();
        System.out.println(" 求解结果");
        System.out.println(" 解法 1:");
        Leveldisp1(bt);
        System.out.println(" 解法 2:");
        Leveldisp2(bt);
        System.out.println(" 解法 3:");
        Leveldisp3(bt);
    }
    public static void main(String[] args)
    {   String s="A(B(D(,F(H)),E(G)),C)";
        BTreeClass bt=new BTreeClass();
        bt.CreateBTree(s);
        System.out.println("bt: "+bt.toString());
        solve(bt);
    }
}
```

上述程序的执行结果如图 2.23 所示。

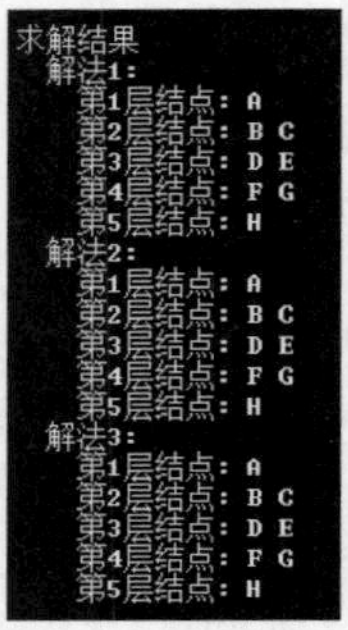

图 2.23　第 7 章实验题 3 的执行结果

4. 编写一个实验程序,假设二叉树采用二叉链存储结构,所有结点值为单个字符且不相同。采用先序遍历、非递归后序遍历和层次遍历方式输出二叉树中从根结点到每个叶子结点的路径,并且利用图 2.22 进行测试。

解:先序遍历求解思路见《教程》中例 7.11 的解法 2,非递归后序遍历求解思路见《教程》中的例 7.14,层次遍历求解思路

见《教程》中的例 7.16。对应的完整程序如下：

```
import java.util.*;
@SuppressWarnings("unchecked")
public class Exp4
{ public static void AllPath1(BTreeClass bt)                    //解法 1:先序遍历
  {   char[] path=new char[100];
      int d=-1;
      PreOrder(bt.b,path,d);
  }
  private static void PreOrder(BTNode<Character> t,char[] path,int d)   //先序遍历输出结果
  {   if(t!=null)
      {   if(t.lchild==null && t.rchild==null)                 //t 为叶子结点
          {   System.out.printf("     根结点到%c 的路径: ",t.data);
              for(int i=0;i<=d;i++)
                  System.out.print(path[i]+" ");
              System.out.println(t.data);
          }
          else
          {   d++;                                             //路径长度增 1
              path[d]=t.data;                                  //将当前结点放入路径中
              PreOrder(t.lchild,path,d);                       //递归遍历左子树
              PreOrder(t.rchild,path,d);                       //递归遍历右子树
          }
      }
  }
  public static void AllPath2(BTreeClass bt)                   //解法 2:后序非递归遍历
  {
      PostOrder(bt.b);
  }
  private static void PostOrder(BTNode<Character> t)
  {   Stack<BTNode> st=new Stack<BTNode>();                    //定义一个栈
      BTNode<Character> p=t,q;
      boolean flag;
      do
      {   while(p!=null)                                       //p 及其所有左下结点进栈
          {   st.push(p);
              p=p.lchild;
          }
          q=null;                                              //q 指向前一个刚访问结点或为空
          flag=true;                                           //表示在处理栈顶结点
          while(!st.empty() && flag)
          {   p=st.peek();                                     //取当前栈顶结点
              if(p.rchild==q)                                  //若 p 结点的右子树已访问或为空
              {   if(p.lchild==null && p.rchild==null)         //当前访问的结点是叶子结点
                  {   System.out.printf(" 根结点到%c 的路径: ",p.data);
                      String str="";
                      BTNode<Character> e;
                      Stack<BTNode> st1=new Stack<BTNode>();
                      while(!st.empty())                       //将 st 栈元素出栈并进 st1 栈
                          st1.push(st.pop());
```

```
                    while(!st1.empty())                     //将 st1 栈元素出栈并进 st 栈
                    {   e=st1.pop();
                        str+=e.data+" ";
                        st.push(e);
                    }
                    System.out.println(str);
                }
                st.pop();                                   //结点访问后退栈
                q=p;                                        //让 q 指向刚被访问的结点
            }
            else                                            //若 p 结点的右子树没有遍历
            {   p=p.rchild;                                 //转向处理其右子树
                flag=false;                                 //转向处理 p 结点的右子树
            }
        }
    } while(!st.empty());                                   //栈空结束
}
public static void AllPath3(BTreeClass bt)                  //解法 3:层次遍历
{   class QNode
    {   BTNode<Character> node;                             //结点的引用
        QNode parent;                                       //结点的双亲结点
        public QNode(BTNode<Character> no,QNode pa)         //构造方法
        {   node=no;
            parent=pa;
        }
    }
    Queue<QNode> qu=new LinkedList<QNode>();                //定义一个队列 qu
    QNode p;
    qu.offer(new QNode(bt.b,null));                         //根结点的双亲结点为 null
    while(!qu.isEmpty())                                    //队列不为空
    {   p=qu.poll();                                        //出队一个结点
        if(p.node.lchild==null && p.node.rchild==null)      //p 结点为叶子结点
        {   String str="";
            QNode f=p;
            while(f!=null)
            {   str+=f.node.data;
                f=f.parent;
            }
            System.out.printf(" 根结点到%c 的路径: ",p.node.data);
            for(int i=str.length()-1;i>=0;i--)
                System.out.print(str.charAt(i)+" ");
            System.out.println();

        }
        if(p.node.lchild!=null)                             //左孩子结点进队
            qu.offer(new QNode(p.node.lchild,p));
        if(p.node.rchild!=null)                             //右孩子结点进队
            qu.offer(new QNode(p.node.rchild,p));
    }
}
public static void solve(BTreeClass bt)
```

```
    {   System.out.println();
        System.out.println(" 求解结果");
        System.out.println(" 解法 1:");
        AllPath1(bt);
        System.out.println(" 解法 2:");
        AllPath2(bt);
        System.out.println(" 解法 3:");
        AllPath3(bt);
    }
    public static void main(String[] args)
    {   String s="A(B(D(,F(H)),E(G)),C)";
        BTreeClass bt=new BTreeClass();
        bt.CreateBTree(s);
        System.out.println();
        System.out.println(" bt: "+bt.toString());
        solve(bt);
    }
}
```

上述程序的执行结果如图 2.24 所示。

5. 编写一个实验程序，给定一个字符串 str，包含一个简单算术表达式的后缀表达式（仅包含正整数和'+'、'-'、'*'、'/'运算符）。完成以下任务：

(1) 将后缀表达式采用二叉树表示（称为表达式树）。例如一个后缀表达式 str="10#3#-3#5#2#/*+"对应的二叉树表示如图 2.25 所示。

(2) 采用括号表示法输出该表达式树。

(3) 利用该表达式树求出表达式的值，上述表达式树的求值结果是 14.5。

(4) 将该表达式树转换为中缀表达式并输出。

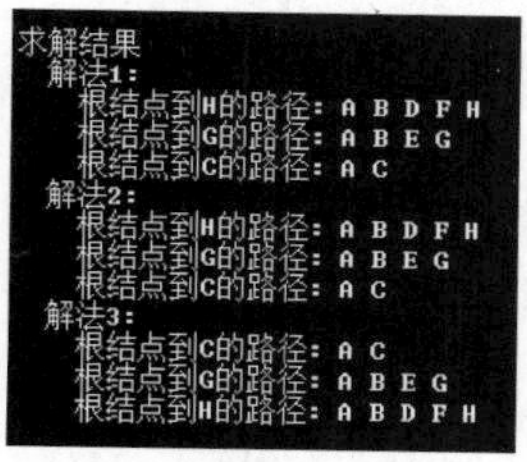

图 2.24　第 7 章实验题 4 的执行结果

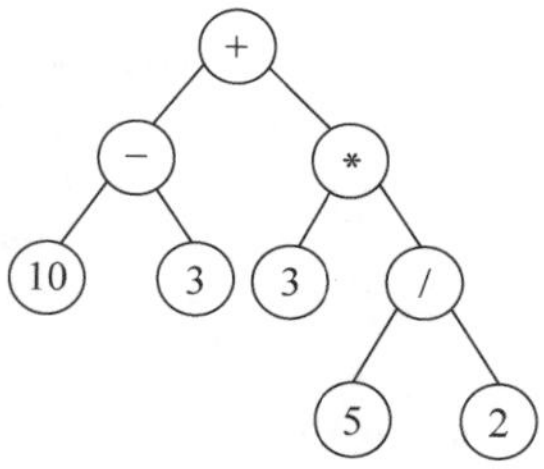

图 2.25　一棵表达式树

解：采用《教程》中 3.1.7 节的求后缀表达式值的过程构造表达式树（将求值步骤改为建立表达式树的结点），再利用后序遍历方式求值，利用先序遍历产生对应的中缀表达式。对应的完整程序如下：

```
import java.util.*;
class Node                                          //表达式树结点类
{ int data;
  char op;
  Node lchild,rchild;
  public Node(int data)                             //构造方法 1
  {   this.data=data;
```

```
        lchild=rchild=null;
    }
    public Node(char op)                                    //构造方法 2
    {   this.op=op;
        lchild=rchild=null;
    }
}
public class Exp5
{   static Node root;                                       //表达式二叉树的根结点
    static String bstr;                                     //二叉树的括号表示串
    public static void CreateEt(String str)                 //创建表达式树
    {   Node p,a,b;
        int i=0;
        char ch;
        Stack<Node> st=new Stack<Node>();                   //定义一个栈
        while(i<str.length())
        {   ch=str.charAt(i);
            if(ch=='+' || ch=='-' || ch=='*' || ch=='/')     //遇到运算符
            {   p=new Node(ch);
                a=st.pop();
                b=st.pop();
                p.lchild=b; p.rchild=a;
                st.push(p);
                i++;
            }
            else                                            //其他为运算数
            {   int d=0;
                while(i<str.length() && ch!='#')            //将运算数串转换为数值 d
                {   d=d*10+(ch-'0');
                    i++;
                    ch=str.charAt(i);
                }
                a=new Node(d);
                st.push(a);
                i++;
            }
        }
        root=st.peek();                                     //栈顶结点为根结点
    }
    public static String DispEt()                           //返回二叉链的括号表示串
    {   bstr="";
        DispEt1(root);
        return bstr;
    }
    private static void DispEt1(Node t)                     //被 DispEt()方法调用
    {   if(t!=null)
        {   if(t.lchild==null && t.rchild==null)
                bstr+=(int)t.data;                          //叶子结点输出 data
            else
                bstr+=t.op;                                 //非叶子结点输出 op
            if(t.lchild!=null || t.rchild!=null)
```

```
            {   bstr+="(";                              //有孩子结点时输出"("
                DispEt1(t.lchild);                      //递归输出左子树
                if(t.rchild!=null)
                    bstr+=",";                          //有右孩子结点时输出","
                DispEt1(t.rchild);                      //递归输出右子树
                bstr+=")";                              //输出")"
            }
        }
    }
    public static double Comp()                         //求表达式树的值
    {
        return Comp1(root);
    }
    public static double Comp1(Node t)                  //被 Comp()方法调用
    {   if(t.lchild==null && t.rchild==null)
            return t.data;
        double a=Comp1(t.lchild);
        double b=Comp1(t.rchild);
        switch(t.op)
        {   case '-': return a-b;
            case '+': return a+b;
            case '*': return a*b;
            case '/': return 1.0*a/b;
        }
        return 0;
    }
    public static String DispIn()                       //输出中缀表达式
    {   bstr="";
        DispIn1(root,1);
        return bstr;
    }
    public static void DispIn1(Node t,int h)            //被 DispIn()方法调用
    {   if(t==null) return;
        else if(t.lchild==null && t.rchild==null)       //叶子结点
            bstr+=t.data;
        else
        {   if(h>1) bstr+="(";                          //有子表达式加一层括号
            DispIn1(t.lchild,h+1);                      //处理左子树
            bstr+=t.op;                                 //输出运算符
            DispIn1(t.rchild,h+1);                      //处理右子树
            if(h>1) bstr+=")";                          //有子表达式加一层括号
        }
    }
    public static void main(String[] args)
    {   String str="10#3#-3#5#2#/*+";                   //后缀表达式
        System.out.println();
        System.out.println(" 后缀表达式: "+str);
        System.out.println(" (1)创建表达式二叉树 root");
        CreateEt(str);
        System.out.println(" (2)输出表达式二叉树");
        System.out.println(" root: "+DispEt());
```

```
        System.out.println(" (3)计算表达式值: "+Comp());
        System.out.println(" (4)对应的中缀表达式: "+DispIn());
    }
}
```

上述程序的执行结果如图 2.26 所示。

图 2.26 第 7 章实验题 5 的执行结果

6. 编写一个实验程序,给定一个字符串,统计其中 ASCII 码为 0~255 的字符出现的次数,构造出对应的哈夫曼编码,用其替换产生加密码(其他字符保持不变),再由加密码解密产生原字符串,并且利用相关数据进行测试。

解: 采用《教程》中 7.7 节的原理构造哈夫曼树并产生哈夫曼编码,由原字符串 *s* 产生加密码 str,再由 str 解密产生 *s*。对应的完整程序如下:

```
import java.lang.*;
import java.util.*;
@SuppressWarnings("unchecked")
class HTNode                                        //哈夫曼树结点类
{  char data;                                       //结点值,假设为单个字符
   double weight;                                   //权值
   public HTNode parent;                            //双亲结点
   HTNode lchild;                                   //左孩子结点
   HTNode rchild;                                   //右孩子结点
   boolean flag;                                    //标识是双亲的左或者右孩子
   public HTNode()                                  //构造方法
   {    parent=null;
        lchild=null;
        rchild=null;
        data='A';
   }
   public double getw()                             //取结点权值的方法
   {
        return weight;
   }
}
public class Exp6
{  final static int MAXN=562;                       //最多结点个数
   static HTNode[] ht=new HTNode[MAXN];             //存放哈夫曼树
   static HTNode root;                              //哈夫曼树的根结点
   static String[] hcd=new String[MAXN];            //存放哈夫曼编码
   static int[] w=new int[MAXN];                    //权值数组
   static char[] d=new char[MAXN];                  //存放字符
   static int n0;                                   //存放叶子结点的个数
   static int[] map=new int[MAXN];                  //ASCII 码到下标的转换
```

```
public static void CreateHT()                                    //构造哈夫曼树
{   Comparator<HTNode> priComparator                             //定义 priComparator
      = new Comparator<HTNode>()
      {  public int compare(HTNode o1, HTNode o2)                //用于创建小根堆
         {
            return(int)(o1.getw()-o2.getw());                    //weight 越小越优先
         }
      };
    PriorityQueue<HTNode> pq=new PriorityQueue<>(MAXN, priComparator);
                                                                 //定义优先队列
    for(int i=0;i<n0;i++)                                        //建立 n0 个叶子结点并进队
    {   ht[i]=new HTNode();                                      //建立 ht[i]结点
        ht[i].parent=null;                                       //将双亲结点设置为空
        ht[i].data=d[i];
        ht[i].weight=w[i];
        pq.offer(ht[i]);
    }
    for(int i=n0;i<(2*n0-1);i++)                                 //合并操作
    {   HTNode p1=pq.poll();                                     //出队两个权值最小的结点 p1 和 p2
        HTNode p2=pq.poll();
        ht[i]=new HTNode();                                      //建立 ht[i]结点
        p1.parent=ht[i];                                         //设置 p1 和 p2 的双亲为 ht[i]
        p2.parent=ht[i];
        ht[i].weight=p1.weight+p2.weight;                        //求权值和
        ht[i].lchild=p1;                                         //p1 结点作为双亲 ht[i]的左孩子结点
        p1.flag=true;
        ht[i].rchild=p2;                                         //p2 结点作为双亲 ht[i]的右孩子结点
        p2.flag=false;
        pq.offer(ht[i]);                                         //ht[i]结点进队
    }
    root=pq.poll();                                              //队中的最后一个结点就是根结点
}
private static String reverse(String s)                          //逆置字符串 s
{   String t="";
    for(int i=s.length()-1;i>=0;i--)
        t+=s.charAt(i);
    return t;
}
public static void CreateHCode()                                 //根据哈夫曼树求哈夫曼编码
{   for(int i=0;i<n0;i++)                                        //遍历下标从 0 到 n0-1 的叶子结点
    {   hcd[i]="";
        HTNode p=ht[i];                                          //从 ht[i]开始找双亲结点
        while(p.parent!=null)
        {   if(p.flag)                                           //p 结点是双亲的左孩子结点
                hcd[i]+='0';
            else                                                 //p 结点是双亲的右孩子结点
                hcd[i]+='1';
            p=p.parent;
```

```
            }
            hcd[i]=reverse(hcd[i]);                           //逆置
        }
    }
    public static void DispHuffman()                          //输出哈夫曼编码
    {   String str;
        for(int i=0;i<n0;i++)
        {   str=" "+ht[i].data+": "+hcd[i];
            if((i+1)%3==0)                                    //每行输出 3 个字符
                System.out.println(str);
            else
            {   System.out.print(str);
                if(str.length()<8)
                    System.out.print("\t\t");
                else
                    System.out.print("\t");
            }
        }
    }
    public static String encryption(String s)                 //加密方法
    {   String str="";
        for(int i=0;i<s.length();i++)
        {   int cd=(int)s.charAt(i);                          //取字符 s[i]的 ASCII 码 cd
            if(cd>=0 && cd<256)                               //有效字符
            {   int j=map[cd];                                //s[i]对应 ht/hcd 的下标 j
                str+=hcd[j];                                  //替换为哈夫曼编码
            }
            else                                              //其他字符保持不变
                str+=s.charAt(i);
        }
        return str;
    }
    public static String Decrypt(String s)                    //解密方法
    {   String str="";
        int i=0;
        while(i<s.length())
        {   int cd=s.charAt(i);
            if(cd>=0 && cd<256)                               //有效字符
            {   HTNode p=root;                                //从根结点开始匹配
                while(i<s.length())
                {   if(s.charAt(i)=='0')
                        p=p.lchild;
                    else
                        p=p.rchild;
                    i++;
                    if(p.lchild==null && p.rchild==null)
                        break;                                //匹配叶子结点时退出
                }
```

```
                str+=p.data;
            }
            else                                            //其他字符保持不变
            {   str+=s.charAt(i);
                i++;
            }
        }
        return str;
    }
    public static void DispStr(String str)                 //输出字符串 str
    {   System.out.print("  ");
        for(int i=0;i<str.length();i++)
        {   if((i+1)%60==0)
            {   System.out.println(str.charAt(i));
                System.out.print("  ");
            }
            else
                System.out.print(str.charAt(i));
        }
        System.out.println();
    }
    public static void main(String[] args)
    {   String s="China Connect is 好 the 样 largest 的 European gathering.";
        System.out.println("\n 原字符串:"); DispStr(s);
        int[] cnt=new int[256];
        int cd;
        for(int i=0;i<s.length();i++)
        {   cd=(int)s.charAt(i);
            if(cd>=0 && cd<256)
                cnt[cd]++;
        }
        n0=0;
        for(int i=0;i<256;i++)
            if(cnt[i]>0)
            {   d[n0]=(char)i;                          //存放 ASCII 码为 i 的字符
                map[i]=n0;                              //ASCII 码为 i 对应 ht/hcd 的下标 n0
                w[n0]=cnt[i];                           //该字符出现的次数
                n0++;
            }
        CreateHT();
        CreateHCode();
        System.out.println(" 各个字符的哈夫曼编码:");
        DispHuffman();
        System.out.println(" 加密结果:");
        String str=encryption(s); DispStr(str);
        System.out.println(" 解密结果:");
        s=Decrypt(str); DispStr(s);
    }
}
```

上述程序的执行结果如图 2.27 所示。

原字符串:
China Connect is 好the 样largest的 European gathering.
各个字符的哈夫曼编码:
: 101
.: 00010
C: 11111
E: 00011
a: 1100
c: 111010
e: 001
g: 0111
h: 1001
i: 0110
l: 111101
n: 010
o: 11100
p: 111011
r: 1000
s: 0000
t: 1101
u: 111100
加密结果:
111111001011001011001011111111100010010001111010110110101100
000101好11011001001101样11110111001000011100100001101的10100011
111100100011100111011001110001010101111100110110010011000011
0010011100010
解密结果:
China Connect is 好the 样largest的 European gathering.

图 2.27　第 7 章实验题 6 的执行结果

2.8　第 8 章　图

1. 编写一个实验程序,对于不带权图,按深度优先遍历找到从指定顶点 u 出发且长度为 m 的所有路径,并求图 2.28 中 $u=0$、$m=3$ 的结果。

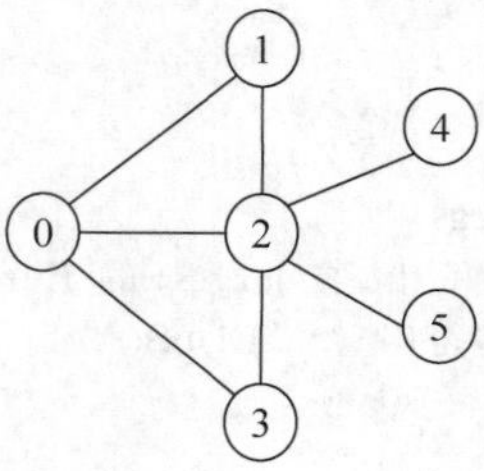

图 2.28　一个图

解:采用带回溯的深度优先遍历算法,设计思路与《教程》8.3.5 节的例 8.8 相同。对应的实验程序如下:

```
import java.util.*;
class ArcNode                                   //边结点类
{ int adjvex;                                   //该边的终点编号
  ArcNode nextarc;                              //指向下一条边的指针
  int weight;                                   //该边的相关信息,例如边的权值
}
class VNode                                     //表头结点类型
{ String[] data;                                //顶点信息
  ArcNode firstarc;                             //指向第一条边的相邻顶点
}
class AdjGraphClass                             //图邻接表类
{ final int MAXV=100;                           //表示最多顶点个数
  final int INF=0x3f3f3f3f;                     //表示∞
  VNode[] adjlist;                              //邻接表头数组
  int n,e;                                      //图中顶点数 n 和边数 e
  public AdjGraphClass()                        //构造方法
  {    adjlist=new VNode[MAXV];
       for(int i=0;i<MAXV;i++)
```

```
            adjlist[i]=new VNode();
    }
    public void CreateAdjGraph(int[][] a,int n,int e)          //通过数组 a、n 和 e 建立邻接表
    {   this.n=n; this.e=e;                                    //置顶点数和边数
        ArcNode p;
        for(int i=0;i<n;i++)                                   //给邻接表中所有头结点的指针置初值
            adjlist[i].firstarc=null;
        for(int i=0;i<n;i++)                                   //检查边数组 a 中的每个元素
            for(int j=n-1;j>=0;j--)
                if(a[i][j]!=0 && a[i][j]!=INF)                 //存在一条边
                {   p=new ArcNode();                           //创建一个边结点 p
                    p.adjvex=j; p.weight=a[i][j];
                    p.nextarc=adjlist[i].firstarc;             //采用头插法插入 p 结点
                    adjlist[i].firstarc=p;
                }
    }
    public void DispAdjGraph()                                 //输出图的邻接表
    {   ArcNode p;
        for(int i=0;i<n;i++)
        {   System.out.printf(" [%d]",i);
            p=adjlist[i].firstarc;                             //p 结点指向第一个邻接点
            while(p!=null)
            {   System.out.printf("->(%d,%d)",p.adjvex,p.weight);
                p=p.nextarc;                                   //p 结点移向下一个邻接点
            }
            System.out.println("->∧");
        }
    }
}
public class Exp1
{ static final int MAXV=100;                                   //表示最多顶点个数
  static int[] visited=new int[MAXV];
  static int cnt=0;
  static void DFS(AdjGraphClass G,int u,int m,int[] path,int d)    //从顶点 u 出发深度优先遍历
  {   ArcNode p;
      visited[u]=1;
      d++; path[d]=u;                                          //将顶点 u 添加到 path 中
      if(d==m)                                                 //找到长度为 m 的路径
      {   cnt++;
          System.out.print(" 路径"+cnt+": ");
          for(int i=0;i<=d;i++)
              System.out.print(path[i]+" ");
          System.out.println();
      }
      p=G.adjlist[u].firstarc;
      while(p!=null)
      {   int w=p.adjvex;
          if(visited[w]==0)
              DFS(G,w,m,path,d);
          p=p.nextarc;
      }
```

```
        visited[u]=0;
        d--;
    }
    public static void main(String[] args)
    {   AdjGraphClass G=new AdjGraphClass();
        int n=6,e=7;
        int[][] a={{0,1,1,1,0,0}, {1,0,1,0,0,0},{1,1,0,1,1,1},
                   {1,0,1,0,0,0},{0,0,1,0,0,0}, {0,0,1,0,0,0}};
        G.CreateAdjGraph(a,n,e);
        System.out.printf("\n 图 G\n");
        G.DispAdjGraph();
        int u=0,m=3;
        System.out.println(" 起点 u="+u+",m="+m+"的求解结果");
        int path[]=new int[MAXV];
        Arrays.fill(visited,0);                          //初始化所有元素为 0
        DFS(G,u,m,path,-1);
    }
}
```

上述程序的执行结果如图 2.29 所示。

2. 推箱子是一个很经典的游戏,今天做一个简单版本。在一个 $n \times m$ 的房间里有一个箱子和一个搬运工,搬运工的工作就是把箱子推到指定的位置。注意,搬运工只能推箱子而不能拉箱子,因此如果箱子被推到一个角上(如图 2.30 所示),那么箱子就不能再被移动了;如果箱子被推到一面墙上,那么箱子只能沿着墙移动。

现在给定房间的结构、箱子的位置、搬运工的位置和箱子要被推去的位置,请计算出搬运工至少要推动箱子多少格。

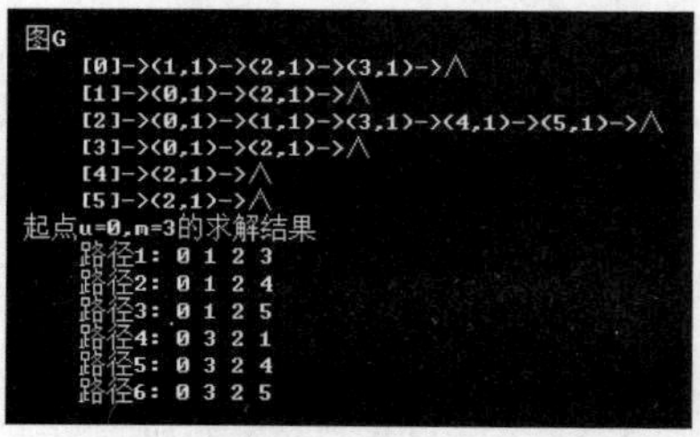

图 2.29　第 8 章实验题 1 的执行结果

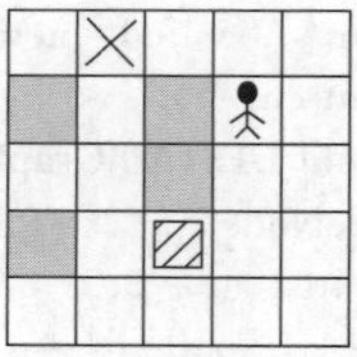

图 2.30　推箱子示意图

输入格式:输入数据的第一行是一个整数 $T(1 \leqslant T \leqslant 20)$,代表测试数据的数量;然后是 T 组测试数据,每组测试数据的第一行是两个正整数 n 和 $m(2 \leqslant n, m \leqslant 7)$,代表房间的大小;接下来是一个 n 行 m 列的矩阵,代表房间的布局,其中 0 代表空的地板,1 代表墙,2 代表箱子的起始位置,3 代表箱子要被推去的位置,4 代表搬运工的起始位置。

输出格式:对于每组测试数据,输出搬运工最少需要推动箱子多少格才能把箱子推到指定位置,如果不能推到指定位置则输出-1。

输入样例:

```
1
5 5
```

0 3 0 0 0
1 0 1 4 0
0 0 1 0 0
1 0 2 0 0
0 0 0 0 0

输出样例：

4

解：推箱子的方位设置图如图 2.31 所示。在找到箱子位置 now 后，推箱子是与方位有关的，0 方位推箱子的情况如图 2.32 所示，pre 位置必须能够到达搬运工的起始位置，next 是可以推箱子的方向，其他方位推箱子的情况以此类推。

采用嵌套 BFS，外层 BFS 是从箱子到终点找一条箱子移动的路径，用内层 BFS 来判断人能否从上一个方块走到这一个方块(pre 位置)。

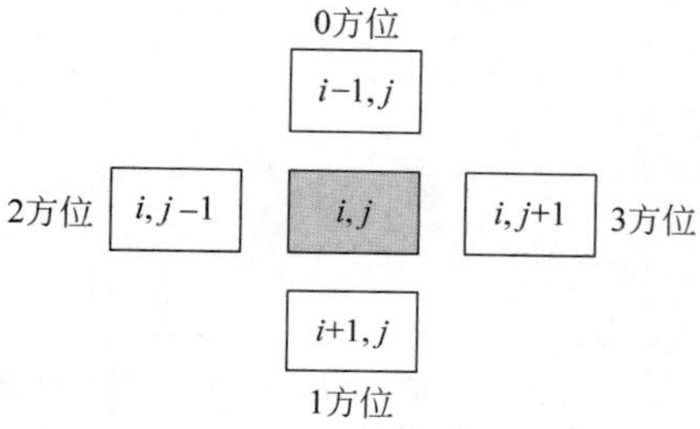

图 2.31　方位设置图

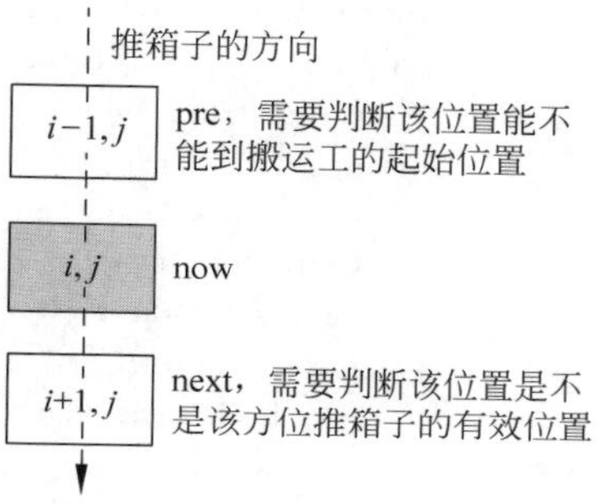

图 2.32　0 方位推箱子的情况

对应的实验程序如下：

```
import java.lang.*;
import java.util.*;
import java.util.Scanner;
class Node                                          //队列结点类型
{   int x,y;                                        //搜索的位置
    int px,py;                                      //搬运工走到的位置
    int ans;
}
public class Exp2
{ static int MAXN=10;
  static int n,m;
  static int[][] mat=new int[MAXN][MAXN];           //存放图
  static int[][] dir={{-1,0},{1,0},{0,-1},{0,1}};   //存放上、下、左、右四周的偏移量
  static Node st;                                   //存放搬运工位置(px,py)和箱子位置(x,y)
  static void Copy(Node a,Node b)                   //结点值的复制
  {   a.x=b.x;
      a.y=b.y;
      a.px=b.px;
      a.py=b.py;
      a.ans=b.ans;
```

```
	}
	static boolean check(int x, int y)                    //检测(x,y)是否有效
	{	if(x<1||x>n||y<1||y>m||mat[x][y]==1)
			return false;
		else
			return true;
	}
	static boolean bfs_person(Node a, Node c)             //从 a 搬运工位置能否找到 a 的当前位置(x,y)
	{	Queue<Node> qu=new LinkedList<Node>();            //定义一个队列
		int[][] visited=new int[MAXN][MAXN];
		Node next;
		Node b=new Node();
		b.x=a.px; b.y=a.py;                               //b 取搬运工的位置
		qu.offer(b);                                      //b 进队
		visited[b.x][b.y]=1;
		while(!qu.isEmpty())
		{	Node now=qu.poll();
			if(now.x==a.x && now.y==a.y)                  //找到箱子的位置
				return true;
			for(int i=0;i<4;i++)
			{	next=new Node();
				Copy(next,now);
				next.x+=dir[i][0];
				next.y+=dir[i][1];
				if(!check(next.x,next.y)|| (next.x==c.x && next.y==c.y))
					continue;                             //路径不能经过 c 位置,否则会死循环
				if(visited[next.x][next.y]==1)            //已经搜索过
					continue;
				visited[next.x][next.y]=1;
				qu.offer(next);
			}
		}
		return false;
	}
	static int bfs_box()                                  //推箱子算法
	{	Queue<Node> qu=new LinkedList<Node>();            //定义一个队列
		Node next;
		Node pre;
		int[][][] visited=new int[MAXN][MAXN][4];
		st.ans=0;                                         //初始 st 中(px,py)为搬运工的位置
		qu.offer(st);                                     //初始 st 中(x,y)为箱子的位置
		while(!qu.isEmpty())
		{	Node now=qu.poll();                           //出队方块 now,其(x,y)为当前搜索位置
			if(mat[now.x][now.y]==3)                      //找到箱子要被推去的位置
				return now.ans;                           //返回 ans
			for(int i=0;i<4;i++)                          //试探搜索位置的四周,方位为 i
			{	next=new Node();
				Copy(next,now);                           //next 为 now 的方位 i 的邻接位置
				next.x+=dir[i][0];
				next.y+=dir[i][1];
				if(!check(next.x,next.y) || visited[next.x][next.y][i]==1)
```

```
                continue;                          //next 无效时继续
            pre=new Node();
            Copy(pre,now);                         //pre 为 now 的前一个方位 i 的邻接位置
            if(i==0) pre.x=pre.x+1;
            else if(i==1) pre.x=pre.x-1;
            else if(i==2) pre.y=pre.y+1;
            else if(i==3) pre.y=pre.y-1;
            if(!check(pre.px,pre.py))              //若 pre 中的搬运工位置无效
                continue;
            else if(!bfs_person(pre,now))          //从 pre 的搬运工位置找不到位置 now.(x,y)
                continue;
            visited[next.x][next.y][i]=1;          //设置已经搜索标志
            next.px=now.x; next.py=now.y;          //搬运工走到 now 的搜索位置
            next.ans=now.ans+1;                    //路径长度增 1
            qu.offer(next);                        //将 next 进队
        }
    }
    return -1;
}
public static void main(String[] args)
{   Scanner fin=new Scanner(System.in);
    int T;
    T=fin.nextInt();
    while(T-->0)
    {   st=new Node();                             //存放搬运工位置(px,py)和箱子位置(x,y)
        n=fin.nextInt();
        m=fin.nextInt();
        for(int i=1;i<=n;i++)
            for(int j=1;j<=m;j++)
                mat[i][j]=fin.nextInt();
        for(int i=1;i<=n;i++)
            for(int j=1;j<=m;j++)
            {   if(mat[i][j]==4)                   //搬运工的位置
                {   st.px=i;
                    st.py=j;
                }
                else if(mat[i][j]==2)              //箱子的位置
                {   st.x=i;
                    st.y=j;
                }
            }
        System.out.println(bfs_box());
    }
  }
}
```

3. 设计广域网中某些结点之间的连接，已知该区域中的一组结点以及用电缆连接结点对的路线，对于两个结点之间的每条可能路线给出所需的电缆长度。注意，两个给定结点之间可能存在许多路径，这里给定的路线仅仅连接该区域中的两个结点。请为该区域设计网络，以便在任意两个结点之间是可以连接的(直接或间接)，并且使用电缆的总长度最小。

输入格式：输入文件由许多数据集组成，每个数据集定义一个网络，第一行包含两个整数，P 给出结点个数，R 给出路径数，接下来的 R 行定义了结点之间的路线，每行给出 3 个整数，其中前两个数字标识结点，第 3 个给出路线的长度，数字用空格分隔。另外，仅给出一个数字 $P=0$ 的数据集表示输入结束。数据集用空行分隔。

最大结点数为 50，给定路线的最大长度为 100，可能的路线数量不受限制。结点用 1 和 P(含)之间的整数标识，两个结点 i 和 j 之间的路线可以为 $i\ j$ 或 $j\ i$。

输出格式：对于每个数据集，在单独的行上打印一个数字，该行显示用于设计整个网络的电缆的总长度。

输入样例：

```
1 0

2 3
1 2 37
2 1 17
1 2 68

3 7
1 2 19
2 3 11
3 1 7
1 3 5
2 3 89
3 1 91
1 2 32

5 7
1 2 5
2 3 7
2 4 8
4 5 11
3 5 10
1 5 6
4 2 12

0
```

输出样例：

```
0
17
16
26
```

解：用数组 $E[0..m-1]$ 存放 m 条边，采用最小生成树构造算法求最小生成树的所有边长和 ans，这里采用克鲁斯卡尔算法。对应的 AC 程序如下：

```
import java.lang.*;
import java.util.*;
```

```
import java.util.Scanner;
class Edge                                          //边数组元素类
{ int u;                                            //边的起始顶点
  int v;                                            //边的终止顶点
  int w;                                            //边的权值
  public Edge(int u,int v,int w)                    //构造方法
  {   this.u=u;
      this.v=v;
      this.w=w;
  }
}
public class Exp3
{ final static int MAXV=55;                         //表示最多顶点个数
  final static int MAXE=3000;                       //表示最多边数
  static int[] parent=new int[MAXV];                //并查集存储结构
  static int[] rank=new int[MAXV];                  //存储结点的秩
  static int n,m;
  static Edge[] E;                                  //存放所有边的数组 E
  static int ans;                                   //存放求解结果
  public static void Init()                         //并查集的初始化
  {   for(int i=1;i<=n;i++)                         //顶点编号为 1~n
      {   parent[i]=i;
          rank[i]=0;
      }
  }
  public static int Find(int x)                     //在并查集中查找 x 结点的根结点
  {   if(x!=parent[x])
          parent[x]= Find(parent[x]);               //路径压缩
      return parent[x];
  }
  public static void Union(int x,int y)             //并查集中 x 和 y 的两个集合的合并
  {   int rx=Find(x);
      int ry=Find(y);
      if(rx==ry)                                    //x 和 y 属于同一棵树的情况
          return;
      if(rank[rx]< rank[ry])
          parent[rx]=ry;                            //rx 结点作为 ry 的孩子
      else
      {   if(rank[rx]==rank[ry])                    //秩相同,合并后 rx 的秩增 1
              rank[rx]++;
          parent[ry]=rx;                            //ry 结点作为 rx 的孩子
      }
  }
  public static void Kruskal()                      //求最小生成树的边长和
  {   ans=0;
      Arrays.sort(E,0,m,new Comparator<Edge>()      //E 数组按 w 递增排序
      {   public int compare(Edge o1,Edge o2)       //返回值>0 时进行交换
          {   return o1.w-o2.w; }
      });
      Init();
      int cnt=1;                                    //cnt 表示当前构造生成树的第几条边,初值为 1
```

```
        int j=0;                                        //取 E 中边的下标,初值为 0
        while(cnt < n)                                  //生成的边数小于 n 时循环
        {   int u1=E[j].u; int v1=E[j].v;               //取一条边的头、尾顶点
            int sn1=Find(u1);
            int sn2=Find(v1);                           //分别得到两个顶点所属的集合的编号
            if(sn1!=sn2)                                //两顶点属于不同的集合,加入不会构成回路
            {   ans+=E[j].w;
                cnt++;                                  //生成边数增 1
                Union(u1,v1);                           //合并
            }
            j++;                                        //继续取 E 的下一条边
        }
    }
    public static void main(String[] args)
    {   Scanner fin=new Scanner(System.in);
        while(fin.hasNext())
        {   E=new Edge[MAXE];
            n=fin.nextInt();
            if(n==0) break;
            m=fin.nextInt();
            for(int i=0;i<m;i++)                        //E[0..m-1]存放 m 条边
            {   int x,y,w;
                x=fin.nextInt();
                y=fin.nextInt();
                w=fin.nextInt();
                E[i]=new Edge(x,y,w);
            }
            Kruskal();
            System.out.println(ans);
        }
    }
}
```

上述程序的执行时间为 547ms,空间为 5268KB。

技巧:题目中仅仅指出顶点个数的最大值为 50,没有指定边数的最大值 MAXE。MAXE 取值太大(如 100 000)时会超过空间限制,MAXE 取值太小(如 1000)时会出现空间溢出;而 50×(50−1)=2450,所以取 MAXE 为 3000 比较合适。

4. 虽然草儿是个路痴,但是草儿仍然很喜欢旅行,因为在旅途中会遇见很多人、很多事,还能丰富自己的阅历,还可以看到美丽的风景。草儿想去很多地方,她想去东京铁塔看夜景,去威尼斯看电影,去阳明山上看海芋,去纽约看雪景,去巴黎喝咖啡……眼看寒假就快到了,这么一大段时间可不能浪费,一定要给自己好好放个假,可是也不能荒废了训练,所以草儿决定要在最短的时间去一个自己想去的地方。因为草儿的家在一个小镇上,没有火车经过,所以她只能去邻近的城市坐火车。

输入格式:输入数据有多组,每组的第一行是 3 个整数 T、S 和 D,表示有 T 条路,和草儿家相邻的城市有 S 个,草儿想去的地方有 D 个;接着有 T 行,每行有 3 个整数 a、b、time,表示 a 和 b 城市之间的车程是 time 小时($1 \leqslant a, b \leqslant 1000$,$a$ 和 b 之间可能有多条路);接着的第 $T+1$ 行有 S 个数,表示和草儿家相连的城市;接着的第 $T+2$ 行有 D 个数,表示

草儿想去的地方。

输出格式：输出草儿能去某个喜欢的城市的最短时间。

输入样例：

```
6 2 3                                    //T=6,S=2,D=3
1 3 5
1 4 7
2 8 12
3 8 4
4 9 12
9 10 2
1 2                                      //相连的城市是 1 和 2
8 9 10                                   //草儿想去的城市是 8,9,10
```

输出样例：

```
9
```

提示：类似的题目有 HDU2544、HDU1874、HDU2112、HDU1217 和 HDU1548。

解：本题将草儿的家看成顶点 0，将从草儿家到相邻城市的时间看作 0，题目就是求草儿家到各个目的地的最短路径长度。对于样例，图中包含顶点 1 到 10，共 6 条道路，草儿家的顶点为 0，到顶点 1 和 2 的时间看作 0，目的地有顶点 8、9、10。最后求出草儿能去喜欢的城市 8 的最短时间是 9，如图 2.33 所示。

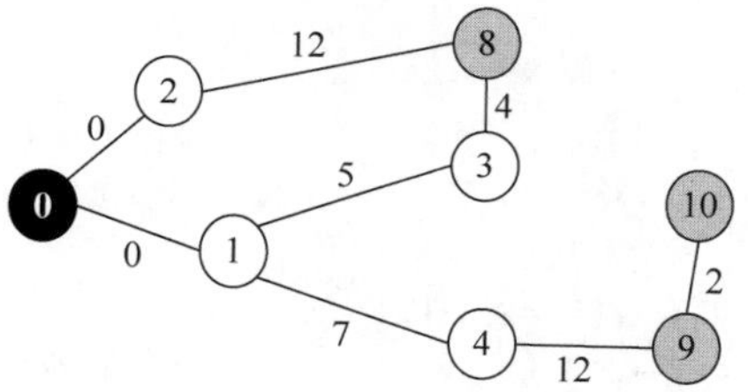

图 2.33　样例对应的图

用 link 数组表示和草儿家相连的城市，want 数组表示草儿想去的地方，即目的地集合。采用 Dijkstra 算法，以顶点 0 为源点，求出源点到 want 中每个顶点 i 的最短路径长度 dist[i]（$i \in$ want），在这样的 dist[i]中取最小值即可。

对应的实验程序如下：

```
import java.lang.*;
import java.util.*;
public class Main
{  static final int INF=0x3f3f3f3f;                    //表示∞
   static final int MAXV=1001;                         //表示最多顶点个数
   static int[][] mat=new int[MAXV][MAXV];             //邻接矩阵
   static int V;                                       //顶点个数
   static int[] dist=new int[MAXV];                    //用于 Dijkstra 算法
   static int[] S=new int[MAXV];                       //用于 Dijkstra 算法
   static void Dijkstra(int[] link,int n)              //Dijkstra 算法(起始顶点为 0)
   {    Arrays.fill(S,0);
```

```
        for(int i=1;i<=V;i++)
        {   dist[i]=INF;
            S[i]=0;
        }
        for(int i=1;i<=n;i++)
            dist[link[i]]=0;
        while(true)
        {   int u=-1;
            for(int i=1;i<=V;i++)                  //查找 V-S 中 dist 最小的顶点 u
            {   if(S[i]==0 && (u==-1||dist[u]>dist[i]))
                    u=i;
            }
            if(u==-1) break;
            S[u]=1;
            for(int j=1;j<=V;j++)
            {   if(dist[j]>dist[u]+mat[u][j])
                    dist[j]=dist[u]+mat[u][j];
            }
        }
    }
    public static void main(String[] args)
    {   Scanner fin=new Scanner(System.in);
        int T,S,D;
        while(fin.hasNext())
        {   T=fin.nextInt();                       //获取第一行
            S=fin.nextInt();
            D=fin.nextInt();
            V=0;                                   //以最大顶点编号作为顶点个数
            for(int i=1;i<MAXV;i++)                //邻接矩阵初始化
                for(int j=1;j<MAXV;j++)
                    mat[i][j]=(i==j?0:INF);
            for(int i=1;i<=T;i++)                  //获取邻接矩阵
            {   int a,b,time;
                a=fin.nextInt();
                b=fin.nextInt();
                time=fin.nextInt();
                V=Math.max(V,Math.max(a,b));
                if(mat[a][b]>time)                 //a、b 之间可能有多条路
                    mat[a][b]=mat[b][a]=time;      //取最小时间
            }
            int[] link=new int[MAXV];
            int[] want=new int[MAXV];
            for(int i=1;i<=S;i++)                  //获取 S 个和草儿家相连的城市
                link[i]=fin.nextInt();
            for(int i=1;i<=D;i++)                  //获取 D 个草儿想去的地方
                want[i]=fin.nextInt();
            Dijkstra(link,S);
            int ans=INF;
            for(int i=1;i<=D;i++)
                ans=Math.min(ans,dist[want[i]]);
            System.out.println(ans);
```

```
        }
    }
}
```

2.9　第 9 章　查找

1. 已知 sqrt(2)约等于 1.414，要求不用数学库，求 sqrt(2)，精确到小数点后 10 位。

解：由于已知 sqrt(2)约等于 1.414，那么就可以在(1.4，1.5)区间做折半查找，直到查找区间的长度≤0.000 000 000 1。对应的程序如下：

```
public class Exp1
{  static final double EPSINON=0.0000000001;
   static double sqrt2()
   {     double low=1.4,high=1.5;
         double mid=(low+high)/2;
         while(high-low>EPSINON)
         {     if(mid*mid<2)
                    low=mid;
               else
                    high=mid;
               mid=(low+high)/2;
         }
         return mid;
   }
   public static void main(String[] args)
   {    System.out.println();
        System.out.printf(" sqrt(2)=%.10f\n",sqrt2());
   }
}
```

上述程序的执行结果如图 2.34 所示。

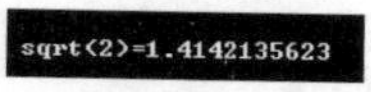

图 2.34　第 9 章实验题 1 的执行结果

2. 小明要输入一个整数序列 $a_1,a_2,\cdots,a_n$(所有整数均不相同)，他在输入过程中随时要删除当前输入部分或全部序列中的最大整数或者最小整数，为此小明设计了一个结构 S 和如下功能算法。

(1) insert(S,x)：向结构 S 中添加一个整数 x。

(2) delmin(S)：在结构 S 中删除最小整数。

(3) delmax(S)：在结构 S 中删除最大整数。

请帮助小明设计出一个好的结构 S，尽可能在时间和空间两个方面高效地实现上述算法，并给出各个算法的时间复杂度。

解：采用一棵平衡二叉树 S 存放输入的整数序列，最小整数为根结点 S 的最左下结点，最大整数为根结点 S 的最右下结点。这里采用 Java 中的 TreeSet 集合实现 S。对应的程序如下：

```
import java.util.*;
class MyClass                                                  //MyClass 类
{ TreeSet<Integer> S=new TreeSet<Integer>();
  public void insert(int x)                                    //向结构 S 中添加一个整数 x
  {
      S.add(x);
  }
  public void delmin()                                         //在结构 S 中删除最小整数
  {
      S.pollFirst();
  }
  public void delmax()                                         //在结构 S 中删除最大整数
  {
      S.pollLast();
  }
  public void disp()                                           //输出 S 中的所有元素
  {   for(Integer e:S)
          System.out.print(" "+e);
      System.out.println();
  }
}
public class Exp2
{ public static void main(String[] args)
  {   Scanner fin=new Scanner(System.in);
      MyClass s=new MyClass();
      int sel,x;
      System.out.println();
      while(true)
      {   System.out.print(" 操作:1-输入 2-删除最小元素 3-删除最大元素 0-退出 选择:");
          sel=fin.nextInt();
          if(sel==0) break;
          if(sel==1)
          {   System.out.print(" x:");
              x=fin.nextInt();
              s.insert(x);
              System.out.print(" ** 插入后: "); s.disp();
          }
          else if(sel==2)
          {   s.delmin();
              System.out.print(" ** 删除后: "); s.disp();
          }
          else if(sel==3)
          {   s.delmax();
              System.out.print(" ** 删除后: "); s.disp();
          }
          else System.out.println(" ** 操作错误");
      }
      System.out.println();
  }
}
```

上述程序的一次执行结果如图 2.35 所示，3 个算法的时间复杂度均为 $O(\log_2 n)$。

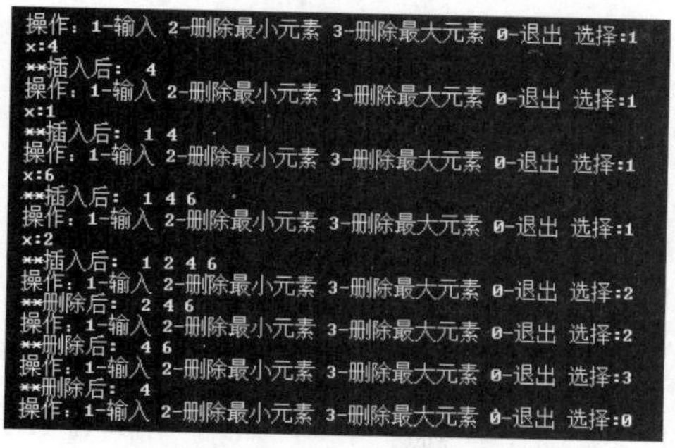

图 2.35　第 9 章实验题 2 的执行结果

3. 有一个整数序列，其中存在相同的整数，创建一棵二叉排序树。按递增顺序输出所有不同整数的名次（第几小的整数，从 1 开始计）。例如，整数序列为(3,5,4,6,6,5,1,3)，求解结果是 1 的名次为 1、3 的名次为 2、4 的名次为 4、5 的名次为 5、6 的名次为 7。

解：在二叉排序树的结点中增加 size 成员表示以这个结点为根的子树中结点的个数（包括自己），cnt 成员表示相同关键字出现的次数（把 key 相同的整数放在一个结点中）。采用《教程》中第 9 章的方法创建这样的二叉排序树 bt，例如由整数序列(3,5,4,6,6,5,1,3)创建的二叉排序树如图 2.36 所示，结点旁边的(x,y)，x 表示 size，y 表示 cnt。

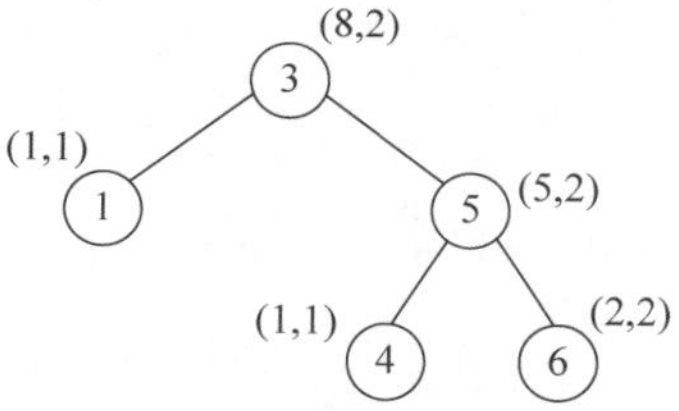

图 2.36　一棵二叉排序树

求二叉排序树中关键字 k 的名次，即树中小于等于 k 的结点个数，这里是最小排名，若有多个关键字 k，返回第一个 k 的名次。在以结点 p 为根结点的子树中求关键字 k 的名次的过程如下：

(1) 若当前结点 p 的关键字等于 k，返回其左子树结点个数+1（这里是最小排名，如果是最大排名，改为返回左子树结点个数+1）。

(2) 若 k 小于结点 p 的关键字，说明结果在左子树中，返回在左子树中查找关键字 k 的名次的结果。

(3) 若 k 大于结点 p 的关键字，说明结果在右子树中，则需要将右子树查找到的关键字 k 的结果加上左子树和根的名次。

对应的程序如下：

```
import java.util.*;
class BSTNode                                  //二叉排序树结点类
{  public int key;                             //存放关键字,假设关键字为 int 类型
   int size;                                   //以这个结点为根的子树中结点的个数
   int cnt;                                    //相同关键字出现的次数
```

```
        public BSTNode lchild;                              //存放左孩子指针
        public BSTNode rchild;                              //存放右孩子指针
        BSTNode()                                           //构造方法
        {   lchild=rchild=null;
            size=cnt=1;
        }
    }
    class BSTClass                                          //二叉排序树类
    {   public BSTNode r;                                   //二叉排序树的根结点
        public BSTClass()                                   //构造方法
        {  r=null; }
        public void InsertBST(int k)                        //插入一个关键字为 k 的结点
        {
            InsertBST1(r,k);
        }
        private int getsize(BSTNode p)                      //求结点 p 的 size
        {   if(p==null) return 0;
            else return p.size;
        }
        private BSTNode InsertBST1(BSTNode p,int k)  //在以 p 为根的 BST 中插入关键字为 k 的结点
        {   if(p==null)                                     //原树为空,新插入的元素为根结点
            {   p=new BSTNode();
                p.key=k;
            }
            else if(k==p.key)                               //关键字 k 重复
                p.cnt++;
            else if(k<p.key)
                p.lchild=InsertBST1(p.lchild,k);            //插入 p 的左子树中
            else if(k>p.key)
                p.rchild=InsertBST1(p.rchild,k);            //插入 p 的右子树中
            p.size=getsize(p.lchild)+getsize(p.rchild)+p.cnt;       //维护结点 p 的 size 值
            return p;
        }
        public void CreateBST(int[] a)                      //由关键字序列 a 创建一棵二叉排序树
        {   r=new BSTNode();                                //创建根结点
            r.key=a[0];
            for(int i=1;i<a.length;i++)                     //创建其他结点
                InsertBST1(r,a[i]);                         //插入关键字 a[i]
        }
        public int Rank(int k)                              //求关键字 k 的名次
        {
            return Rank1(r,k);
        }
        private int Rank1(BSTNode p,int k)                  //在结点 p 的子树中求关键字 k 的名次
        {   if(p==null) return 0;
            if(k==p.key)                                    //找到关键字为 k 的结点
                return getsize(p.lchild)+1;
            if(k<p.key)
                return Rank1(p.lchild,k);
            else
                return Rank1(p.rchild,k)+getsize(p.lchild)+p.cnt;
```

```
        }
        public void DispBST()                              //输出二叉排序树的括号表示串
        {
            DispBST1(r);
        }
        private void DispBST1(BSTNode p)                   //被 DispBST()方法调用
        {   if(p!=null)
            {   System.out.print(p.key+"["+p.size+","+p.cnt+"]");        //输出根结点值
                if(p.lchild!=null || p.rchild!=null)
                {   System.out.print("(");              //有孩子结点时才输出"("
                    DispBST1(p.lchild);                 //递归处理左子树
                    if(p.rchild!=null)
                        System.out.print(",");          //有右孩子结点时才输出","
                    DispBST1(p.rchild);                 //递归处理右子树
                    System.out.print(")");              //有孩子结点时才输出")"
                }
            }
        }
    }
    public class Exp3
    {   public static void main(String[] args)
        {   int[] a={3,5,4,6,6,5,1,3};
            BSTClass bt=new BSTClass();
            bt.CreateBST(a);
            System.out.println();
            System.out.print(" BST: "); bt.DispBST(); System.out.println();
            TreeSet<Integer> s=new TreeSet();
            for(int i=0;i<a.length;i++)                //采用 TreeSet 集合去重
                s.add(a[i]);
            System.out.println(" 求解结果");
            for(Integer e:s)
                System.out.println(" "+e+"的名次是"+bt.Rank(e));
        }
    }
```

上述程序的执行结果如图 2.37 所示。

图 2.37　第 9 章实验题 3 的执行结果

4. 实现一个 FreqStack 类，模拟类似栈的数据结构的操作的一个类。FreqStack 有两个成员方法，push(int x)用于将整数 x 进栈，pop()用于移除并返回栈中出现最频繁的元素。如果出现最频繁的元素不止一个，则移除并返回最接近栈顶的元素。例如将(5,7,5,7,4,5)整数序列进栈，出栈结果如下。

pop()：返回 5，因为 5 是出现频率最高的，栈变成[5,7,5,7,4](栈底到栈顶)。

pop()：返回 7，因为 5 和 7 都是出现频率最高的，但 7 最接近栈顶，栈变成[5,7,5,4]。

pop()：返回 5，栈变成[5,7,4]。

pop()：返回 4，栈变成[5,7]。

解：根据 FreqStack 类的功能，每个进栈元素 x 都对应一个当前出现次数(即当前频率)，例如依次将 5、7、5、7、4、5 进栈后，第一个进栈元素 5 的当前出现次数为 1，第 3 个进栈元素 5 的当前出现次数为 2，第 6 个进栈元素 5 的当前出现次数为 3，将所有当前出现次数相同的元素用一个 Stack < Integer >保存(因为要求当前出现次数相同时最接近栈顶的元素先出栈)，为此设计 FreqStack 类的成员变量如下。

(1) HashMap < Integer, Integer >集合 freq：用于累计元素 x 的最多出现次数，关键字为 x、值为 x 的最多出现次数。

(2) int 变量 maxfreq：表示所有元素的最大出现次数。

(3) HashMap < Integer, Stack < Integer >>集合 group：表示当前出现次数相同的元素栈序列，关键字为当前出现次数 c，值为 Stack < Integer >栈，按最接近栈顶顺序(先进后出)存放所有具有 c 出现次数的 x。

设计 FreqStack 类的 3 个成员方法如下。

(1) push(x)：将元素 x 进栈。

(2) push(x)：按要求出栈一个元素。

(3) isempty()：判断栈是否为空。

例如依次将 5、7、5、7、4、5 进栈后，上述成员变量的结果如图 2.38 所示，图中下标表示是第几个进栈元素。

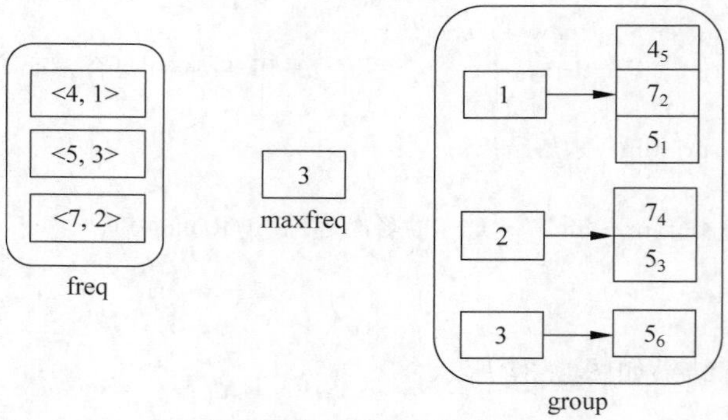

图 2.38　所有元素进栈后成员变量的结果

在执行第 1 个 pop()时，maxfreq=3，在 group 中找到关键字 3 对应的栈，出栈元素 $x=5_6$，对应栈变为空，将 freq 中关键字 5 对应的出现次数减 1 变为 2。由于 group 中关键字 3 对应的栈为空，将 maxfreq 减 1 变为 2(不再有出现 3 次的栈元素)，返回 x，即 5。3 个成员变量的结果如图 2.39 所示。

执行第 2 个 pop()时，maxfreq=2，在 group 中找到关键字 2 对应的栈，出栈元素 $x=7_4$，将 freq 中关键字 7 对应的出现次数减 1 变为 1。由于 group 中关键字 7 对应的栈不为空，maxfreq 不变，返回 x，即 7。3 个成员变量的结果如图 2.40 所示。

其他 pop()操作以此类推，显然 maxfreq=0 时栈为空。对应的程序如下：

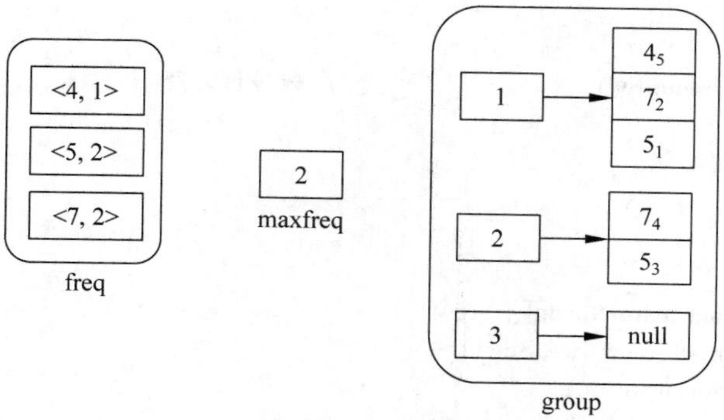

图 2.39　第一次执行 pop()后成员变量的结果

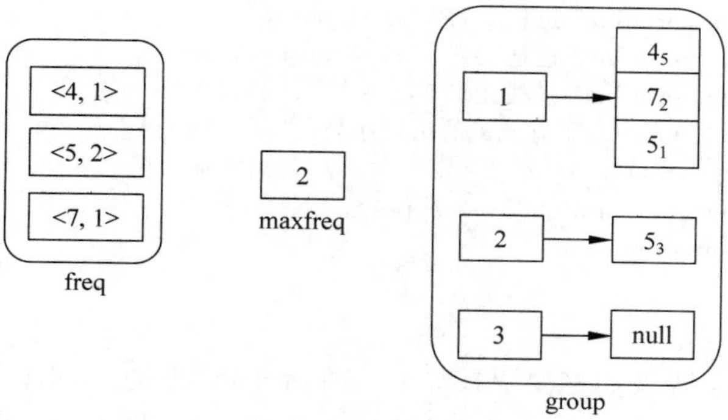

图 2.40　第 2 次执行 pop()后成员变量的结果

```
import java.util.*;
@SuppressWarnings("unchecked")
class FreqStack
{   HashMap<Integer,Integer> freq;
    HashMap<Integer,Stack<Integer>> group;
    int maxfreq;
    public FreqStack()                          //构造方法
    {   freq=new HashMap();
        group=new HashMap();
        maxfreq=0;
    }
    public void push(int x)                     //进栈操作
    {   int f=freq.getOrDefault(x,0)+1;
        freq.put(x,f);
        if(f>maxfreq)
        maxfreq=f;
        group.computeIfAbsent(f,z->new Stack()).push(x);
    }
    public int pop()                            //出栈操作
    {   int x=group.get(maxfreq).pop();
        freq.put(x,freq.get(x)-1);
        if(group.get(maxfreq).size()==0)
            maxfreq--;
```

```
            return x;
        }
        public boolean isempty()                          //栈是否为空
        {
            return maxfreq==0;
        }
    }
    public class Exp4
    {   public static void main(String[] args)
        {   FreqStack st=new FreqStack();
            System.out.println();
            System.out.println(" 进栈元素 5"); st.push(5);
            System.out.println(" 进栈元素 7"); st.push(7);
            System.out.println(" 进栈元素 5"); st.push(5);
            System.out.println(" 进栈元素 7"); st.push(7);
            System.out.println(" 进栈元素 4"); st.push(4);
            System.out.println(" 进栈元素 5"); st.push(5);
            System.out.print(" 所有元素的出栈序列: ");
            while(!st.isempty())                          //出栈所有元素
                System.out.print(" "+st.pop());
            System.out.println();
        }
    }
```

上述程序的执行结果如图 2.41 所示。FreqStack 类的 push()方法中语句 group.computeIfAbsent(f,z->new Stack()).push(x)的功能是，若 group 中存在键 f 的映射，返回对应的值，即一个 Stack<Integer>集合，通过执行 Stack 的 push(x)方法向其中进栈 x；若 group 中不存在键 f 的映射，则在 group 中新建一个键 f 的映射，值为 Stack<Integer>类型的空栈，再执行 Stack 的 push(x)方法向该空栈中进栈 x。z->new Stack()是一个用 Lambda 表达式表示的匿名函数，"->"左边的 z 为函数参数，右边的 new Stack()为函数体，即新创建一个 Stack()栈对象。

图 2.41　第 9 章实验题 4 的执行结果

2.10　第10章　排序

1. 求无序序列的前 k 个元素。有一个含 $n(n<100)$个整数的无序数组 a，编写一个高效程序输出其中前 $k(1\leqslant k\leqslant n)$个最小的元素(输出结果不必有序)，并用相关数据进行测试。

解：如果将无序数组 a 的元素递增排序，则 $a[0..k-1]$就是前 k 个最小的元素并且是递增有序的，对应的算法平均时间复杂度至少为 $O(n\log_2 n)$。这里并不需要全部排序，仅仅

求前 k 个最小的元素。

现在采用快速排序过程，若当前划分中基准归位的位置 i 为 $k-1$，则 $a[0..k-1]$就是要求的前 k 个最小的元素；若 $k-1<i$，则在左区间中查找，否则在右区间中查找。可以证明该方法的时间复杂度为 $O(n)$。

对应的完整程序如下：

```
public class Exp1
{ static int Partition(int[] a, int s, int t)          //按表首元素为基准进行划分
  {    int i=s, j=t;
       int base=a[s];                                   //以表首元素为基准
       while(i!=j)                                      //从表两端交替向中间遍历,直到 i=j 为止
       {    while(j>i && a[j]>=base)
                 j--;                                   //从后向前遍历,找一个小于基准的 a[j]
            if(j>i)
            {    a[i]=a[j];                             //a[j]前移覆盖 a[i]
                 i++;
            }
            while(i<j && a[i]<=base)
                 i++;                                   //从前向后遍历,找一个大于基准的 a[i]
            if(i<j)
            {    a[j]=a[i];                             //a[i]后移覆盖 a[j]
                 j--;
            }
       }
       a[i]=base;                                       //基准归位
       return i;                                        //返回归位的位置
  }
  static void QuickSort(int a[], int s, int t, int k)  //对 a[s..t]的元素进行快速排序
  {    if(s<t)                                          //区间内至少存在两个元素的情况
       {    int i=Partition(a, s, t);
            if(i==k-1)                                  //找到第 k 小的元素
                 return;
            else if(k-1<i)
                 QuickSort(a, s, i-1, k);               //在左区间中查找
            else
                 QuickSort(a, i+1, t, k);               //在右区间中查找
       }
  }
  static void Getprek(int[] a, int n, int k)           //输出 a 中前 k 个最小的元素
  {    if(k>=1 && k<=n)
       {    QuickSort(a, 0, n-1, k);
            System.out.printf(" 前%d 个最小元素: ", k);
            for(int i=0;i<k;i++)
                 System.out.printf("%2d", a[i]);
            System.out.println();
       }
       else System.out.printf(" 参数 k=%d 错误\n", k);
  }
  static void Copy(int[] a, int[] b, int n)            //将 b 数组复制给 a 数组
  {    for(int i=0;i<n;i++)
```

```
            a[i]=b[i];
    }
    public static void main(String[] args)
    {   int[] b={3,6,8,1,4,7,5,2};
        int n=b.length;
        int[] a=new int[100];
        Copy(a,b,n);
        System.out.printf("\n 初始数序:");
        for(int i=0;i<n;i++)
            System.out.printf("%2d",a[i]);
        System.out.println();
        for(int k=0;k<=n+1;k++)
        {   Getprek(a,n,k);
            Copy(a,b,n);
        }
    }
}
```

上述程序的执行结果如图 2.42 所示。

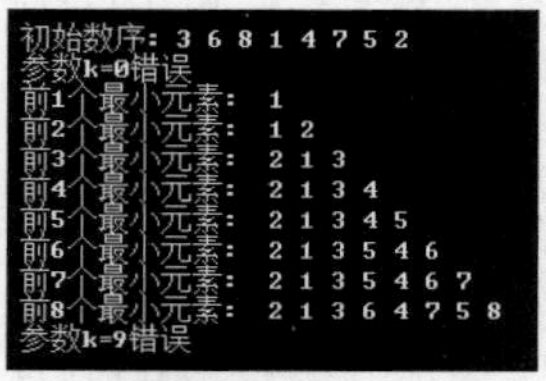

图 2.42　第 10 章实验题 1 的执行结果

2. 三路归并排序。采用递归方法设计一个三路归并排序算法,并给出整数序列(10,9,8,7,6,5,4,3,2,1)共 10 个元素的递增排序过程。

解:递归三路归并排序的思路是当 $a[i..j]$至少有两个元素时将其分为 3 个段 $a[i..m_1]$、$a[m_1+1..m_2]$和 $a[m_2+1..j]$,分别称为第 0 段、第 1 段和第 2 段,对它们的排序为 3 个子问题。当它们排好序后,将 3 个有序段合并为一个有序段即可。对应的递归模型如下:

$f(a,i,j) \equiv$ 不做任何事件　　　　当 $a[i..j]$中只有一个元素或没有元素时

$f(a,i,j) \equiv m=(j-i+1)/3;\ m_1=i+m;\ m_2=i+2*m;$ 其他情况

　　$f(a,i,m_1);$

　　$f(a,m_1+1,m_2);$

　　$f(a,m_2+1,j);$

　　$\text{Merge3}(a,i,m_1,m_2,j);$

对应的程序如下:

```
public class Exp2
{  static final int INF=0x3f3f3f3f;                          //表示∞
   static void disp(int a[],int low,int high)                //输出 a[low..high]
   {   for(int i=low;i<=high;i++)
           System.out.printf("%3d",a[i]);
       System.out.println();
   }
```

```
static int Min3(int[] x)                                        //求 x 数组中最小元素的序号 mink
{   int mink=0;
    for(int i=1;i<3;i++)
        if(x[i]< x[mink])
            mink=i;
    if(x[mink]==INF)                                            //最小元素为∞时返回-1
        return -1;
    return mink;
}
static void Merge3(int a[],int low,int mid1,int mid2,int high)
//a[low..mid1]、a[mid1+1..mid2]和 a[mid2+1..high]三路归并为有序段 a[low..high]
{   int i=low,j=mid1+1,k=mid2+1,mink,n=0;
    int[] b=new int[high-low+1];
    int[] x=new int[3];
    x[0]=(i<=mid1?a[i]:INF);                                    //i 扫描第 0 段,扫描完毕 x[0]取值∞
    x[1]=(j<=mid2?a[j]:INF);                                    //j 扫描第 1 段,扫描完毕 x[1]取值∞
    x[2]=(k<=high?a[k]:INF);                                    //k 扫描第 2 段,扫描完毕 x[2]取值∞
    while(true)
    {   mink=Min3(x);
        if(mink==-1)                                            //3 个有序段都扫描完毕,退出归并过程
            break;
        switch(mink)
        {
        case 0: b[n]=a[i];n++;i++;
            x[0]=(i<=mid1?a[i]:INF);                            //i 扫描第 0 段,扫描完毕 x[0]取值∞
            break;
        case 1: b[n]=a[j];n++;j++;
            x[1]=(j<=mid2?a[j]:INF);                            //j 扫描第 1 段,扫描完毕 x[1]取值∞
            break;
        case 2: b[n]=a[k];n++;k++;
            x[2]=(k<=high?a[k]:INF);                            //k 扫描第 2 段,扫描完毕 x[2]取值∞
            break;
        }
    }
    for(k=0,i=low;i<=high;k++,i++)                              //将 R1 复制回 R 中
        a[i]=b[k];
}
static void MergeSort3(int a[],int i,int j)                     //三路归并排序递归算法
{   int m,m1,m2;
    if(i<j)
    {   m=(j-i+1)/3;
        m1=i+m; m2=i+2*m;
        MergeSort3(a,i,m1);                                     //第 0 段(a[i..m1])排序
        System.out.printf(" 排序 a[%d..%d]: ",i,m1); disp(a,i,m1);
        MergeSort3(a,m1+1,m2);                                  //第 1 段(a[m1+1..m2])排序
        System.out.printf(" 排序 a[%d..%d]: ",m1+1,m2); disp(a,m1+1,m2);
        MergeSort3(a,m2+1,j);                                   //第 2 段(a[m2+1..j])排序
        System.out.printf(" 排序 a[%d..%d]: ",m2+1,j); disp(a,m2+1,j);
        Merge3(a,i,m1,m2,j);                                    //合并 3 个段
        System.out.printf(" 合并 a[%d..%d]:",i,j); disp(a,i,j);
    }
```

```
    }
    static void MergeSort(int a[],int n)                        //三路归并排序算法
    {
        MergeSort3(a,0,n-1);
    }
    public static void main(String[] args)
    {   int a[]={10,9,8,7,6,5,4,3,2,1};
        int n=a.length;
        System.out.printf("\n 初始数序: "); disp(a,0,n-1);
        MergeSort(a,n);
    }
}
```

上述程序的执行结果如图 2.43 所示。

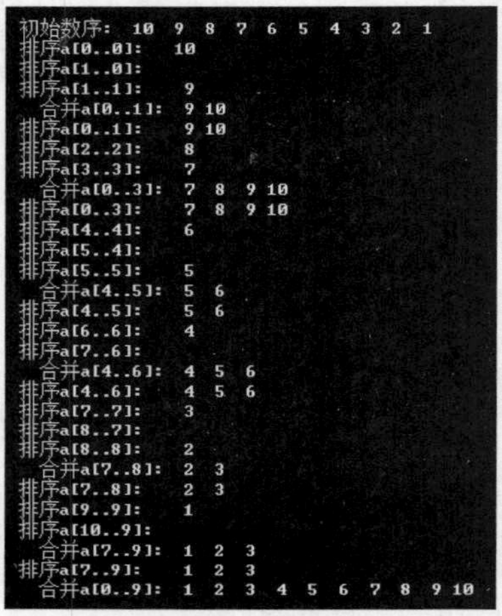

图 2.43　第 10 章实验题 2 的执行结果

3. 含负数的整数序列的基数排序。假设有一个含 $n(n<100)$个整数的序列 a,每个元素的值均为 3 位整数,其中存在负数。设计一个算法采用基数排序方法实现该序列的递增排序,并用相关数据进行测试。

解:先将数组 $a[0..n-1]$的元素分为 $a_1[0..n_1-1]$和 $a_2[0..n_2-1]$,前者为负数的绝对值,后者为正数,将 a_1 和 a_2 分别采用基数递增排序得到 s_1 和 s_2(基数 $r=10$,位数 $d=3$),将 s_1 中的单链表逆置并恢复为负整数,依次输出 s_1 的结果和 s_2 的结果。

对应的程序如下:

```
class LinkNode                                                  //单链表结点类型
{  int key;                                                     //存放关键字
   LinkNode next;                                               //下一个结点指针
   public LinkNode(int d)                                       //构造方法
   {    key=d;
        next=null;
   }
}
class RadixSortClass                                            //基数排序类
```

```
{ LinkNode h=null;                                    //单链表的首结点
  public void CreateList(int[] a,int n)               //由关键字序列 a 构造单链表
  {   LinkNode s,t;
      h=new LinkNode(a[0]);                           //创建首结点
      t=h;
      for(int i=1;i<n;i++)
      {   s=new LinkNode(a[i]);
          t.next=s; t=s;
      }
      t.next=null;
  }
  public void Disp()                                  //输出单链表
  {   LinkNode p=h;
      while(p!=null)
      {   System.out.printf("%5d",p.key);
          p=p.next;
      }
      System.out.println();
  }
  private int geti(int key,int r,int i)               //求基数为 r 的正整数 key 的第 i 位
  {   int k=0;
      for(int j=0;j<=i;j++)
      {   k=key%r;
          key=key/r;
      }
      return k;
  }
  public void RadixSort(int d,int r)                  //最低位优先基数排序算法
  {   LinkNode p,t=null;
      LinkNode[] head=new LinkNode[r];                //建立链队队头数组
      LinkNode[] tail=new LinkNode[r];                //建立链队队尾数组
      for(int i=0;i<d;i++)                            //从低位到高位循环
      {   for(int j=0;j<r;j++)                        //初始化各链队的首、尾指针
              head[j]=tail[j]=null;
          p=h;
          while(p!=null)                              //分配:对于原链表中的每个结点循环
          {   int k=geti(p.key,r,i);                  //提取结点关键字的第 i 个位 k
              if(head[k]==null)                       //第 k 个链队空时队头、队尾均指向 p 结点
              {   head[k]=p;
                  tail[k]=p;
              }
              else                                    //第 k 个链队非空时 p 结点进队
              {   tail[k].next=p;
                  tail[k]=p;
              }
              p=p.next;                               //取下一个结点
          }
          h=null;                                     //重新用 h 来收集所有结点
          for(int j=0;j<r;j++)                        //收集:对于每一个链队循环
              if(head[j]!=null)                       //若第 j 个链队是第一个非空链队
              {   if(h==null)
```

```
                {   h=head[j];
                    t=tail[j];
                }
                else                                        //若第 j 个链队是其他非空链队
                {   t.next=head[j];
                    t=tail[j];
                }
            }
        t.next=null;                                        //尾结点的 next 域置空
    }
  }
  public void Reverse()                                     //恢复负整数的顺序
  {   LinkNode p=h,q;
      h=null;
      while(p!=null)
      {   p.key=-p.key;
          q=p.next;
          p.next=h;
          h=p;
          p=q;
      }
  }
}
public class Exp3
{   public static void main(String[] args)
  {   int[] a={123,-123,128,256,-128,0,-512,512,365,-365,-100};
      RadixSortClass s1=new RadixSortClass();
      RadixSortClass s2=new RadixSortClass();
      System.out.printf("\n 初始序列: ");
      for(int i=0;i<a.length;i++)
          System.out.printf("%5d",a[i]);
      System.out.println();
      int[] a1=new int[100];
      int[] a2=new int[100];
      int n1=0,n2=0;
      for(int i=0;i<a.length;i++)                           //由 a 划分为 a1 和 a2
          if(a[i]<0)
              a1[n1++]=-a[i];
          else
              a2[n2++]=a[i];
      s1.CreateList(a1,n1);
      s1.RadixSort(3,10);                                   //负整数递增排序
      s1.Reverse();                                         //逆序并恢复负整数
      System.out.print(" 负整数排序结果:"); s1.Disp();
      s2.CreateList(a2,n2);
      s2.RadixSort(3,10);                                   //正整数递增排序
      System.out.print(" 正整数排序结果:"); s2.Disp();
  }
}
```

上述程序的执行结果如图 2.44 所示。

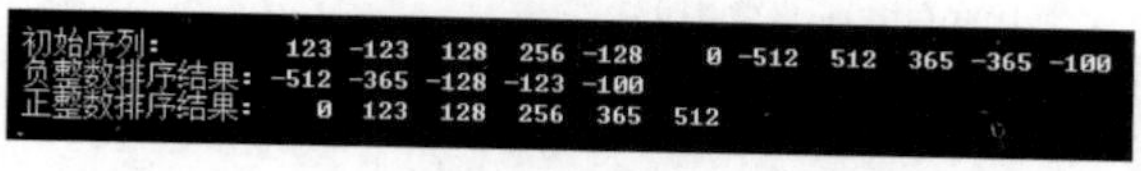

图 2.44　第 10 章实验题 3 的执行结果

说明：也可以对 a1 数组按基数递减排序(只需要改为按 9 到 0 的顺序收集各个队列即可)，再将所有元素加上负号后输出。

4. 求平均数问题。在演讲比赛中，当参赛者完成演讲时评委将对他的表演进行评分。工作人员删除最高分和最低分，并计算其余的平均分作为参赛者的最终成绩。这是一个容易出问题的问题，因为通常只有几名评委。考虑上面问题的一般形式，给定 n 个正整数，删除最大的 n_1 个和最少的 n_2 个，并计算其余的平均值。

输入格式：输入包含几个测试用例。每个测试用例包含两行，第一行包含由单个空格分隔的 3 个整数 n_1、n_2 和 $n(1 \leqslant n_1, n_2 \leqslant 10, n_1+n_2<n \leqslant 5\,000\,000)$；第二行包含由单个空格分隔的 n 个正整数 $a_i(1 \leqslant a_i \leqslant 10^8, 1 \leqslant i \leqslant n)$。最后一个测试用例后跟 3 个零。

输出格式：对于每个测试用例，在一行中输出平均分，四舍五入到小数点后 6 位数。

输入样例：

```
1 2 5                                          //n1=1,n2=2,n=5
1 2 3 4 5
4 2 10
2121187 902 485 531 843 582 652 926 220 155
0 0 0
```

输出样例：

```
3.500000
562.500000
```

解：对于输入的整数序列，用 sum 累计所有整数之和，采用小根堆找到最大的 n_1 个整数，采用大根堆找到最小的 n_2 个整数，再出队两个堆中的所有整数，从 sum 中减去，最后输出 sum/$(n-n_1-n_2)$的结果。对应的程序如下：

```
import java.util.Scanner;
import java.util.*;
public class Exp4
{   public static void main(String[] args)
    {   Scanner fin=new Scanner(System.in);
        int n1,n2,n;
        while(fin.hasNext())
        {   n1=fin.nextInt();
            n2=fin.nextInt();
            n=fin.nextInt();
            if(n1==0 && n2==0 && n==0) break;
            PriorityQueue<Long> small=new PriorityQueue<Long>();      //小根堆
            PriorityQueue<Long> big=new PriorityQueue<Long>(11,new Comparator<Long>()
            {   @Override
                public int compare(Long o1,Long o2)                      //大根堆
                {
```

```
                return(int)(o2-o1);
            }
        });
        long sum=0,a;
        int smallcnt=0,bigcnt=0;
        for(int i=1;i<=n;i++)
        {   a=fin.nextLong();
            sum+=a;                                      //sum 累计所有分数值
            if(smallcnt<n1)                              //最大的 n1 个分数进 small
            {   smallcnt++;
                small.offer(a);
            }
            else if(a>small.peek())
            {   small.poll();
                small.offer(a);
            }
            if(bigcnt<n2)                                //最小的 n2 个分数进 big
            {   bigcnt++;
                big.offer(a);
            }
            else if(a<big.peek())
            {   big.poll();
                big.offer(a);
            }
        }
        while(!big.isEmpty())                            //从 sum 中减去 big 中的分数
        {   long x=big.poll();
            sum-=x;
        }
        while(!small.isEmpty())                          //从 sum 中减去 small 中的分数
        {   long x=small.poll();
            sum-=x;
        }
        System.out.printf("%.6f\n",(sum*1.0)/(n-n1-n2));
    }
  }
}
```

编译上述程序得到 OJ4.class 文件，用 abc.txt 文本文件存放样例数据，程序的执行结果如图 2.45 所示。

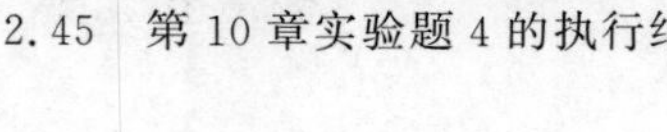

图 2.45　第 10 章实验题 4 的执行结果

CHAPTER 3

第3章 在线编程题参考答案

3.1 第1章 绪论

1. POJ1004——财务管理问题

时间限制：1000ms；空间限制：10 000KB。

问题描述：拉里今年毕业，终于找到了工作。他赚了很多钱，但似乎还没有足够的钱，拉里决定抓住金融投资机会解决他的财务问题。拉里有自己的银行账户报表，他想看看自己有多少钱。请编写一个程序帮助拉里从过去12个月的每一月中取出他的期末账户余额并计算他的平均账户余额。

输入格式：输入为12行，每行包含特定月份的银行账户的期末余额，每个数字都是正数并到便士为止，不包括美元符号。

输出格式：输出一个数字，即12个月的期末账户余额的平均值（平均值），它将四舍五入到最近的便士，紧接着是美元符号，然后是行尾。在输出中不会有其他空格或字符。

输入样例：

```
100.00
489.12
12454.12
1234.10
823.05
109.20
5.27
1542.25
839.18
83.99
1295.01
1.75
```

输出样例：

```
$1581.42
```

解：读取每个月份的期末账户余额 temp，累加到 sum 中，输出 sum/12 的结果。对应的 AC 程序如下：

```
import java.util.Scanner;
public class Main
{ public static void main(String[] args)
  {   Scanner fin=new Scanner(System.in);
      double temp=0.00,sum=0.00;
      int iMax=12;
      while(iMax-->0)
      {    temp=fin.nextDouble();
           sum += temp;
      }
      System.out.printf("$%.2f\n",sum/12);
  }
}
```

上述程序的执行时间为 188ms，执行空间为 3228KB。

2. HDU2012——素数判定问题

时间限制：2000ms；空间限制：65 536KB。

问题描述：对于表达式 n^2+n+41，当 n 在 (x,y) 范围内取整数值时(包括 x、y，$-39\leqslant x<y\leqslant 50$)判定该表达式的值是否都为素数。

输入格式：输入数据有多组，每组占一行，由两个整数 x、y 组成，当 $x=0$、$y=0$ 时表示输入结束，该行不做处理。

输出格式：对于每个给定范围内的取值，如果表达式的值都为素数，输出“OK”，否则输出“Sorry”，每组输出占一行。

输入样例：

```
0 1
0 0
```

输出样例：

```
OK
```

解：对于整数 num，若它能够整除 2～sqrt(num)中的任何整数，则不是素数，否则为素数。对应的 AC 程序如下：

```
import java.util.Scanner;
public class Main
{ public static void main(String[] args)
  {   Scanner in = new Scanner(System.in);
      while(in.hasNextInt())
      {    int x = in.nextInt();
           int y = in.nextInt();
```

```
                boolean flag = true;
                int number = 0;
                int num = 0;
                if(x==0 && y= 0)
                    break;
                else
                {   if(x>y)
                    {   int temp = x;
                        x = y;
                        y = temp;
                    }
                    for(int i = x; i <= y; i++)
                    {   num=i*i+i+41;
                        for(int j = 2; j <= Math.sqrt(num); j++)          //素数判断
                        {   if(num % j == 0)
                                flag = false;
                        }
                    }
                    if(flag == true)
                        System.out.println("OK");
                    else
                        System.out.println("Sorry");
                    flag = true;
                }
            }
        }
    }
```

上述程序的执行时间为296ms，执行空间为9312KB。

提示：在本书所有在线编程题中，POJ题目的限制时间和空间是针对C/C++程序的，通常Java程序的时间和空间是其两倍，HDU题目的限制时间和空间就是针对Java程序的。

3.2 第2章 线性表

1. HDU2019——数列有序问题

时间限制：2000ms；空间限制：65 536KB。

问题描述：有 $n(n\leqslant 100)$ 个整数，已经按照从小到大的顺序排列好，现在另外给一个整数 m，请将该数插入序列中，并使新的序列仍然有序。

输入格式：输入数据包含多个测试实例，每组数据由两行组成，第一行是 n 和 m，第二行是已经有序的 n 个数的数列。n 和 m 同时为0表示输入数据的结束，本行不做处理。

输出格式：对于每个测试实例，输出插入新的元素后的数列。

输入样例：

```
3 3
1 2 4
0 0
```

输出样例：

1 2 3 4

解：对于每个测试实例，n 个有序整数采用顺序表存放，为了简单，这里顺序表直接用数组 a 表示。先查找插入 m 的位置 i，将 $a[i..n-1]$ 的所有元素均后移一个位置，置 $a[i]=m$。对应的 AC 程序如下：

```
import java.util.*;
public class Main
{   public static void main(String args[])
    {   Scanner cin=new Scanner(System.in);
        while(cin.hasNext())                              //读取每个测试实例
        {   int n=cin.nextInt();                          //读取 n
            int m=cin.nextInt();                          //读取 m
            if(n==0 && m==0)                              //结束
                break;
            else
            {   int a[]=new int[105];                     //最多 100 个整数
                for(int i=0;i<n;i++)                      //读取递增有序整数序列
                    a[i]=cin.nextInt();
                if(m>a[n-1])                              //m 最大,插入末尾
                    a[n]=m;
                else
                {   for(int i=0;i<n;i++)                  //查找第一个大于等于 m 的元素 a[i]
                    {   if(m<a[i])
                        {   int j=i;
                            for( i=n;i>j;i--)             //将 a[i..n-1]后移一个位置
                                a[i]=a[i-1];
                            a[i]=m;                       //插入 a[i]
                            break;                        //退出查找
                        }
                    }
                }
                for(int i=0;i<=n;i++)                     //输出新序列
                    if(i==0)
                        System.out.print(a[i]);
                    else
                        System.out.print(" "+a[i]);
            }
            System.out.println();
        }
    }
}
```

上述程序的执行时间为 265ms，空间为 9412KB。

2. HDU1443——Joseph(约瑟夫)问题

时间限制：2000ms；空间限制：65 536KB。

问题描述：Joseph 问题是众所周知的。有 n 个人，编号为 $1,2,\cdots,n$，站在一个圆圈中，

每隔 m 个人就杀一个人，最后仅剩下一个人。Joseph 很聪明，可以选择最后一个人的位置，从而挽救他的生命。例如，当 $n=6$ 且 $m=5$ 时，按顺序出列的人员是 5，4，6，2，3，1，那么 1 会活下来。

假设在圈子里前面恰好有 k 个好人，后面恰好有 k 个坏人，则必须确定所有坏人都在第一个好人前面被杀的最小 m。

输入格式：输入文件中包含若干行，每行一个 k，最后一行为 0，可以假设 $0<k<14$。

输出格式：输出文件中每行给出输入文件中的 k 对应的最小 m。

输入样例：

```
3
4
0
```

输出样例：

```
5
30
```

解：题目中有多个测试实例，每个测试实例的结果仅仅与 k 有关系，设计避免重复计算的数组 a，$a[k]$记录 k 问题的 m 值，a 数组的所有元素初始为 0，当 $a[k]$不为 0 时说明该 k 问题已经求出，直接返回 $a[k]$即可。

对于每个 k 问题，假设 $2k$ 个人的序号是 $0\sim 2k-1$，显然 m 从 $k+1$ 开始枚举(因为每次从头开始，若 $m<k+1$，则第一个被杀的一定是好人)。对于每个 m：

(1) cnt 表示剩余人数，所以 cnt 从 $2k$ 开始到 $k+1$ 循环，p 从 0 开始找被杀的人员的序号，每杀一个人，cnt 减少 1。

(2) 若被杀人员的序号 p 满足 $p<k$(前 k 个好人的序号为 $0\sim k-1$)，说明 p 对应的是好人，置 cnt=0 结束该 m 值的枚举。

(3) 若 cnt==k，则说明剩下 k 个人，并且被杀的 k 个人都是坏人，则找到这样的 m，置 $a[k]=m$，返回 m。

对应的 AC 程序如下：

```
import java.util.*;
public class Main
{   static int[] ans=new int[15];                     //记录k问题的m值,初始时均为0
  public static int Joseph(int k)                     //求解Joseph问题
  {   int cnt,p;
      if(ans[k]!=0) return ans[k];                    //若已经求出,直接返回
      for(int m=k+1;;m++)                             //m从k+1开始试探
      {   for(cnt=2*k,p=0;cnt>k;cnt--)                //检查是否满足要求
          {   p=(p+m-1) % cnt;                        //被杀掉的人的位置
              if(p<k) cnt=0;                          //被杀掉的人是前k个(好人)
          }
          if(cnt==k)                                  //所有坏人都被杀了,满足要求
          {   ans[k]=m;
              return m;
          }
```

```
        }
    }
    public static void main(String args[])
    {   Scanner cin=new Scanner(System.in);
        while(cin.hasNext())
        {   int k=cin.nextInt();
            if(k==0) break;
            System.out.println(Joseph(k));
        }
    }
}
```

上述程序的执行时间为 577ms,空间是 10 388KB。

3. POJ2389——公牛数学问题

时间限制:1000ms;空间限制:65 536KB。

问题描述:公牛在数学上比奶牛好多了,它们可以将巨大的整数相乘,得到完全精确的答案。农夫约翰想知道它们的答案是否正确,请帮助他检查公牛队的答案。读入两个正整数(每个不超过 40 位)并计算其结果,以常规方式输出(没有额外的前导零)。约翰要求不使用特殊的库函数进行乘法。

输入格式:输入两行,每行包含一个十进制数。

输出格式:输出一行表示乘积。

输入样例:

```
11111111111111
1111111111
```

输出样例:

```
12345679011110987654321
```

解:两个长度最多为 40 位的正整数采用 String 对象 s1、s2 表示。设置 a、b 两个整数数组(初始时所有元素为 0),将 s1 的各位存放在 a 中(s1 的最后位存放在 $a[0]$中),将 s2 的各位存放在 b 中(s2 的最后位存放在 $b[0]$中)。

实现 a 与 b 相乘的过程是用 c 数组的 $c[i+j]$元素存放 $a[i]$和 $b[j]$相乘的累加值,然后调整有进位的元素,反向输出得到最后结果。

对应的 AC 程序如下:

```
import java.lang.*;
import java.util.*;
public class Main
{   public static String mult(String s1,String s2)          //两个数字字符串相乘
    {   int[] a=new int[42];
        int[] b=new int[42];
        int[] c=new int[90];
        int i,j;
        int m=s1.length();
        int n=s2.length();
```

```
        for(i=0;i<m; i++)                        //a[0]存放 s1 的最低位
            a[i]=s1.charAt(m-1-i)-'0';
        for(i=0;i<n;i++)                         //b[0]存放 s2 的最低位
            b[i]=s2.charAt(n-1-i)-'0';
        for(i=0;i<m;i++)
            for(j=0; j<n; j++)
                c[i+j] += a[i] * b[j];
        for(i=0;i<80;i++)
            if(c[i] >= 10)                       //有进位
            {   c[i+1] += c[i]/10;
                c[i] %= 10;
            }
        String ans="";
        for(i=c.length-1;i>=0; i--)              //删除前导零
            if(c[i]!=0) break;
        for(;i>=0; i--)
            ans += c[i];
        return ans;
    }
    public static void main(String[] args)
    {   Scanner cin = new Scanner(System.in);
        String s1,s2;
        s1=cin.nextLine();
        s2=cin.nextLine();
        String s3=mult(s1,s2);
        System.out.println(s3);
    }
}
```

上述程序的执行时间为 1266ms，空间是 2964KB。实际上，本题目可以直接使用 Java 的长整数类型来实现，对应的 AC 程序如下：

```
import java.math.BigInteger;
import java.util.Scanner;
public class Main
{   public static void main(String[] args)
    {   Scanner cin = new Scanner(System.in);
        BigInteger a = cin.nextBigInteger();
        BigInteger b = cin.nextBigInteger();
        a = a.multiply(b);
        System.out.println(a);
    }
}
```

上述程序的执行时间为 1375ms，空间是 3036KB。

说明：尽管在线性表部分中讨论了多种存储结构，但在实际在线编程中，为了简单和提高效率往往直接采用数组代替顺序表，相反链表较少使用，其原因之一是在这类题目中都确定了数据量的大小，适合采用顺序结构，另外链表由于结点地址不连续，内存寻址空间较大，导致存取效率较低。

3.3 第3章 栈和队列

1. HDU1237——简单计算器

时间限制：2000ms；空间限制：65 536KB。

问题描述：读入一个只包含+、−、*、/的非负整数计算的表达式，计算该表达式的值。

输入格式：测试输入包含若干测试用例，每个测试用例占一行，每行不超过 200 个字符，整数和运算符之间用一个空格分隔；没有非法表达式；当一行中只有 0 时输入结束，相应的结果不要输出。

输出格式：对每个测试用例输出一行，即该表达式的值，精确到小数点后两位。

输入样例：

```
1 + 2
4 + 2 * 5 - 7 / 11
0
```

输出样例：

```
3.00
13.36
```

解：与《教程》中 3.1.7 节"用栈求解简单表达式求值问题"的原理相同，由于这里不包括括号，所以更简单一些，将求表达式值的两个步骤合并起来。

设计运算数栈为 opand，运算符栈为 oper。先将输入行 str 拆分为 strs 字符串数组，用 i 遍历 strs：

(1) 若 strs[i]为"*"或者"/"，为最高优先级，将 oper 栈顶为"*"或者"/"的运算符先计算，再将 strs[i]进 oper 栈。

(2) 若 strs[i]为"+"或者"−"，为最低优先级，将 oper 栈中所有的运算符先计算，再将 strs[i]进 oper 栈。

(3) 其他为运算数，将其进 opand 栈。

最后输出 opand 的栈顶数值。

对应的 AC 程序如下：

```
import java.util.*;
import java.util.Scanner;
public class Main
{   static Stack<Double> opand=new Stack<Double>();          //运算数栈
    static Stack<String> oper=new Stack<String>();           //运算符栈
    public static boolean Same(String s1,String s2)          //比较两个字符串值是否相同
    {
        return s1.compareTo(s2)==0;
    }
    public static void comp(String op)                       //用于一个运算符的计算
    {   double a=opand.pop();                                //从 opand 中出栈两个数 a 和 b
        double b=opand.pop();
        double c=0.0;
```

```
        if(Same(op,"+"))                              //op 为"+"
            c=b+a;
        else if(Same(op,"-"))                         //op 为"-"
            c=b-a;
        else if(Same(op,"*"))                         //op 为"*"
            c=b*a;
        else if(Same(op,"/"))                         //op 为"/"
            c=b/a;
        opand.push(c);                                //结果进 opand 栈
    }
    public static void main(String[] args)
    {   Scanner fin = new Scanner(System.in);
        while(fin.hasNext())
        {   String str=fin.nextLine();                //接收输入的字符串
            if(str.compareTo("0")==0)                 //若是只输入 0,则结束
                break;
            opand.clear();
            oper.clear();
            String[] strs=str.split(" ");             //根据题目要求分割字符串
            String op;
            double a,b,c;
            int i=0;
            while(i<strs.length)                      //遍历 strs
            {   if(Same(strs[i],"*") || Same(strs[i],"/"))   //遇到*或者/
                {   while(!oper.empty())
                    {   op=oper.peek();
                        if(Same(op,"*") || Same(op,"/"))     //栈顶为*或者/,先计算
                        {   comp(op);
                            oper.pop();
                        }
                        else break;                   //其他+或者-
                    }
                    oper.push(strs[i]);               //将 strs[i]进 oper 栈
                }
                else if(Same(strs[i],"+") || Same(strs[i],"-"))   //遇到+或者-
                {   while(!oper.empty())              //计算 oper 栈中所有的运算符
                    {   op=oper.pop();
                        comp(op);
                    }
                    oper.push(strs[i]);               //将 strs[i]进 oper 栈
                }
                else                                  //其他运算数进 opand 栈
                    opand.push(Double.parseDouble(strs[i]));
                i++;
            }
            while(!oper.empty())                      //计算 oper 栈中所有的运算符
            {   op=oper.pop();
                comp(op);
            }
            System.out.printf("%.2f", opand.peek());
            System.out.println();
```

```
        }
    }
}
```

上述程序的执行时间为 452ms,空间为 13 620KB。

说明：类似的题目有 POJ3295。

2. POJ1363——铁轨问题

时间限制：1000ms；空间限制：65 536KB。

问题描述：A 市有一个著名的火车站,那里的山非常多。该站建于 20 世纪,不幸的是该火车站是一个死胡同,并且只有一条铁轨,如图 3.1 所示。

当地的传统是从 A 方向到达的每列火车都继续沿 B 方向行驶,需要以某种方式进行车厢重组。假设从 A 方向到达的火车有 $n(n \leqslant 1000)$ 个车厢,按照递增的顺序 1、2、…、n 编号。火车站负责人必须知道是否可以通过重组得到 B 方向的车厢序列。

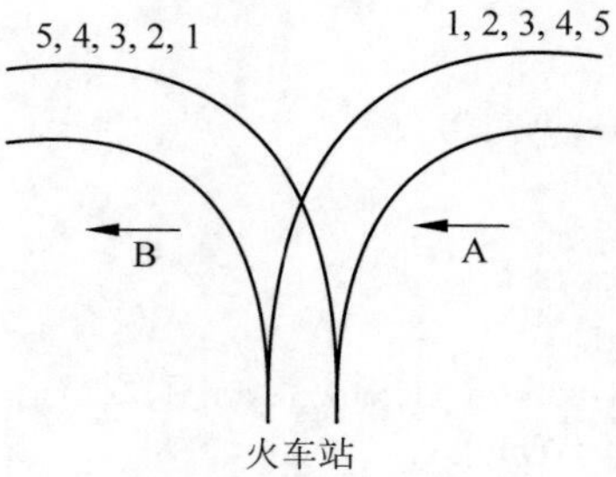

图 3.1 铁轨问题示意图

输入格式：输入由若干行块组成；除了最后一个之外,每个块描述了一个列车以及可能更多的车厢重组要求；在每个块的第一行中为上述的整数 n,下一行是 1、2、…、n 的车厢重组序列；每个块的最后一行仅包含 0；最后一个块只包含一行 0。

输出格式：输出包含与输入中具有车厢重组序列对应的行。如果可以得到车厢对应的重组序列,输出一行"Yes",否则输出一行"No"。此外,在输入的每个块之后有一个空行。

输入样例：

```
5
1 2 3 4 5
5 4 1 2 3
0
6
6 5 4 3 2 1
0
0
```

输出样例：

```
Yes
No

Yes
```

解：简单地说，本题目就是给出一个 n 和 $1\sim n$ 的若干排列，是否可以将 $1\sim n$ 作为一个进栈序列通过一个栈得到 b 序列。采用与《教程》中第 3 章的例 3.6 完全相同的求解思路，仅仅将栈改为用 Java 的 Stack 容器表示。对应的 AC 程序如下：

```
import java.util.*;
import java.util.Scanner;
public class Main
{   static boolean flag=false;                              //输出换行符标志
  public static boolean isSerial(int[] b,int n)             //求解算法
  {   int i,j;
      Stack<Integer> st=new Stack<Integer>();               //建立一个栈
      i=1; j=0;
      while(i<=n && j<n)                                    //1 到 n 没有遍历完
      {   if(st.empty() || (st.peek()!=b[j]))               //栈空或者栈顶元素不是 b[j]
          {   st.push(i);                                   //i 进栈
              i++;
          }
          else                                              //否则出栈
          {   e=st.pop();
              j++;
          }
      }
      while(!st.empty() && st.peek()==b[j])                 //将栈中与 b 序列相同的元素出栈
      {   st.pop();
          j++;
      }
      if(j==n)
          return true;                                      //是出栈序列时返回 true
      else
          return false;                                     //不是出栈序列时返回 false
  }
  public static boolean isSerial1(int[] b,int n)            //简化算法
  {   int i,j;
      Stack<Integer> st=new Stack<Integer>();               //建立一个顺序栈
      i=1; j=0;
      while(i<=n)                                           //a 没有遍历完
      {   st.push(i);
          i++;
          while(!st.empty() && st.peek()==b[j])             //b[j]与栈顶匹配的情况
          {   st.pop();
              j++;
          }
      }
      return st.empty();                                    //栈空返回 true,否则返回 false
  }
  public static void main(String[] args)
  {   Scanner fin = new Scanner(System.in);
      int n;
      int[] b = new int[1005];
      while(fin.hasNext())
```

```
        {   n=fin.nextInt();                                //接收整数 n
            if(n==0)                                        //若 n=0 则结束
                break;
            if(flag) System.out.println();
            while(fin.hasNext())                            //接收一个块
            {   b[0]=fin.nextInt();                         //接收一个块的第一个整数
                if(b[0]==0)                                 //第一个整数为 0,该块结束
                    break;
                for(int i=1;i<n;i++)                        //接收该块的其他整数
                    b[i]=fin.nextInt();
                if(isSerial(b,n))                           //可改为简化算法 isSerial1(b,n)
                    System.out.println("Yes");
                else
                    System.out.println("No");
            }
            flag=true;
        }
    }
}
```

上述程序的执行时间为 1125ms,空间为 5888KB。

3. HDU1702——ACboy 请求帮助问题

时间限制：1000ms；空间限制：32 768KB。

问题描述：ACboy 被怪物绑架了！他非常想念母亲并且十分恐慌。ACboy 待的房间非常黑暗,他非常可怜。作为一个聪明的 ACMer,你想让 ACboy 从怪物的迷宫中走出来。但是当你到达迷宫的大门时,怪物说："我听说你很聪明,但如果不能解决我的问题,你会和 ACboy 一起死。"

墙上显示了怪物的问题：每个问题的第一行是一个整数 N(命令数)和一个单词"FIFO"或"FILO"(你很高兴,因为你知道"FIFO"代表"先进先出","FILO"的意思是"先进后出")。以下 N 行,每行是"IN M"或"OUT"(M 代表一个整数)。问题的答案是门的密码,所以如果你想拯救 ACboy,请仔细回答问题。

输入格式：输入包含多个测试用例。第一行有一个整数,表示测试用例的数量,并且每个子问题的输入像前面描述的方式。

输出格式：对于每个命令"OUT",应根据单词是"FIFO"还是"FILO"输出一个整数,如果没有任何整数,则输出单词"None"。

输入样例：

```
4
4 FIFO
IN 1
IN 2
OUT
OUT
4 FILO
IN 1
IN 2
```

```
OUT
OUT
5 FIFO
IN 1
IN 2
OUT
OUT
OUT
5 FILO
IN 1
IN 2
OUT
IN 3
OUT
```

输出样例：

```
1
2
2
1
1
2
None
2
3
```

解：本题是基本的栈和队列操作题。对于 FIFO 类型，用队列模拟；对于 FILO 类型，用栈模拟。对应的 AC 程序如下：

```
import java.io.*;
import java.util.*;
public class Main
{ public static boolean Same(String s1,String s2)          //比较两个字符串的值是否相同
  {
     return s1.compareTo(s2)==0;
  }
  public static void main(String[] args) throws IOException
  {    Scanner fin=new Scanner(System.in);
       Queue<Integer> qu=new LinkedList<Integer>();
       Stack<Integer> st=new Stack<Integer>();
       int T,n,num;
       String mode,op;
       T=fin.nextInt();
       while(T-->0)                                       //处理 T 个测试用例
       {    qu.clear();                                   //队列清空
            st.clear();                                   //栈清空
            n=fin.nextInt();                              //读取 n
            mode=fin.next();                              //读取类型
            if(Same(mode,"FIFO"))                         //FIFO 类型
            {    for(int i=0;i<n;i++)
```

```
                {   op=fin.next();                                     //读取命令
                    if(Same(op,"IN"))                                  //IN 命令
                    {   num=fin.nextInt();                             //读取 num
                        qu.offer(num);                                 //进队 qu
                    }
                    else                                               //OUT 命令
                    {   if(qu.isEmpty())                               //队 qu 空
                            System.out.println("None");
                        else                                           //不空时出队并且输出
                            System.out.println(qu.poll());
                    }
                }
            }
            else                                                       //FILO 类型
            {   for(int i=0;i<n;i++)
                {   op=fin.next();                                     //读取命令
                    if(Same(op,"IN"))                                  //IN 命令
                    {   num=fin.nextInt();                             //读取 num
                        st.push(num);                                  //进栈 st
                    }
                    else                                               //OUT 命令
                    {   if(st.empty())                                 //栈 st 空
                            System.out.println("None");
                        else                                           //不空时出栈并且输出
                            System.out.println(st.pop());
                    }
                }
            }
        }
    }
}
```

上述程序的执行时间为 312ms,空间为 13 264KB。

4. POJ2259——团队队列问题

时间限制:2000ms;空间限制:65 536KB。

问题描述:队列和优先级队列是大多数计算机科学家都知道的数据结构,然而团队队列(team queue)并不那么出名,尽管它经常出现在人们的日常生活中。在团队队列中,每个队员都属于一个团队,如果一个队员进入队列,他首先从头到尾搜索队列,以检查其队友(同一团队的队员)是否已经在队列中,如果在,他就会进到该队列的后面;如果不在,他进入当前尾部的队列并成为该队列的一个队员(运气不好)。和在普通队列中一样,队员按照他们在队列中出现的顺序从头到尾进行处理。

请编写一个模拟此团队队列的程序。

输入格式:输入将包含一个或多个测试用例。每个测试用例以团队数量 $t(1\leqslant t\leqslant 1000)$开始,然后是团队描述,每个团队描述由该团队的队员数和队员本身组成,每个队员是一个 0~999 999 的整数,一个团队最多可包含 1000 个队员,最后是一个命令列表,有以下 3 种不同的命令。

ENQUEUE x：将队员 x 进入团队队列。

DEQUEUE：处理第一个元素并将其从队列中删除。

STOP：测试用例结束。

当输入的 t 为 0 时终止。注意，测试用例最多可包含 200 000（二十万）个命令，因此团队队列的实现应该是高效的，即队员进队和出队应该只占常量时间。

输出格式：对于每个测试用例，首先输出一行“Scenario ＃k”，其中 k 是测试用例的编号，然后对于每个 DEQUEUE 命令，输出一行指出出队的队员。在每个测试用例后输出一个空行，包括最后一个测试用例。

输入样例：

```
2
3 101 102 103
3 201 202 203
ENQUEUE 101
ENQUEUE 201
ENQUEUE 102
ENQUEUE 202
ENQUEUE 103
ENQUEUE 203
DEQUEUE
DEQUEUE
DEQUEUE
DEQUEUE
DEQUEUE
DEQUEUE
STOP
2
5 259001 259002 259003 259004 259005
6 260001 260002 260003 260004 260005 260006
ENQUEUE 259001
ENQUEUE 260001
ENQUEUE 259002
ENQUEUE 259003
ENQUEUE 259004
ENQUEUE 259005
DEQUEUE
DEQUEUE
ENQUEUE 260002
ENQUEUE 260003
DEQUEUE
DEQUEUE
DEQUEUE
DEQUEUE
STOP
0
```

输出样例：

```
Scenario ＃1
```

```
101
102
103
201
202
203

Scenario #2
259001
259002
259003
259004
259005
260001
```

解：对于一个测试用例，先输入 T 个团队，每个团队按 1、2、…、T 的顺序编号，称为团队编号，每个团队有 n 个队员，每个队员有唯一编号 num，每个团队的所有队员的团队编号是相同的，由于队员进队是按照普通队列的方式查找的，所以每个团队设置一个队列，用 team[1005]（团队最多 1000 个）构成一个队列数组，下标与团队编号一致。

由于目前 Java 中的数组不支持泛型，所以自己设计一个元素类型为 int 的循环队列类 QUEUE，定义 team 如下：

```
QUEUE[] team=new QUEUE[MAXN];                    //各团队队列
for(int i=0;i<MAXN;i++)                          //建立各个团队编号队列
   team[i]=new QUEUE();
```

开始时每个队列为空。另外，每个团队的成员进队有一个先后次序，最先有成员进队的队列在前面，所以另外增加一个表示团队队列创建顺序的队列 qu，采用 Queue 接口表示：

```
Queue<Integer> qu=new LinkedList<Integer>();     //团队编号队列
```

在根据团队数据创建队列后，如何将队员与团队编号关联起来呢？设置一个映射数组：

```
int[] quno=new int[MAXM];                        //队员与队列号的映射表
```

这里 quno[num]=id 表示队员 num 的团队编号为 id。

在处理 ENQUEUE num 命令时，求出 id=quno[num]，如果 team[id]不空，将其进入该队列；若 team[id]为空，将其作为第一个队员进入 team[id]，由于是新建立的，同时将 id 进 qu 队列。

在处理 DEQUEUE 命令时，从 qu 出队最前面的团队队列编号 id，从 team[id]出队一个成员并输出，如果 team[id]变为空，还需要将 id 从 qu 队列出队。

对应的 AC 程序如下：

```
import java.util.*;
import java.util.Scanner;
class QUEUE                                      //循环队列类
{  final int MaxSize=1001;
   int[] data;
```

```
    int front, rear;                                  //队头、队尾指针
    public QUEUE()                                    //构造方法
    {   data=new int[MaxSize];
        front=0;
        rear=0;
    }
    public void init()                                //初始化为空队
    {   front=0;
        rear=0;
    }
    public boolean empty()                            //判断队列是否为空
    {
        return front==rear;
    }
    public void push(int no)                          //元素 no 进队
    {   if((rear+1)%MaxSize==front)                   //队满
            throw new IllegalArgumentException("栈空");
        rear=(rear+1)%MaxSize;
        data[rear]=no;
    }
    public int pop()                                  //出队元素
    {   if(empty())                                   //队空
            throw new IllegalArgumentException("栈空");
        front=(front+1)%MaxSize;
        return data[front];
    }
}
public class Main
{   public static boolean Same(String s1,String s2)    //比较两个字符串的值是否相同
    {
        return s1.compareTo(s2)==0;
    }
    public static void main(String[] args)
    {   final int MAXN=1005;
        final int MAXM=1000000;
        int[] quno=new int[MAXM];                      //队员与队列号的映射表
        QUEUE[] team=new QUEUE[MAXN];                  //各团队队列
        for(int i=0;i<MAXN;i++)                        //建立各个团队编号队列
            team[i]=new QUEUE();
        Queue<Integer> qu=new LinkedList<Integer>();          //团队编号队列
        String op;
        int T,t=0,n,num,id;
        Scanner fin = new Scanner(System.in);
        while(true)
        {   T=fin.nextInt();                           //读取团队个数
            if(T==0) break;                            //为 0 时结束
            qu.clear();                                //初始化为空队
            for(int i=1;i<=T;i++)
                team[i].init();
            for(int i=1;i<=T;i++)                      //T 个团队
            {   n=fin.nextInt();                       //每个团队的人数
```

```
                while(n-->0)
                {   num=fin.nextInt();                        //读取该团队的队员
                    quno[num]=i;                              //表示 num 队员属于 i 团队
                }
            }
            t++;                                              //测试用例编号增 1
            System.out.println("Scenario #"+t);
            while(true)                                       //开始处理本测试用例的命令
            {   op=fin.next();                                //输入一个命令
                if(Same(op,"STOP"))                           //STOP 时退出
                    break;
                if(Same(op,"ENQUEUE"))                        //ENQUEUE 命令
                {   num=fin.nextInt();                        //输入进队的队员
                    id=quno[num];                             //取该队员的团队编号
                    if(team[id].empty())                      //若该队列为空(没有找到好友)
                    {   qu.offer(id);                         //将 id 进团队编号队列
                        team[id].push(num);                   //该队员进 id 编号的团队队列
                    }
                    else                                      //找到好友
                        team[id].push(num);                   //该队员进 id 编号的团队队列
                }
                else if(Same(op,"DEQUEUE"))                   //DEQUEUE 命令
                {   id=qu.peek();                             //取最前面的团队编号 id
                    System.out.println(team[id].pop());
                    if(team[id].empty())                      //该团队空,从团队编号队列出队
                        qu.poll();
                }
            }
            System.out.println();
        }
    }
}
```

上述程序的执行时间为 1250ms,空间为 13 620KB。

5. POJ3984——迷宫问题

时间限制：1000ms；空间限制：65 536KB。

问题描述：定义一个二维数组如下。

```
int maze[5][5] = {
    0, 1, 0, 0, 0,
    0, 1, 0, 1, 0,
    0, 0, 0, 0, 0,
    0, 1, 1, 1, 0,
    0, 0, 0, 1, 0,
}
```

它表示一个迷宫,其中的 1 表示墙壁,0 表示可以走的路,注意只能横着走或竖着走,不能斜着走,要求编程找出从左上角到右下角的最短路线。

输入格式：一个 5×5 的二维数组,表示一个迷宫。数据保证有唯一解。

输出格式：从左上角到右下角的最短路径，格式如样例所示。

输入样例：

```
0 1 0 0 0
0 1 0 1 0
0 0 0 0 0
0 1 1 1 0
0 0 0 1 0
```

输出样例：

```
(0, 0)
(1, 0)
(2, 0)
(2, 1)
(2, 2)
(2, 3)
(2, 4)
(3, 4)
(4, 4)
```

解：由于求的是最短路径，采用队列求迷宫问题的方法，与《教程》中 3.2.7 节的原理完全相同。在输出迷宫路径时，通过一个 path 数组将反向路径反向输出即得到正向路径。对应的 AC 程序如下：

```
import java.io.*;
import java.util.*;
class Box                                       //方块类
{ int i;                                        //方块的行号
  int j;                                        //方块的列号
  Box pre;                                      //指向前驱方块
  public Box(int i1,int j1)                     //构造方法
  {   i=i1;
      j=j1;
      pre=null;
  }
}
class MazeClass                                 //用队列求解一条迷宫路径类
{ final int MaxSize=6;
  int[][] mg;                                   //迷宫数组
  int m,n;                                      //迷宫行、列数
  Queue<Box> qu;                                //队列
  public MazeClass(int m1,int n1)               //构造方法
  {   m=m1;
      n=n1;
      mg=new int[MaxSize][MaxSize];
      qu=new LinkedList<Box>();                 //创建一个空队 qu
  }
  public void Setmg(int[][] a)                  //设置迷宫数组
  {   for(int i=0;i<m;i++)
         for(int j=0;j<n;j++)
```

```
                mg[i][j]=a[i][j];
    }
    public void disppath(Box p)                          //从 p 出发找一条迷宫路径
    {   Box[] path=new Box[20];
        int cnt=0;
        while(p!=null)                                   //找到入口为止
        {   path[cnt]=p;
            cnt++;
            p=p.pre;
        }
        for(int k=cnt-1;k>=0;k--)                        //反向输出构成正向路径
            System.out.println("("+path[k].i+", "+path[k].j+")");
    }
    boolean mgpath(int xi,int yi,int xe,int ye)          //求(xi,yi)到(xe,ye)的一条迷宫路径
    {   int i,j,i1=0,j1=0;
        Box b,b1;
        b=new Box(xi,yi);                                //建立入口结点 b
        qu.offer(b);                                     //结点 b 进队
        mg[xi][yi]=-1;                                   //进队方块 mg 的值置为-1
        while(!qu.isEmpty())                             //队不空时循环
        {   b=qu.poll();                                 //出队一个方块 b
            if(b.i==xe && b.j==ye)                       //找到了出口,输出路径
            {   disppath(b);                             //从 b 出发回推导出迷宫路径并输出
                return true;                             //找到一条路径时返回 true
            }
            i=b.i; j=b.j;
            for(int di=0;di<4;di++)                      //循环扫描每个方位,把每个可走的方块进队
            {   switch(di)
                {
                case 0:i1=i-1; j1=j; break;
                case 1:i1=i;j1=j+1; break;
                case 2:i1=i+1; j1=j;break;
                case 3:i1=i;j1=j-1; break;
                }
                if(i1>=0 && i1<m && j1>=0 && j1<n && mg[i1][j1]==0)
                                                         //找到一个相邻可走方块(i1,j1)
                {   b1=new Box(i1,j1);                   //建立后继方块结点 b1
                    b1.pre=b;                            //设置其前驱方块结点为 b
                    qu.offer(b1);                        //b1 结点进队
                    mg[i1][j1]=-1;                       //进队的方块置为-1
                }
            }
        }
        return false;                                    //未找到任何路径时返回 false
    }
}
public class Main
{   public static void main(String[] args)
    {   Scanner fin=new Scanner(System.in);
        MazeClass mz=new MazeClass(5,5);
        int[][] a=new int[5][5];
```

```
        for(int i=0;i<5;i++)
            for(int j=0;j<5;j++)
                a[i][j]=fin.nextInt();
        mz.Setmg(a);
        mz.mgpath(0,0,4,4);
    }
}
```

上述程序的执行时间为125ms,空间为2968KB。

6. POJ1028——Web导航

时间限制：1000ms；空间限制：10 000KB。

问题描述：标准Web浏览器包含有在最近访问过的页面之间前后移动的功能。实现此功能的一种方法是使用两个栈来跟踪可以通过前后移动到达的页面。在此问题中,系统会要求编程实现此功能。

程序需要支持以下命令。

(1) BACK：将当前页面进入前向栈作为栈顶,从后向栈中出栈栈顶的页面,使其成为新的当前页面。如果后向栈为空,则忽略该命令。

(2) FORWARD：将当前页面进入后向栈作为栈顶,从前向栈中出栈栈顶的页面,使其成为新的当前页面。如果前向栈为空,则忽略该命令。

(3) VISIT：将当前页面进入后向栈作为栈顶,并将URL指定为新的当前页面。清空前向栈。

(4) QUIT：退出浏览器。

假设浏览器最初加载的页面的URL为"http://www.acm.org/"。

输入格式：输入是一系列命令；命令关键字BACK、FORWARD、VISIT和QUIT都是大写的；URL中没有空格,最多包含70个字符；可以假设任何实例在任何时候每个栈中的元素不会超过100；由QUIT命令指示输入结束。

输出格式：对于除了QUIT之外的每个命令,如果不忽略该命令,则在执行命令后打印当前页面的URL,否则打印"Ignored"。每个命令输出一行,QUIT命令没有任何输出。

输入样例：

```
VISIT http://acm.ashland.edu/
VISIT http://acm.baylor.edu/acmicpc/
BACK
BACK
BACK
FORWARD
VISIT http://www.ibm.com/
BACK
BACK
FORWARD
FORWARD
FORWARD
QUIT
```

输出样例：

http://acm.ashland.edu/
http://acm.baylor.edu/acmicpc/
http://acm.ashland.edu/
http://www.acm.org/
Ignored
http://acm.ashland.edu/
http://www.ibm.com/
http://acm.ashland.edu/
http://www.acm.org/
http://acm.ashland.edu/
http://www.ibm.com/
Ignored

解：采用前向栈 stackBack 和后向栈 stackForward 直接模拟，当 BACK 或者 FORWARD 时将一个栈里面的顶端移到另一个栈的顶端。注意，stackBack 栈的最底层至少要有一个元素。对应的 AC 程序如下：

```
import java.util.Stack;
import java.util.Scanner;
public class Main
{ public static void main(String[] args)
  {   Scanner fin=new Scanner(System.in);
      Stack<String> stackBack = new Stack<String>();
      Stack<String> stackForward = new Stack<String>();
      String curp = "http://www.acm.org/";             //最初页面为"http://www.acm.org/"
      while(fin.hasNext())
      {   String s = fin.nextLine();
          if(s.startsWith("QUIT"))                     //QUIT 命令
              break;
          if(s.startsWith("VISIT"))                    // VISIT 命令
          {   if(stackBack.size()<=100)
              {   stackBack.push(curp);                //进前向栈
                      stackForward.clear();            //清空后向栈
              }
              curp = s.substring(6);                   //跳过开头的"VISIT"
              System.out.println(curp);
          }
          if(s.startsWith("BACK"))                     //BACK 命令
          {   if(stackBack.isEmpty())                  //前向栈空
                  System.out.println("Ignored");
              else
              {   if(stackForward.size()<=100)
                    stackForward.push(curp);           //当前页进后向栈
                  String a = stackBack.pop();          //前向栈出栈 a
                  System.out.println(a);
                  curp = a;                            //a 作为当前页
              }
          }
          if(s.startsWith("FORWARD"))                  // FORWARD 命令
          {   if(stackForward.isEmpty())
```

```
                System.out.println("Ignored");
            else
            {   if(stackBack.size()<=100)
                    stackBack.push(curp);              //当前页进后向栈
                String a = stackForward.pop();         //前向栈出栈 a
                System.out.println(a);
                curp = a;                              //a 作为当前页
            }
          }
        }
      }
    }
```

上述程序的执行时间为 1547ms，空间为 4060KB。

7. HDU1873——看病要排队

时间限制：3000ms；空间限制：32 768KB。（HDU1509 与之类似）

问题描述：看病要排队是大家都知道的常识，不过细心的 0068 经过观察，他发现医院里的排队还是有讲究的。0068 所去的医院有 3 个医生同时在看病，而病人的病情有轻重，不能根据简单的先来先服务的原则，所以医院对每种病情规定了 10 种不同的优先级，级别为 10 的优先权最高，级别为 1 的优先权最低。医生在看病时，会在他的病人里面选择一个优先权最高的先进行诊治，如果遇到两个优先权一样的病人，则选择最早来排队的病人。

请编程帮助医院模拟这个看病过程。

输入格式：输入数据包含多组测试，请处理到文件结束。每组数据的第一行有一个正整数 $n(0<n<2000)$，表示发生事件的数目，接下来有 n 行，分别表示发生的事件。一共有以下两种事件。

(1) IN A B：表示有一个拥有优先级 B 的病人要求医生 A 诊治（$0<A\leqslant 3, 0<B\leqslant 10$）。

(2) OUT A：表示医生 A 进行了一次诊治，诊治完毕后病人出院（$0<A\leqslant 3$）。

输出格式：对于每个"OUT A"事件，请在一行里面输出被诊治人的编号 ID。如果该事件中无病人需要诊治，则输出"EMPTY"。诊治人的编号 ID 的定义为：在一组测试中，"IN A B"事件发生第 k 次时进来的病人的 ID 即为 k。从 1 开始编号。

输入样例：

```
7
IN 1 1
IN 1 2
OUT 1
OUT 2
IN 2 1
OUT 2
OUT 1
2
IN 1 1
OUT 1
```

输出样例：

```
2
EMPTY
3
1
1
```

解：每个医生对应一个优先队列，有该医生的病人时将其进队，有该医生的病人看病时将其出队。对应的 AC 程序如下：

```
import java.util.*;
class Patient                                               //病人类
{  private int docId;                                       //病人要求医生编号
   private int priority;                                    //病人优先级
   private int id;                                          //病人编号
   public Patient(int pid, int did, int pri)                //构造方法
   {   id=pid;
       docId=did;
       priority=pri;
   }
   public int getid()                                       //返回 id
   {
       return id;
   }
   public int getpri()                                      //返回 priority
   {
       return priority;
   }
}
public class Main
{  final static int MAXN=2010;
   public static Comparator<Patient> priComparator          //定义 priComparator
   = new Comparator<Patient>()
   {   public int compare(Patient o1, Patient o2)           //用于创建大根堆
       {   if(o2.getpri()==o1.getpri())                     //优先级相同时
               return o1.getid()-o2.getid();                //按 id 越小越优先
           else
               return o2.getpri()-o1.getpri();              //按 priority 越大越优先
       }
   };
   public static void main(String[] args)
   {   Scanner fin=new Scanner(System.in);
       PriorityQueue<Patient> pq1=new PriorityQueue<>(MAXN, priComparator);
       PriorityQueue<Patient> pq2=new PriorityQueue<>(MAXN, priComparator);
       PriorityQueue<Patient> pq3=new PriorityQueue<>(MAXN, priComparator);
       int n;
       while(fin.hasNext())
       {   n=fin.nextInt();
           pq1.clear();
           pq2.clear();
           pq3.clear();
           int id=1;
```

```
            while(n-->0)
            {   String str=fin.next();
                if(str.charAt(0) == 'I')                    //IN A B 命令
                {   int docid=fin.nextInt();
                    int priority=fin.nextInt();
                    Patient p=new Patient(id++,docid,priority);
                    if(docid==1)
                        pq1.offer(p);
                    else if(docid==2)
                        pq2.offer(p);
                    else
                        pq3.offer(p);
                }
                else                                        //OUT A 命令
                {   int docid=fin.nextInt();
                    if(docid==1)
                    {   if(pq1.isEmpty())
                            System.out.println("EMPTY");
                        else
                            System.out.println(pq1.poll().getid());
                    }
                    else if(docid==2)
                    {   if(pq2.isEmpty())
                            System.out.println("EMPTY");
                        else
                            System.out.println(pq2.poll().getid());
                    }
                    else
                    {   if(pq3.isEmpty())
                            System.out.println("EMPTY");
                        else
                            System.out.println(pq3.poll().getid());
                    }
                }
            }
        }
    }
}
```

上述程序的执行时间为 592ms,空间为 13 852KB。

3.4　第 4 章　串

1. HDU1020——编码问题

时间限制：2000ms；空间限制：65 536KB。

问题描述：给定一个只包含“A”～“Z”的字符串,使用以下方法对其进行编码。

(1) 每个包含 k 个相同字符的子串应编码为“kX”,其中“X”是该子串中唯一的字符。

(2) 如果子串的长度为 1,则应忽略“1”。

输入格式：第一行包含整数 $T(1\leqslant T\leqslant 100)$，表示测试用例的个数，接下来的 T 行包含 T 个字符串，每个字符串仅包含"A"～"Z"，长度小于10 000。

输出格式：对于每个测试用例，输出一行包含对应的编码字符串。

输入样例：

```
2
ABC
ABBCCC
```

输出样例：

```
ABC
A2B3C
```

解：扫描字符串 s，累计相邻重复字符 c 的个数cnt，若cnt==1，保持 c 不变，否则改为cnt+c。对应的AC程序如下：

```
import java.lang.*;
import java.util.Scanner;
public class Main
{  public static String solve(String s)
   {    String t="";                                         //串s的编码为t
        int cnt,i,j;
        i=0;
        while(i<s.length())
        {    cnt=1;
             for(j=i+1;j<s.length();j++)
             {    if(s.charAt(i)==s.charAt(j))
                       cnt++;                                //累计与s[i]相同的字符的个数
                  else
                       break;
             }
             if(cnt>1)
                  t+=cnt+""+s.charAt(i);
             else
                  t+=s.charAt(i);
             i=j;                                            //更新起始位置
        }
        return t;
   }
   public static void main(String[] args)
   {    int T;
        String s;
        Scanner fin = new Scanner(System.in);
        T=fin.nextInt();
        fin.nextLine();
        while(T-->0)
        {    s=fin.nextLine();
             System.out.println(solve(s));
        }
   }
}
```

上述程序的执行时间为 280ms，空间为 932KB。

2. HUD1711——数字序列问题

时间限制：10 000ms；空间限制：32 768KB。

问题描述：给定两个整数序列 $a[1],a[2],\cdots,a[n]$ 和 $b[1],b[2],\cdots,b[m]$（$1\leqslant m\leqslant 10\,000,1\leqslant n\leqslant 1\,000\,000$），请找到一个整数 k 使得 $a[k]=b[1],a[k+1]=b[2],\cdots,a[k+m-1]=b[m]$。如果有多个这样的 k 存在，输出最小的。

输入格式：第一行为测试用例个数 t。对于每个测试用例，第一行为两个整数 n 和 m，第二行为 n 个整数 $a[1]$、$a[2]$、…、$a[n]$，第 3 行为 m 个整数 $b[1]$、$b[2]$、…、$b[m]$，所有整数在[$-1\,000\,000,1\,000\,000$]范围内。

输出格式：对于每个测试用例，输出一个满足上述条件的整数 k，若不存在这样的 k，输出-1。

输入样例：

```
2
13 5
1 2 1 2 3 1 2 3 1 3 2 1 2
1 2 3 1 3
13 5
1 2 1 2 3 1 2 3 1 3 2 1 2
1 2 3 2 1
```

输出样例：

```
6
-1
```

解：直接采用 KMP 算法进行匹配（KMP 算法在有多个子串出现时仅仅查找第一个子串位置，即这样的 k 存在多个时输出最小的），若返回的 k 不为-1，输出 $k+1$（这里要求序号从 1 开始），否则输出-1。

本题有多个测试用例，为了节省空间，将 a、b、next 数组等设计为静态变量。对应的 AC 程序如下：

```java
import java.util.*;
import java.util.Scanner;
public class Main
{  final static int MAXN=1000010;
   final static int MAXM=10010;
   static int[] a=new int[MAXN];
   static int[] b=new int[MAXM];
   static int[] next=new int[MAXM];
   static int n,m;
   public static void GetNext()                       //求模式串 b 的 next 数组
   {    int j,k;
        j=0; k=-1; next[0]=-1;
        while(j<m-1)
        {    if(k==-1 || b[j]==b[k])                 //k 为-1 或比较的字符相等时
             {    j++;k++;
```

```
                next[j]=k;
            }
            else k=next[k];
        }
    }
    public static int KMP()                              //KMP算法
    {   GetNext();
        int i=0,j=0;
        while(i<n && j<m)
        {   if(j==-1 || a[i]==b[j])
            {   i++;
                j++;                                     //i、j各增1
            }
            else j=next[j];                              //i不变,j后退
        }
        if(j>=m)                                         //匹配成功,返回t在s中的起始位置
            return i-m;
        else                                             //匹配不成功,返回-1
            return -1;
    }
    public static void main(String[] args)
    {   int T;
        Scanner fin = new Scanner(System.in);
        T=fin.nextInt();
        while(T-->0)
        {   n=fin.nextInt();
            m=fin.nextInt();
            for(int i=0;i<n;i++)
            {   int x=fin.nextInt();
                a[i]=x;
            }
            for(int i=0;i<m;i++)
            {   int x=fin.nextInt();
                b[i]=x;
            }
            int k=KMP();
            if(k!=-1)
                System.out.println(k+1);
            else
                System.out.println("-1");
        }
    }
}
```

上述程序的执行时间为6801ms,空间为18 004KB。

3. HDU2087——剪花布条问题

时间限制:10 000ms;空间限制:32 768KB。

问题描述:一块花布条,里面有一些图案,另有一块直接可用的小饰条,里面也有一些图案。对于给定的花布条和小饰条,计算一下能从花布条中尽可能剪出几块小饰条?

输入格式：输入中含有一些数据，分别是成对出现的花布条和小饰条，其布条都是用可见的 ASCII 码字符表示的，可见的 ASCII 码字符有多少个，布条的花纹就有多少种花样。注意，花纹条和小饰条不会超过 1000 个字符长。如果遇见 # 字符，则不再进行工作。

输出格式：输出能从花布条中剪出的最多小饰条个数，如果一块也没有，那就输出 0，每个结果之间换行。

输入样例：

```
abcde a3
aaaaaa  aa
#
```

输出样例：

```
0
3
```

解：这里是求小饰条 t 在花布条 s 中出现的次数，并且是不重叠匹配。

利用 KMP 算法求解。用 i、j 分别扫描 s、t 串（分别为 m、n 个字符），cnt 记录子串出现的次数（初始时为 0）。当匹配成功时，i 恰好指向 s 中匹配的 t 子串的下一个字符，此时只需要将 j 设为 0 重新开始查找下一个 t 子串即可。

对应的 AC 程序如下：

```
import java.lang.*;
import java.util.Scanner;
public class Main
{ final static int MAXN=1005;
  public static void GetNext(String t,int next[])          //由模式串 t 求出 next 值
  {   int j,k;
      int n=t.length();
      j=0; k=-1; next[0]=-1;
      while(j<n-1)
      {   if(k==-1 || t.charAt(j)==t.charAt(k))
          {   j++;k++;
              next[j]=k;
          }
          else k=next[k];
      }
  }
  public static int KMP(String s,String t)                 //利用 KMP 算法求 t 在 s 中出现的次数
  {   int[] next=new int[MAXN];
      int i=0,j=0,cnt=0;
      int m=s.length();
      int n=t.length();
      GetNext(t,next);
      while(i<m && j<n)
      {   if(j==-1 || s.charAt(i)==t.charAt(j))
          {   i++;
              j++;                                         //i、j 各增 1
```

```
            }
            else j=next[j];                                    //i 不变,j 后退
            if(j>=n)                                           //成功匹配 1 次
            {   cnt++;
                j=0;                                           //j 设置为 0,继续匹配
            }
        }
        return cnt;
    }
    public static void main(String[] args)
    {   Scanner fin = new Scanner(System.in);
        String s,t;
        while(true)
        {   s=fin.next();
            if(s.equals("#"))
                break;
            t=fin.next();
            System.out.println(KMP(s,t));
        }
    }
}
```

上述程序的执行时间为327ms,空间为9504KB。

4. POJ3461——Oulipo 问题

时间限制:1000ms;空间限制:65 536KB。

问题描述:给出字母表{'A','B','C',…,'Z'}和该字母表上的两个有限字符串,即单词W和文本T,计算T中W出现的次数,注意W的所有连续字符必须与T的连续字符完全匹配,字符可能重叠。

输入格式:输入文件的第一行包含测试用例个数t。每个测试用例都具有以下格式:一行单词W和一行文本T,所有字符均在{'A','B','C',…,'Z'}中,$1\leqslant|W|\leqslant10\,000$($|W|$表示$W$的长度),$|W|\leqslant|T|\leqslant1\,000\,000$。

输出格式:每个测试用例对应一行,表示单词W在文本T中出现的次数。

输入样例:

```
3
BAPC
BAPC
AZA
AZAZAZA
VERDI
AVERDXIVYERDIAN
```

输出样例:

```
1
3
0
```

解：这里是求单词 W 在文本 T 中出现的次数，并且是重叠匹配。

利用 KMP 算法求串 t 在串 s 中可重叠出现的次数。用 i、j 分别扫描 s、t 串（分别为 m、n 个字符），cnt 记录子串出现的次数（初始时为 0）。在基本 KMP 算法的基础上做两点修改：

（1）在基本 KMP 算法中，模式串为 $t[0..n-1]$，求出 next$[0..n-1]$，其过程是先置 next$[0]=-1$，再由 next$[j]$求出 next$[j+1]$，所以 j 从 0 到 $n-2$ 循环。这里还要求 next$[n]$（即 t 中尾字符后面一个位置的前面有多少个字符与开头的字符相同，因为这里的子串可以重叠），所以改为 j 从 0 到 $n-1$ 循环。

（2）当匹配成功时 j 不是设置为 0，而是设置为 next$[j]$（包含前面重叠匹配的字符个数），这样达到重叠匹配的目的。

例如，$s=$"aaa"，$t=$"aa"，t 在 s 中不重叠出现的次数是 1，显然重叠出现的次数是 2，因为"s_0s_1"和"s_1s_2"都与 t 相同，所以这两个子串是重叠的。考虑子串重叠情况下的 KMP 过程是求出 t 的 next$=\{-1,0,1\}$，即 next$[2]=1$，其匹配过程如图 3.2 所示，最后求出的 cnt 为 2。

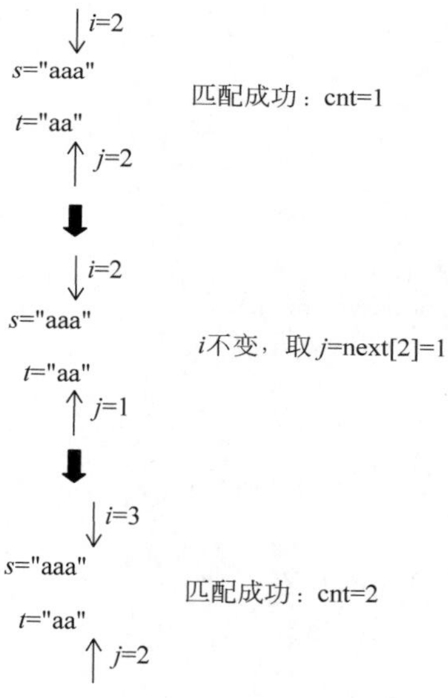

图 3.2　s 与 t 的匹配过程

对应的 AC 程序如下：

```
import java.lang.*;
import java.util.Scanner;
public class Main
{ final static int MAXN=10005;
  public static void GetNext(String t,int next[])           //由模式串 t 求出 next 值
  {    int j,k;
       int n=t.length();
       j=0; k=-1; next[0]=-1;
       while(j<n)
       {     if(k==-1 || t.charAt(j)==t.charAt(k))
```

```
            {   j++;k++;
                next[j]=k;
            }
            else k=next[k];
        }
    }
    public static int KMP(String s,String t)               //利用 KMP 算法求 t 在 s 中出现的次数
    {   int [] next=new int[MAXN];
        int i=0,j=0,cnt=0;
        int m=s.length();
        int n=t.length();
        GetNext(t,next);
        while(i<m && j<n)
        {   if(j==-1 || s.charAt(i)==t.charAt(j))
            {   i++;
                j++;                                       //i,j 各增 1
            }
            else j=next[j];                                //i 不变,j 后退
            if(j>=n)                                       //成功匹配 1 次
            {   cnt++;
                j=next[j];                                 //将 j 设置为 next[j]继续匹配
            }
        }
        return cnt;
    }
    public static void main(String[] args)
    {   Scanner fin = new Scanner(System.in);
        int t;
        String W,T;
        t=fin.nextInt();
        while(t-->0)
        {   W=fin.next();
            T=fin.next();
            System.out.println(KMP(T,W));
        }
    }
}
```

上述程序的执行时间为 1063ms,空间为 8816KB。

3.5 第5章 递归

1. POJ1664——放苹果

时间限制:1000ms;空间限制:10 000KB。

问题描述:把 m 个同样的苹果放在 n 个同样的盘子里,允许有的盘子空着不放,问共有多少种不同的放法(用 k 表示)? 注意 5,1,1 和 1,5,1 是同一种放法。

输入格式:第一行是测试数据的数目 $t(0 \leqslant t \leqslant 20)$,以下每行均包含两个整数 m 和 n,以空格分开,$1 \leqslant m, n \leqslant 10$。

输出格式：对于输入的每组数据 m 和 n，用一行输出相应的 k。

输入样例：

```
1
7 3
```

输出样例：

```
8
```

解：设 $f(m,n)$ 为 m 个苹果放在 n 个盘子的放法数，它是大问题，显然 $f(m_1,n_1)$ ($m_1<m$ 或者 $n_1<n$)是小问题。

（1）如果 $m=1$，显然只有一种放法（一个苹果放入一个盘子，其他盘子空），所以 $f(1,n)=1$。如果 $n=1$，也只有一种放法（m 个苹果放入一个盘子），所以 $f(m,1)=1$。

（2）如果 $m<n$，必定有 $n-m$ 个盘子永远空着，去掉它们对分法的数目不产生影响，即有 $f(m,n)=f(m,m)$。

（3）如果 $m=n$，其放法可以分成两类：

① 所有盘子都有苹果，即每个苹果放到一个盘子中，对应一种分法。

② 至少有一个盘子空着，相当于只有 $m-1$ 个盘子的情况，所以有 $f(m,m)=f(m,m-1)$。

此时总的放法数等于两者的和，即 $f(m,m)=f(m,m-1)+1$。

（4）如果 $m\geqslant n$，其放法可以放成两类：

① 至少有一个盘子空着，相当于只有 $n-1$ 个盘子的情况，所以有 $f(m,n)=f(m,n-1)$。

② 所有盘子都有苹果，可以从每个盘子中拿掉一个苹果，不影响不同放法数，对应 $m-n$ 个苹果的放法数，即 $f(m,n)=f(m-n,n)$。

此时总的放法数等于两者的和，即 $f(m,n)=f(m,n-1)+f(m-n,n)$。

对应的递归模型如下：

$f(m,n)=1$	当 $m=1$ 或者 $n=1$ 时
$f(m,n)=f(m,m)$	当 $m<n$ 时
$f(m,n)=f(m,m-1)+1$	当 $m=n$ 时
$f(m,n)=f(m,n-1)+f(m-n,n)$	其他情况

对应的 AC 程序如下：

```
import java.util.*;
import java.util.Scanner;
public class Main
{  public static int solve(int m, int n)                    //求解算法
   {    if(m==1||n==1)
            return 1;
        else if(m<n)
            return solve(m, m);
        else if(m==n)
            return solve(m, m-1)+1;
        else
            return solve(m, n-1)+solve(m-n, n);
   }
```

```
    public static void main(String[] args)
    {   Scanner fin = new Scanner(System.in);
        int t,m,n;
        t=fin.nextInt();
        while(t-->0)
        {   m=fin.nextInt();
            n=fin.nextInt();
            System.out.println(solve(m,n));
        }
    }
}
```

上述程序的执行时间为 94ms,空间为 3017KB。

2. POJ2083——分形问题

时间限制:1000ms;空间限制:30 000KB。

问题描述:分形是从某种技术意义上在所有尺度上以自相似方式显示的物体或数值。物体不需要在所有尺度上都具有完全相同的结构,但在所有尺度上必须具有相同的结构"类型"。盒子分形的定义如下:

1 级盒子分形是简单的:

```
X
```

2 级盒子分形是:

```
X X
 X
X X
```

如果用 B($n-1$)表示 $n-1$ 级盒子分形,那么递归地定义 n 级盒子分形如下:

```
B(n-1)        B(n-1)
       B(n-1)
B(n-1)        B(n-1)
```

请画出 n 级盒子分形。

输入格式:输入包含几个测试用例。输入的每一行包含一个不大于 7 的正整数 n,输入的最后一行是负整数-1,表示输入结束。

输出格式:对于每个测试用例,使用 X 表示法输出框分形。注意 X 是一个大写字母。在每个测试用例后打印一行,该行只有一个短画线。

输入样例:

```
1
2
3
4
-1
```

输出样例:输出结果如图 3.3 所示。

解:用二维 boolean 型数组 map 存放 n 级盒子分形,map[i][j]为 true 表示(i,j)位置为

```
X
-
X X
 X
X X
-
X X   X X
 X     X
X X   X X
   X X
    X
   X X
X X   X X
 X     X
X X   X X
-
X X   X X         X X   X X
 X     X           X     X
X X   X X         X X   X X
   X X               X X
    X                 X
   X X               X X
X X   X X         X X   X X
 X     X           X     X
X X   X X         X X   X X
         X X   X X
          X     X
         X X   X X
```

图 3.3　样例的输出结果

“X”，否则为空。当求出 map 后，只需要在屏幕上输出 map 对应的图即可，关键是如何计算 map。

设 $f(x,y,n)$ 表示求 n 级盒子分形，其左上角为 (x,y)。该问题对应 5 个 $n-1$ 级盒子分形，即左上角、右上角、中间、左下角和右下角的 $n-1$ 级盒子分形，每个位置如图 3.4 所示，每个子盒子分形的大小为 $3^{n-1}(n>1)$，为了方便计算，设置一个 3 的 n 次幂表数组 pows＝

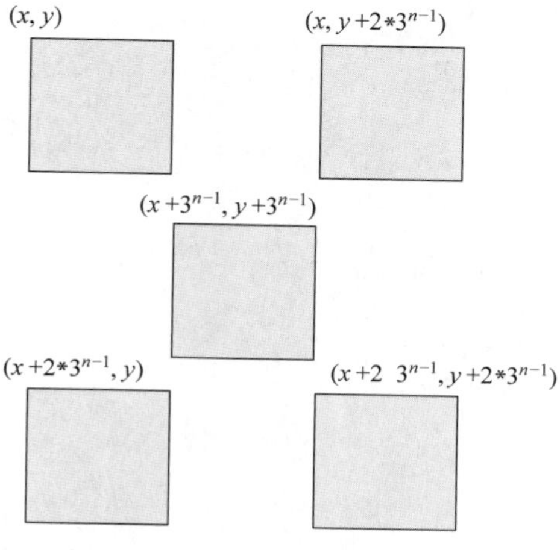

图 3.4　n 级盒子分形的 5 个部分

{1,3,9,27,81,243,729}(下标从 0 开始,3^{n-1} 对应下标为 $n-2$ 的元素 pows[$n-2$])。这样得到如下递归模型:

$f(x,y,n) \equiv$ map[x][y]=true　　　　当 $n=1$ 时
$f(x,y,n) \equiv f(x,y,n-1)$;　　　　当 $n>1$ 时
　　$f(x,y+2*$pows$[n-2],n-1)$;
　　$f(x+$pows$[n-2],y+$pows$[n-2],n-1)$;
　　$f(x+2*$pows$[n-2],y,n-1)$;
　　$f(x+2*$pows$[n-2],y+2*$pows$[n-2],n-1)$;

对应的 AC 程序如下:

```
import java.util.*;
import java.util.Scanner;
public class Main
{ static int MAXN=730;
  static boolean[][] map=new boolean[MAXN][MAXN];
  static int[] pows={1,3,9,27,81,243,729};                 //3 的 n 次幂表
  static void solve(int x,int y,int n)                     //求解算法
  {   if(n==1)
      {   map[x][y]=true;
          return;
      }
      solve(x,y,n-1);                                      //递归绘制左上角的图形
      solve(x,y+2*pows[n-2],n-1);                          //递归绘制右上角的图形
      solve(x+pows[n-2],y+pows[n-2],n-1);                  //递归绘制中间的图形
      solve(x+2*pows[n-2],y,n-1);                          //递归绘制左下角的图形
      solve(x+2*pows[n-2],y+2*pows[n-2],n-1);              //递归绘制右下角的图形
  }
  public static void main(String[] args)
  {   Scanner fin = new Scanner(System.in);
      int n;
      while(true)
      {   n=fin.nextInt();
          if(n==-1) break;
          for(int i=0;i<MAXN;i++)                          //map 的初始化
              for(int j=0;j<MAXN;j++)
                  map[i][j]=false;
          solve(1,1,n);
          for(int i=1;i<=pows[n-1];i++)
          {   for(int j=1;j<=pows[n-1];j++)
                  if(map[i][j])
                      System.out.print("X");
                  else
                      System.out.print(" ");
              System.out.println();
          }
          System.out.println("-");
      }
  }
}
```

上述程序的执行时间为 1422ms，空间为 6036KB。

3. HDU2021——发工资问题

时间限制：2000ms；空间限制：65 536KB。

问题描述：作为学校的教师，最盼望的日子就是每月的 8 号了，但是对于学校财务处的工作人员来说，这一天则是很忙碌的一天。财务处的小胡老师最近在考虑一个问题：如果知道每个教师的工资额，最少需要准备多少张人民币才能在给每位教师发工资的时候不用教师找零呢？这里假设老师的工资都是正整数，单位为元，人民币一共有 100 元、50 元、10 元、5 元、2 元和 1 元 6 种。

输入格式：输入数据包含多个测试用例，每个测试用例的第一行是一个整数 n（$n<100$），表示教师的人数，然后是 n 个老师的工资。$n=0$ 表示输入结束，不做处理。

输出格式：对于每个测试用例输出一个整数 x，表示最少需要准备的人民币张数。每个输出占一行。

输入样例：

```
3
1 2 3
0
```

输出样例：

```
4
```

解：对于教师的工资 x，求需要的人民币张数对应的大问题为 $f(x)$，为了让人民币张数最少，从人民币面值 100、50、10、5、2 和 1 依次判断，当分配一张面值为 y 的人民币后，对应的小问题为 $f(x-y)$。递归模型如下：

$f(x)=0$　　　　　　当 $x=0$ 时

$f(x)=1+f(x-y)$　当 $x>0$ 时分配一张面值为 y 的人民币

对应的 AC 程序如下：

```
import java.util.*;
import java.util.Scanner;
public class Main
{  static int MAXN=101;
   static int[] a=new int[MAXN];
   static int[] b={100,50,10,5,2,1};
   public static int getcount(int x)                    //求解算法
   {     if(x==0)
            return 0;
         if(x>=100)
            return 1+getcount(x-100);
         else if(x>=50 && x<100)
            return 1+getcount(x-50);
         else if(x<50 && x>=10)
            return 1+getcount(x-10);
         else if(x<10 && x>=5)
            return 1+getcount(x-5);
```

```
        else if(x<5 && x>=2)
            return 1+getcount(x-2);
        else                                                    //n=1
            return 1+getcount(x-1);
    }
    public static void main(String[] args)
    {   Scanner fin = new Scanner(System.in);
        int n;
        int sum,count;
        while(true)
        {   n=fin.nextInt();
            if(n==0) break;
            for(int i=0;i<n;i++)
                a[i]=fin.nextInt();
            sum=0;
            for(int j=0;j<n;j++)
                sum+=getcount(a[j]);
            System.out.println(sum);
        }
    }
}
```

上述程序的执行时间为296ms,空间为13 220KB。

说明:本题采用求模方式更简单,这里设计递归算法是为了说明递归的应用。

4. HDU1997——汉诺塔问题

时间限制:2000ms;空间限制:65 536KB。

问题描述:n 个盘子的汉诺塔问题的最少移动次数是 2^n-1,即在移动过程中会产生 2^n 个系列。由于发生错移产生的系列增加了,这种错误是放错了柱子,并不会把大盘放到小盘上,即各柱子从下往上的大小仍保持如下关系:

$$n=m+p+q$$
$$a_1>a_2>\cdots>a_m$$
$$b_1>b_2>\cdots>b_p$$
$$c_1>c_2>\cdots>c_q$$

其中 a_i 是 A 柱上的盘子的盘号系列,b_i 是 B 柱上的盘子的盘号系列,c_i 是 C 柱上的盘子的盘号系列,最初目标是将 A 柱上的 n 个盘子移到 C 盘。给出一个系列,判断它是否为在正确移动中产生的系列。

例 1,$n=3$

```
3              //A 柱上只有盘号为 3 的盘子
2              //B 柱上只有盘号为 2 的盘子
1              //C 柱上只有盘号为 1 的盘子
```

是正确的。而例 2,$n=3$

```
3              //A 柱上只有盘号为 3 的盘子
1              //B 柱上只有盘号为 1 的盘子
2              //C 柱上只有盘号为 2 的盘子
```

是不正确的。

注意：对于例2，如果目标是将A柱上的n个盘子移到B盘，则是正确的。

输入格式：包含多组数据，首先输入t，表示有t组数据，每组数据4行，第一行n是盘子的数目，$n \leqslant 64$，后3行如下：

$m\ a_1\ a_2 \cdots a_m$
$p\ b_1\ b_2 \cdots b_p$
$q\ c_1\ c_2 \cdots c_q$

$n=m+p+q$，$0 \leqslant m \leqslant n$，$0 \leqslant p \leqslant n$，$0 \leqslant q \leqslant n$。

输出格式：对于每组数据，判断它是否为在正确移动中产生的系列，正确时输出true，否则输出false。

输入样例：

```
6
3
1 3
1 2
1 1
3
1 3
1 1
1 2
6
3 6 5 4
1 1
2 3 2
6
3 6 5 4
2 3 2
1 1
3
1 3
1 2
1 1
20
2 20 17
2 19 18
16 16 15 14 13 12 11 10 9 8 7 6 5 4 3 2 1
```

输出样例：

```
true
false
false
false
true
true
```

解：汉诺塔的原理就是hanoi(n)≡hanio($n-1$)+1次移动+hanio($n-1$)，也就是说要

将 n 个盘子从 A 移动到 C,必须先将 $n-1$ 个盘子从 A 移动到 B,再将第 n 个盘子从 A 移动到 C,最后将 $n-1$ 个盘子从 B 移动到 C,相当于把 $n-1$ 个盘子从 A 移动到 C 两次。边界条件是 $n=1$ 时一次移动。

对于本题来说就是判断第 i 个盘子在哪里,根据汉诺塔原理,第 n 个盘子所在之处有两种可能:

(1) 在 A 处,那么第 $n-1$ 个盘子就在 A 或者 B 处(A 不动,B、C 交换)。

(2) 在 C 处,那么第 $n-1$ 个盘子就在 C 或者 B 处(C 不动,A、B 交换)。

用 map 数组存放输入的 3 个序列,map[0]、map[1]和 map[2]分别对应 a、b、c 序列,用一维数组 no 存放 3 个序列的遍历情况。对应的 AC 程序如下:

```
import java.util.*;
import java.util.Scanner;
public class Main
{ static int MAXN=70;
  static int map[][]=new int[3][MAXN];
  static int[] no=new int[3];
  static boolean hanoi(int n,int a,int b,int c)
  {   if(n==0)                                  //递归出口
          return true;
      if(map[a][no[a]]==n)          //当盘子 n 在 A 上时,下面该判断盘子 n-1 是否在 A 或 B 上
      {   no[a]++;
          return hanoi(n-1,a,c,b);
      }
      else if(map[c][no[c]]==n)   //当盘子 n 在 C 上时,下面该判断盘子 n-1 是否在 B 或 C 上
      {   no[c]++;
          return hanoi(n-1,b,a,c);
      }
      else return false;                        //其他情况返回 false
  }
  public static void main(String[] args)
  {   Scanner fin = new Scanner(System.in);
      int t;
      t=fin.nextInt();
      while(t-->0)
      {   int n,m,p,q;
          for(int i=0;i<3;i++)                  //map 的初始化
              for(int j=0;j<MAXN;j++)
                  map[i][j]=0;
          for(int i=0;i<3;i++)                  //no 的初始化
              no[i]=0;
          n=fin.nextInt();
          m=fin.nextInt();
          for(int i=0;i<m;i++)
              map[0][i]=fin.nextInt();
          p=fin.nextInt();
          for(int i=0;i<p;i++)
              map[1][i]=fin.nextInt();
          q=fin.nextInt();
```

```
            for(int i=0;i<q;i++)
                map[2][i]=fin.nextInt();
            if(hanoi(n,0,1,2))                    //初始时 3 个塔对应 0~2
                System.out.println("true");
            else
                System.out.println("false");
        }
    }
}
```

上述程序的执行时间为 312ms,空间为 9460KB。

5. HDU2013——蟠桃记问题

时间限制：2000ms；空间限制：65 536KB。

问题描述：喜欢《西游记》的同学肯定都知道悟空偷吃蟠桃的故事,你们一定觉得这猴子太闹腾了,其实你们是有所不知,悟空是在研究一个数学问题！什么问题？他研究的问题是蟠桃一共有多少个。不过,到最后他还是没能解决这个难题。当时的情况是这样的：第一天悟空吃掉桃子总数的一半多一个,第二天又将剩下的桃子吃掉一半多一个,以后每天吃掉前一天剩下的一半多一个,到第 n 天准备吃的时候只剩下一个桃子。请帮悟空算一下,他第一天开始吃的时候桃子一共有多少个？

输入格式：输入数据有多组,每组占一行,包含一个正整数 $n(1<n<30)$,表示只剩下一个桃子的时候是在第 n 天发生的。

输出格式：对于每组输入数据,输出第一天开始吃的时候桃子的总数,每个测试用例占一行。

输入样例：

```
2
4
```

输出样例：

```
4
22
```

解：设 $f(i)$ 为第 n 天只剩下一个桃子时第 $i(i<n)$ 天开始吃的时候桃子的总数。递归模型如下：

$$f(i)=1 \qquad \text{当 } i=n \text{ 时}$$
$$f(i)=2(f(i+1)+1) \qquad \text{其他情况}$$

最后求出 $f(1)$ 就是题目的解。对应的 AC 程序如下：

```
import java.util.Scanner;
public class Main
{  static int n;
   public static int f(int i)
   {    if(i==n)
            return 1;
        else
```

```
            return 2 * (f(i+1)+1);
    }
    public static void main(String[] args)
    {   Scanner fin = new Scanner(System.in);
        int ans;
        while(fin.hasNext())
        {   n=fin.nextInt();
            System.out.println(f(1));
        }
    }
}
```

上述程序的执行时间为234ms,空间为9260KB。实际上改为以下非递归算法效率更高:

```
import java.util.Scanner;
public class Main
{   public static void main(String[] args)
    {   Scanner fin = new Scanner(System.in);
        int n,ans;
        while(fin.hasNext())
        {   n=fin.nextInt();
            ans=1;
            n--;
            while(n--!=0)
                ans=(ans+1) * 2;
            System.out.println(ans);
        }
    }
}
```

上述程序的执行时间为218ms,空间为9388KB。

6. POJ1979——红与黑问题

时间限制:1000ms;空间限制:30 000KB。

问题描述:一间长方形客房铺有方形瓷砖,每块瓷砖为红色或黑色。一个男人站在黑色瓷砖上,他可以移动到4个相邻瓷砖中的一个,但他不能在红色瓷砖上移动,只能在黑色瓷砖上移动。编写一个程序,通过重复上述动作来计算他可以到达的黑色瓷砖的数量。

输入格式:输入由多个数据集组成。数据集以包含两个正整数W和H的行开始,W和H分别是x和y方向上的瓷砖数量,W和H不超过20,数据集中还有H行,每行包含W个字符。每个字符代表的内容如下:

(1) '.'代表黑色瓷砖。

(2) '#'代表红色瓷砖。

(3) '@'代表黑色瓷砖上的男人(在一个数据集中只出现一次)。

输入的结尾由两个0组成的行表示。

输出格式:对于每个数据集,编写的程序应输出一行,其中包含该男人可以从初始瓷砖(包括其自身)到达的瓷砖的数量。

输入样例：

```
6 9
....#.
.....#
......
......
......
......
......
#@...#
.#..#.
11 9
.#.........
.#.#######.
.#.#.....#.
.#.#.###.#.
.#.#..@#.#.
.#.#####.#.
.#.......#.
.#########.
...........
11 6
..#..#..#..
..#..#..#..
..#..#..###
..#..#..#@.
..#..#..#..
..#..#..#..
7 7
..#.#..
..#.#..
###.###
...@...
###.###
..#.#..
..#.#..
0 0
```

输出样例：

```
45
59
6
13
```

解：本题与递归求迷宫问题相似，只是改为从男人所在的黑色瓷砖位置(x,y)出发搜索能够到达的黑色瓷砖数。对应的AC程序如下：

```
import java.util.Scanner;
public class Main
{  public static int[] Dx={0,0,1,-1};                         //x方向偏移值
   public static int[] Dy={-1,1,0,0};                         //y方向偏移值
   public static final int MAX=20;
   public static int col;
   public static int row;
```

```
        public static char[][] mg = new char[MAX][MAX];
        private static int dfs(int x,int y)                         //搜索可以到达的黑色瓷砖数
        {   int ans=0;
            for(int d=0;d<4;d++)                                    //对 4 个方位遍历
            {   int nx=x+Dx[d];
                int ny=y+Dy[d];
                if(nx>=0 && ny>=0 && nx<col && ny<row && mg[ny][nx]=='.')
                {                                                   //找到一个相邻的黑色瓷砖
                    mg[ny][nx] = '#';                               //改变走过的位置
                    ans+=1+dfs(nx,ny);
                }
            }
            return ans;
        }
        public static void main(String[] args)
        {   Scanner fin=new Scanner(System.in);
            int x=0,y=0;
            while(true)
            {   col=fin.nextInt();
                row=fin.nextInt();
                if(col==0 && row==0) break;
                int ans=1;                                          //起点算一个
                for(int i=0;i<row;i++)
                {   String temp=fin.next();
                    for(int j=0;j<col;j++)
                    {   char s=temp.charAt(j);
                        mg[i][j]=s;
                        if(s=='@')                                  //找到男人的位置
                        {   x = j;
                            y = i;
                        }
                    }
                }
                ans+=dfs(x,y);                                      //从(x,y)出发查找
                System.out.println(ans);
            }
        }
    }
```

上述程序的执行时间为 797ms，空间为 3572KB。

7. POJ3752——字母旋转游戏

时间限制：1000ms，空间限制：65 536KB。

问题描述：给定两个整数 m、n，生成一个 $m\times n$ 的矩阵，矩阵中元素的取值为 A～Z 的 26 个字母中的一个，A 在左上角，其余各数按顺时针方向旋转前进，依次递增放置，当超过 26 时又从 A 开始填充。例如，当 $m=5$、$n=8$ 时矩阵中的内容如图 3.5 所示。

输入格式：m 为行数，n 为列数，其中 m、n 都为大于 0 的整数。

输出格式：分行输出相应的结果。

输入样例：

```
4 9
```

输出样例：

```
A B C D E F G H I
V W X Y Z A B C J
U J I H G F E D K
T S R Q P O N M L
```

解：采用《教程》中第 5 章的例 5.5 的递归算法，用二维数组 s 存放该字母矩阵。起始整数 start 从 0 开始，对应的字母为(char)((int)'A'+start%26)。设 $f(x,y,m,n)$用于创建左上角为(x,y)、起始元素值为 start 的 $m\times n$ 矩阵，如图 3.6 所示，共 m 行 n 列，它是大问题；$f(x+1,y+1,m-2,n-2)$用于创建左上角为$(x+1,y+1)$、起始元素值为 start 的$(m-2)\times(n-2)$矩阵，共 $n-2$ 行 $n-2$ 列，它是小问题。

A	B	C	D	E	F	G	H
V	W	X	Y	Z	A	B	I
U	J	K	L	M	N	C	J
T	I	H	G	F	E	D	K
S	R	Q	P	O	N	M	L

图 3.5 $m=5$、$n=8$ 时的矩阵

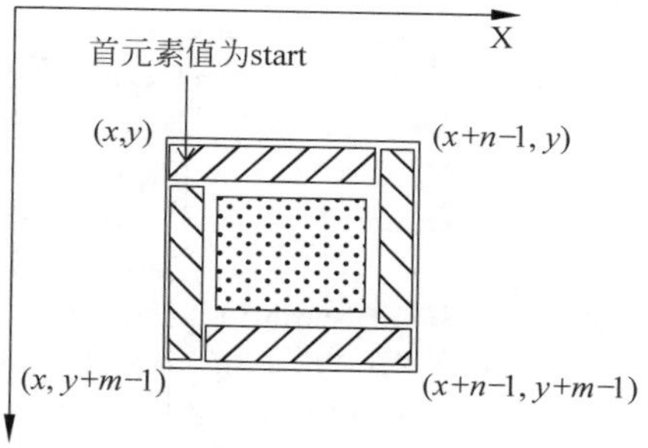

图 3.6 起始元素值为 start 的 $m\times n$ 矩阵

采用递归方法求出 s，再输出 s。对应的 AC 程序如下：

```
import java.util.Scanner;
public class Main
{ static int MAXM=21;
  static int MAXN=21;
  static char[][] s=new char[MAXM][MAXN];
  static int m,n;
  static int start=0;
  public static void CreateMat(int x,int y,int m,int n)           //递归创建矩阵
  {   if(m<=0 || n<=0)                                            //递归结束条件
          return;
      if(m==1 && n>0)                                             //矩阵只有第 y 行的 n 个元素
      {   for(int j=x;j<=x+n-1;j++)
          {   s[y][j]=(char)((int)'A'+start%26);
              start++;
          }
          return;
      }
      if(m>0 && n==1)                                             //矩阵只有第 x 列的 m 个元素
      {   for(int i=y;i<=y+m-1;i++)
```

```
            {   s[i][x]=(char)((int)'A'+start%26);
                start++;
            }
            return;
        }
        for(int j=x;j<x+n-1;j++)                                    //上一行
        {   s[y][j]=(char)((int)'A'+start%26);;
            start++;
        }
        for(int i=y;i<y+m-1;i++)                                    //右一列
        {   s[i][x+n-1]=(char)((int)'A'+start%26);;
            start++;
        }
        for(int j=x+n-1;j>x;j--)                                    //下一行
        {   s[y+m-1][j]=(char)((int)'A'+start%26);
            start++;
        }
        for(int i=y+m-1;i>y; i--)                                   //左一列
        {   s[i][x]=(char)((int)'A'+start%26);
            start++;
        }
        CreateMat(x+1,y+1,m-2,n-2);                                 //递归调用
    }
    public static void DispMat()                                    //输出螺旋矩阵
    {   for(int i=0;i<m;i++)
        {   for(int j=0;j<n;j++)
                System.out.print(" "+s[i][j]);
            System.out.println();
        }
    }
    public static void main(String[] args)
    {   Scanner fin = new Scanner(System.in);
        m = fin.nextInt();
        n = fin.nextInt();
        CreateMat(0,0,m,n);
        DispMat();
    }
}
```

上述程序的执行时间为 625ms,空间为 3020KB。

3.6 第6章 数组和稀疏矩阵

1. POJ3213——矩阵乘法问题

时间限制:5000ms;空间限制:131 072KB。

问题描述:USTC 最近开发了并行矩阵乘法机器 PM3,用于非常大的矩阵乘法运算。给定两个矩阵 **A** 和 **B**,其中 **A** 是 $n\times p$ 矩阵,**B** 是 $p\times m$ 矩阵,PM3 可以在 $O(p(n+p+m))$时间内计算矩阵 $\boldsymbol{C}=\boldsymbol{A}\times\boldsymbol{B}$。然而,PM3 的开发人员很快发现了一个小问题:PM3 可

能出错，而且每当出现错误时结果矩阵 **C** 只包含一个不正确的元素。

开发人员在 PM3 给出矩阵 **C** 之后检查并纠正它。他们认为这是一项简单的任务，因为最多会有一个不正确的元素。请编写一个程序来检查和纠正 PM3 计算的结果。

输入格式：输入的第一行是 3 个整数 n、p 和 $m(0<n,p,m\leqslant 1000)$，它们表示 A 和 B 的维数。然后跟随 n 行，每行有 p 个整数，以行序优先给出 A 的元素。之后是 B 和 C 的元素，以相同的方式给出。

A 和 **B** 的元素以 1000 的绝对值为界，**C** 的界限是 2 000 000 000。

输出格式：如果 **C** 不包含不正确的元素，请打印"Yes"，否则打印"No"后跟另外两行，第一行上有两个整数 r 和 c，第二行上有另一个整数 v，表示 C 中 r 行 c 列的元素应该校正为 v。

输入样例：

```
2 3 2
1 2 -1
3 -1 0
-1 0
0 2
1 3
-2 -1
-3 -2
```

输出样例：

```
No
1 2
1
```

解：采用二维数组 a、b、c 分别存放 **A**、**B**、**C** 矩阵，**C** 为给出的 **A**×**B** 结果，可能会有错，且最多只有一个元素出错。

如果按照矩阵乘法求出 $\boldsymbol{c}=\boldsymbol{A}\times\boldsymbol{B}$，再将 **C** 与 **c** 的元素一一比较找到出错的元素，花费时间较多(时间复杂度为 $O(n^3)$)。这里通过一个示例看改进方法(时间复杂度为 $O(n^2)$)，例如：

$$\boldsymbol{a}=\begin{bmatrix}1 & 2 & 3\\4 & 5 & 6\\7 & 8 & 9\end{bmatrix},\quad \boldsymbol{b}=\begin{bmatrix}10 & 20 & 30\\40 & 50 & 60\\70 & 80 & 90\end{bmatrix}$$

求 $\boldsymbol{c}=\boldsymbol{a}\times\boldsymbol{b}$ 如下：

$$c[0][0]=1\times 10+2\times 40+3\times 70$$
$$c[0][1]=1\times 20+2\times 50+3\times 80$$
$$c[0][2]=1\times 30+2\times 60+3\times 90$$

c 的第 0 行的所有元素之和 $=c[0][0]+c[0][1]+c[0][2]=1\times(10+20+30)+2\times(40+50+60)+3\times(70+80+90)$

$$c[1][0]=4\times 10+5\times 40+6\times 70$$
$$c[1][1]=4\times 20+5\times 50+6\times 80$$
$$c[1][2]=4\times 30+5\times 60+6\times 90$$

c 的第 1 行的所有元素之和 $=c[1][0]+c[1][1]+c[1][2]=4\times(10+20+30)+5\times(40+50+60)+6\times(70+80+90)$

$$c[2][0]=7\times10+8\times40+9\times70$$
$$c[2][1]=7\times20+8\times50+9\times80$$
$$c[2][2]=7\times30+8\times60+9\times90$$

c 的第 2 行的所有元素之和 $=c[2][0]+c[2][1]+c[2][2]=7\times(10+20+30)+8\times(40+50+60)+9\times(70+80+90)$

从中可以看出，c 的第 i 行的元素之和 tmp= $\sum_{j=0}^{m-1} a[i][j]\times$($b$ 数组中第 j 行元素的和)

所以设置两个一维数组 b_row 和 c_row，分别累计 b、c 数组的每一行的元素之和。另外不必计算出 c 数组，当 tmp≠c_row[i]时说明出错元素在 $\boldsymbol{C}$ 的第 i 行，再采用常规方法在 $\boldsymbol{C}$ 的第 i 行中查找出错元素的位置。

对应的 AC 程序如下：

```
import java.util.Scanner;
public class Main
{ static int N=1001;
  static int[][] a=new int[N][N];
  static int[][] b=new int[N][N];
  static int[][] c=new int[N][N];
  static int[] c_row=new int[N];
  static int[] b_row=new int[N];
  public static void main(String[] args)
  {   Scanner fin = new Scanner(System.in);
      int n,m,p;
      while(fin.hasNext())
      {   n=fin.nextInt();
          m=fin.nextInt();
          p=fin.nextInt();
          for(int i=0;i<n;i++)                               //输入 a
              for(int j=0;j<m;j++)
                  a[i][j]=fin.nextInt();
          for(int i=0;i<m;i++)                               //输入 b
              for(int j=0;j<p;j++)
                  b[i][j]=fin.nextInt();
          for(int i=0;i<n;i++)                               //输入 c
              for(int j=0;j<p;j++)
                  c[i][j]=fin.nextInt();
          for(int i=0;i<m;i++)                               //求出 b 的每行元素的和
          {   b_row[i]=0;
              for(int j=0;j<p;j++)
                b_row[i]+=b[i][j];
          }
          for(int i=0;i<n;i++)                               //求出 c 的每行元素的和
          {   c_row[i]=0;
              for(int j=0;j<p;j++)
                c_row[i]+=c[i][j];
```

```
            }
            int i;
            for(i=0;i<n;i++)                          //找出错行 i
            {   int tmp=0;
                for(int j=0;j<m;j++)
                    tmp+=a[i][j] * b_row[j];
                if(tmp!=c_row[i])
                    break;
            }
            if(i==n)                                  //没有错误
                System.out.println("Yes");
            else
            {   System.out.println("No");             //第 i 行错误
                for(int j=0;j<p;j++)
                {   int res=0;
                    for(int k=0;k<m;k++)
                        res+=a[i][k] * b[k][j];
                    if(res!=c[i][j])
                    {   System.out.printf("%d %d\n",i+1,j+1);
                        System.out.println(res);
                        break;
                    }
                }
            }
        }
    }
}
```

上述程序的执行时间为 17 266ms，执行空间为 17 368KB。

2. POJ3233——矩阵幂序列问题

时间限制：3000ms；空间限制：131 072KB。

问题描述：给定一个 $n \times n$ 的矩阵 $\boldsymbol{A}$ 和一个正整数 k，求 $S=A+A^2+A^3+\cdots+A^k$。

输入格式：输入只包含一个测试用例。第一行输入包含 3 个正整数 $n(n \leqslant 30)$、$k(k \leqslant 10^9)$和 $m(m<10^4)$。然后跟随 n 行，每行包含 n 个小于 32 768 的非负整数，以行序优先给出 A 的元素。

输出格式：以 $\boldsymbol{A}$ 的方式输出 S，每个元素模 m。

输入样例：

```
2 2 4
0 1
1 1
```

输出样例：

```
1 2
2 3
```

解：采用二维数组 A 存放输入的 $n \times n$ 的矩阵，利用快速幂方法求解。按如下方式构造 $2n \times 2n$ 的矩阵 $\boldsymbol{a}$：

$$\boldsymbol{a}=\begin{bmatrix} A & 0 \\ I & I \end{bmatrix}$$

其中 $\boldsymbol{I}$ 为 $n\times n$ 的单位矩阵。

令 $S_k=I+A+A^2+\cdots+A^{k-2}+A^{k-1}$($k$ 为总项数),则 $S_{k-1}=I+A+A^2+\cdots+A^{k-2}$。

所以有 $S_k=A^{k-1}+S_{k-1}$,这样:

$$\begin{bmatrix} A^k \\ S_k \end{bmatrix}=\begin{bmatrix} A & 0 \\ I & I \end{bmatrix}\times\begin{bmatrix} A^{k-1} \\ S_{k-1} \end{bmatrix}=\begin{bmatrix} A & 0 \\ I & I \end{bmatrix}\times\begin{bmatrix} A & 0 \\ I & I \end{bmatrix}\times\begin{bmatrix} A^{k-2} \\ S_{k-2} \end{bmatrix}=\begin{bmatrix} A & 0 \\ I & I \end{bmatrix}^2\times\begin{bmatrix} A^{k-2} \\ S_{k-2} \end{bmatrix}$$

以此类推:

$$\begin{bmatrix} A^k \\ S_k \end{bmatrix}=\begin{bmatrix} A & 0 \\ I & I \end{bmatrix}^k\times\begin{bmatrix} A^0 \\ S_0 \end{bmatrix}$$

而 $A^0=I$,$S_0=0$,所以有:

$$\begin{bmatrix} A^k \\ S_k \end{bmatrix}=\begin{bmatrix} A & 0 \\ I & I \end{bmatrix}^k\times\begin{bmatrix} I \\ 0 \end{bmatrix}=a^k$$

现在需要求 $S=A+A^2+A^3+\cdots+A^k$,发现有关系 $S=S_{k+1}-I$,因此只需要求出 $a=a^{k+1}$,再取出 a 的左下角的 $n\times n$ 矩阵减 I 的结果得到 S。求 a^{k+1} 与《教程》中的例 6.4 相同。

对应的 AC 程序如下:

```
import java.util.Scanner;
public class Main
{   static int MAXN=31;
    static int n,k,m;
    public static int[][] mult(int[][] a,int[][] b)                //返回矩阵 a 和 b 相乘的矩阵
    {   int n=a.length;
        int[][] c=new int[n][n];
        for(int i=0;i<n;i++)
            for(int j=0;j<n;j++)
            {   for(int k=0;k<n;k++)
                    c[i][j] += (a[i][k] * b[k][j]) % m;
                c[i][j] %= m;
            }
        return c;
    }
    public static int[][] pow(int[][] a,int k)                     //返回 a^k 的矩阵
    {   int n=a.length;
        int[][] ans=new int[n][n];                                 //建立 ans 矩阵
        for(int i=0;i<n;i++)                                       //置 ans 为单位矩阵
            ans[i][i]=1;
        int[][] base=new int[n][n];                                //建立 base 矩阵
        for(int i=0;i<n;i++)                                       //置 base=a
            for(int j=0;j<n;j++)
                base[i][j]=a[i][j];
        while(k!=0)
        {   if((k&1)==1)                                           //遇到二进制位 1
```

```
                ans= mult(ans, base);
            base= mult(base, base);                    //倍乘
            k >>= 1;                                   //右移一位
        }
        return ans;
    }
    public static void main(String[] args)
    {   Scanner fin = new Scanner(System.in);
        n = fin.nextInt();
        k = fin.nextInt();
        m = fin.nextInt();
        int[][] a=new int[2 * MAXN][2 * MAXN];
        for(int i=0;i<n;i++)
        {   for(int j=0;j<n;j++)
                a[i][j]=fin.nextInt();
            a[n+i][i]=a[n+i][n+i]=1;
        }
        a=pow(a,k+1);                                  //求出 I+a+a^2+...+a^k
        for(int i=0;i<n;i++)
        {   for(int j=0;j<n;j++)
            {   int e=a[n+i][j]%m;
                if(i==j)
                    e=(e+m-1)% m;                      //减去 I
                if(j==n-1)
                    System.out.printf("%d\n",e);
                else
                    System.out.printf("%d ",e);
            }
        }
    }
}
```

上述程序的执行时间为 3204ms，执行空间为 5444KB。

3.7　第 7 章　树和二叉树

1. HDU1710——二叉树的遍历

时间限制：1000ms；空间限制：32 768KB。

问题描述：二叉树是一组有限的顶点，或者为空或者由根 r 和两个不相交的子二叉树组成，称为左右子树。它有 3 种最重要的遍历结点方式，即先序、中序和后序遍历。令 T 为由根 r 和子树 $T1$、$T2$ 组成的二叉树，在 T 的先序遍历中，先访问根 r，然后先序遍历 $T1$，最后先序遍历 $T2$；在 T 的中序遍历中，先中序遍历 $T1$，然后访问根 r，最后中序遍历 $T2$；在 T 的后序遍历中，先后序遍历 $T1$，然后后序遍历 $T2$，最后访问 r。

现在给出一棵二叉树的先序遍历序列和中序遍历序列，试着找出它的后序遍历序列。

输入格式：输入包含几个测试用例。每个测试用例的第一行包含一个整数 $n(1\leqslant n\leqslant 1000)$，即二叉树的结点数，后面跟着两行，分别表示先序遍历序列和中序遍历序列，可以假设它们唯一构造一棵二叉树。

输出格式：对于每个测试用例，打印一行指定相应的后序遍历序列。

输入样例：

```
9
1 2 4 7 3 5 8 9 6
4 7 2 1 8 5 9 3 6
```

输出样例：

```
7 4 2 8 9 5 6 3 1
```

解：采用《教程》中的定理 7.1 对应的算法构造出根结点为 root 的二叉链，再后序遍历产生 ans，最后输出 ans。对应的 AC 程序如下：

```
import java.util.*;
import java.util.Scanner;
class BTNode                                          //二叉链中的结点类
{ int data;                                           //数据元素值
  BTNode lchild;                                      //指向左孩子结点
  BTNode rchild;                                      //指向右孩子结点
  public BTNode()                                     //默认构造方法
  {
      lchild=rchild=null;
  }
  public BTNode(int d)                                //重载构造方法
  {   data=d;
      lchild=rchild=null;
  }
}
public class Main
{ final static int MAXN=1005;
  static int[] ans=new int[MAXN];
  static int k;                                       //ans[0..k-1]为后序遍历序列
  public static BTNode CreateBT1(int[] pre,int[] in,int n)
                                           //先序序列 pre 和中序序列 in 构造二叉链
  {
      return CreateBT11(pre,0,in,0,n);
  }
  private static BTNode CreateBT11(int[] pre,int i,int[] in,int j,int n)
  {   BTNode t;
      int d,p,k;
      if(n<=0) return null;
      d=pre[i];
      t=new BTNode(d);                     //创建二叉树结点 t,其值为先序序列的首元素 d
      p=j;                                            //p 结点指向中序序列的开始元素
      while(p<j+n)                                    //在中序序列中找等于 d 的位置 k
      {   if(in[p]==d)
              break;                                  //在 in 中找到后退出循环
          p++;                                        //p 结点指向中序序列的下一个元素
      }
      k=p-j;                                          //确定根结点在 in 中的位置
```

```
        t.lchild=CreateBT11(pre,i+1,in,j,k);              //递归构造左子树
        t.rchild=CreateBT11(pre,i+k+1,in,p+1,n-k-1);      //递归构造右子树
        return t;
    }
    public static void PostOrder(BTNode root)             //后序遍历产生 ans
    {   if(root!=null)
        {   PostOrder(root.lchild);
            PostOrder(root.rchild);
            ans[k]=root.data; k++;
        }
    }
    public static void main(String[] args)
    {   Scanner fin = new Scanner(System.in);
        int n;
        int[] pre=new int[MAXN];
        int[] in=new int[MAXN];
        BTNode root;
        while(fin.hasNext())
        {   n=fin.nextInt();
            for(int i=0;i<n;i++)
                pre[i]=fin.nextInt();
            for(int i=0;i<n;i++)
                in[i]=fin.nextInt();
            root=CreateBT1(pre,in,n);
            k=0;
            PostOrder(root);
            for(int i=0;i<k-1;i++)
                System.out.print(ans[i]+" ");
            System.out.println(ans[k-1]);
        }
    }
}
```

上述程序的执行时间为 530ms，空间为 13 832KB。

2. HDU1622——二叉树的层次遍历

时间限制：2000ms；空间限制：65 536KB。

问题描述：树是计算机科学领域的基础。目前最先进的并行计算机如 Thinking Machines'CM-5 都是以胖树为基础的。在计算机图形学中常用到四叉树和八叉树。

此问题涉及构建和遍历二叉树。给定一系列二叉树，试着编写一个程序来输出每棵树的层次遍历序列。在该问题中二叉树的每个结点包含一个正整数，并且所有二叉树的结点个数少于 256。

在树的层次遍历中，按从左到右的顺序输出一层的所有结点值，并且层次 k 的所有结点在层次 $k+1$ 的所有结点之前输出。例如，如图 3.7 所示的一棵二叉树的层次遍历序列是 5，4，8，11，13，4，7，2，1。

在这个问题中，二叉树由 (n,s) 对序列指定，其中 n 是结点值，s 是从根结点到该结点的路径，路径是由 L 和 R 构成的序列，其中 L 表示左分支，R 表示右分支。在图 3.7 所示的树

中,13 结点由(13,RL)指定,2 结点由(2,LLR)指定,根结点由(5,)指定。空字符串表示从根到自身的路径。如果树中所有根结点路径上的每个结点都只给出一次值(所有结点值不重复),则认为该二叉树是完全指定的。

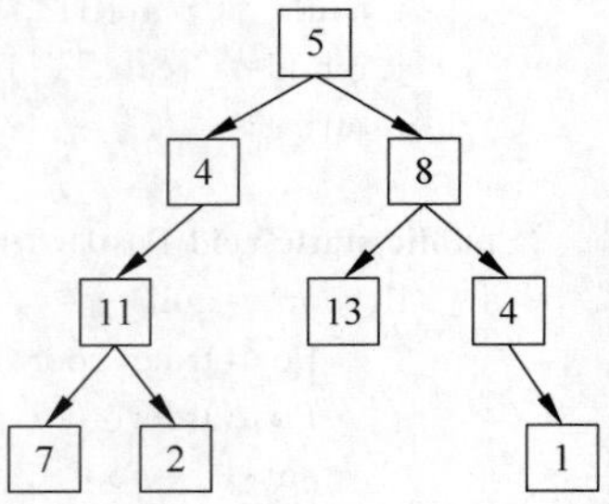

图 3.7　一棵二叉树

输入格式:输入是如上所述的二叉树序列,序列中的每棵树由如上所述的若干(n,s)对组成,中间用空格分隔。每棵树中的最后是(),左、右括号之间没有空格。所有结点都包含正整数,输入中的每棵树将包含至少一个结点且不超过256 个结点。输入由文件结束终止。

输出格式:对于输入中每个完全指定的二叉树,应输出该树的层次遍历序列。如果未完全指定,即树中的某个结点未给定值或结点被赋予多于一次的值,则应输出字符串“not complete”。

输入样例:

```
(11,LL) (7,LLL) (8,R)
(5,) (4,L) (13,RL) (2,LLR) (1,RRR) (4,RR) ()
(3,L) (4,R) ()
```

输出样例:

```
5 4 8 11 13 4 7 2 1
not complete
```

解:本题对于每个测试用例,由所有(n,s)序列构造二叉树的二叉链存储结构,根结点为 root,在构造正确的情况下检查是否所有结点均有值,如果是,则输出其层次遍历序列,否则输出“not complete”。详细设计见代码中的注释信息。对应的 AC 程序如下:

```
import java.util.*;
import java.util.Scanner;
class BTNode                                    //二叉链中的结点类
{ int data;                                     //数据元素的值
  BTNode lchild;                                //指向左孩子结点
  BTNode rchild;                                //指向右孩子结点
  public BTNode()                               //默认构造方法
  {
      lchild=rchild=null;
  }
  public BTNode(int d)                          //重载构造方法
  {   data=d;
      lchild=rchild=null;
  }
}
public class Main
{ public static void main(String[] args)
  {   Scanner fin = new Scanner(System.in);
      String s;
      int n,i,cnt,k;
      boolean flag;                             //表示该二叉树是否为完全指定的
```

```
BTNode root,p,q;
int[] ans=new int[300];
while(fin.hasNext())
{   s=fin.next();                                //处理一个(n,s)
    cnt=1;                                       //累计(n,s)的个数
    flag=true;
    if(s.length()==2 && s.charAt(0)=='(' && s.charAt(1)==')')
    {   System.out.println("not complete");      //本测试用例只有一个"()"
        continue;
    }
    root=new BTNode(-1);                         //创建根结点
    p=root;
    while(true)                                  //处理(n,s)
    {   if(s.length()==2 && s.charAt(0)=='('&& s.charAt(1)==')')
            break;                               //遇到结尾"()",退出循环处理
        p=root;                                  //从根结点开始查找路径上的末尾结点
        if(flag)
        {   for(i=0;i<s.length();i++)
            {   if(s.charAt(i)=='L')             //遇到 L
                {   if(p.lchild!=null)           //左孩子结点已经建立
                        p=p.lchild;              //移到该左孩子结点
                    else                         //左孩子结点没有建立
                    {   q=new BTNode(-1);
                        p.lchild=q;              //建立左孩子结点(初始值均为-1)
                        p=q;
                    }
                }
                else if(s.charAt(i)=='R')        //遇到 R
                {   if(p.rchild!=null)           //右孩子结点已经建立
                        p=p.rchild;              //移到该右孩子结点
                    else                         //右孩子结点没有建立
                    {   q=new BTNode(-1);
                        p.rchild=q;              //建立左孩子结点(初始值均为-1)
                        p=q;
                    }
                }
            }
        }
        n=0;
        for(int j=1;j<s.length();j++)            //取结点整数值 n
            if(s.charAt(j)>='0' && s.charAt(j)<='9')
                n=n*10+(s.charAt(j)-'0');
        if(p.data==-1)
            p.data=n;                            //置路径末尾的结点值为 n
        else flag=false;                         //出现重复结点值,错误
        s=fin.next();                            //继续读入下一个(n,s)
        cnt++;                                   //(n,s)的个数增 1
    }
    if(root.data==-1)                            //处理完所有(n,s)后根结点没有值,错误
        flag=false;
    k=0;                                         //层次序列 ans 的下标
```

```
        if(flag)                                            //处理所有(n,s)后进行存储遍历
        {   Queue<BTNode> qu=new LinkedList<BTNode>();
            qu.offer(root);                                 //根结点进队
            while(!qu.isEmpty())                            //队不空时循环
            {   p=qu.poll();                                //出队一个结点
                if(p.data!=-1)                              //有效的已经有值的结点
                    ans[k++]=p.data;                        //添加到ans中
                if(p.lchild!=null)                          //有左孩子时
                    qu.offer(p.lchild);                     //左孩子结点进队列
                if(p.rchild!=null)                          //有右孩子时
                    qu.offer(p.rchild);                     //右孩子结点进队列
            }
        }
        if(k==cnt-1 && flag)                                //访问全部结点,正确
        {   for(i=0;i<k-1;i++)                              //输出层次遍历结果
                System.out.print(ans[i]+" ");
            System.out.println(ans[k-1]);
        }
        else System.out.println("not complete");            //错误
      }
    }
}
```

上述程序的执行时间为312ms,空间为9392KB。

3. POJ2499——二叉树问题

时间限制：1000ms；空间限制：65 536KB。

问题描述：二叉树是计算机科学中常见的数据结构。在本问题中将看到一棵非常大的二叉树,其中结点包含一对整数,树的构造如下：

(1) 根包含整数对(1,1)。

(2) 如果一个结点包含(a,b),则其左孩子结点包含$(a+b,b)$,右孩子结点包含$(a,a+b)$。

该问题是给定上述二叉树的某个结点的内容(a,b),假设沿着最短的路径从树根行走到给定结点,能否知道需要经过左孩子的个数(走左路步数)和右孩子的个数(走右路步数)。

输入格式：第一行包含场景个数。每个场景由一行构成,包含两个整数i和j($1\leqslant i,j\leqslant 2\times10^9$)的结点$(i,j)$,可以假设这是上述二叉树中的有效结点。

输出格式：每个场景的输出都以"Scenario #i:"行开头,其中i是从1开始的场景编号。然后输出包含两个数字l和r的单行(用空格分隔),其中l和r分别表示从树根遍历到输入的结点需要经过的左、右孩子的个数,在每个场景后输出一个空行。

输入样例：

```
3
42 1
3 4
17 73
```

输出样例：

```
Scenario #1:
```

```
41 0

Scenario #2:
2 1

Scenario #3:
4 6
```

解：二叉树结构如图 3.8(a)所示。对于给定的结点(a,b)，从该结点向根结点(1,1)反向搜索路径，l、r 分别记录走左路和右路的步数(初始时均为 0)。实际上在二叉树中除了根结点外，任何结点的两个整数是不相同的。

(1) 若 $a>b$，先走左路，走一步到达($a-b$,b)，如图 3.8(b)所示。若 $a-b>b$，再走一步到达($a-2b$,b)，以此类推，可以走 a/b 步，这样一次性走完，即置 $l+=a/b$，$a-=b*(a/b)$。

(2) 若 $a<b$，先走右路，走一步到达(a,$b-a$)，如图 3.8(c)所示。同样一次性走完，即置 $r+=b/a$，$b-=a*(b/a)$。

(3) 考虑 $a=1$ 或者 $b=1$ 的特殊情况。$a=1$ 时只走右路 $b-1$ 步到达根结点(1,1)，置 $r+=b-1$；$b=1$ 时只走左路 $a-1$ 步到达根结点(1,1)，置 $l+=a-1$。

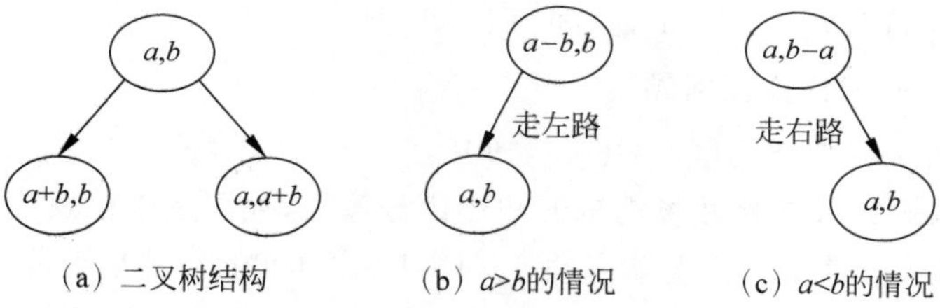

图 3.8　二叉树结构和两种走法

对应的 AC 程序如下：

```
import java.util.*;
import java.util.Scanner;
public class Main
{  static int l,r;
   public static void Travel(int a,int b)
   {    while(a!=1 || b!=1)                           //搜索到(1,1)为止
        {    if(a==1)                                 //a为1,则只走右路
             {    r+=b-1;                             //走右路的步数为b-1到达(1,1)
                  break;
             }
             if(b==1)                                 //a为1,则只走左路
             {    l+=a-1;                             //走左路的步数为a-1到达(1,1)
                  break;
             }
             if(a>b)                                  //a>b时先走左路
             {    l+=a/b;
                  a-=b*(a/b);
             }
             else                                     //a<b时先走右路
             {    r+=b/a;
```

```
                b-=a*(b/a);
            }
        }
    }
    public static void main(String[] args)
    {   Scanner fin = new Scanner(System.in);
        int n,a,b;
        n=fin.nextInt();
        for(int i=1;i<=n;i++)
        {   a=fin.nextInt();
            b=fin.nextInt();
            l=r=0;
            Travel(a,b);
            System.out.println("Scenario #"+i+":");
            System.out.println(l+" "+r);
            System.out.println();
        }
    }
}
```

上述程序的执行时间为 250ms,空间为 3536KB。

4. POJ3253——围栏修复问题

时间限制:2000ms;空间限制:65 536KB。

问题描述:农夫约翰想修牧场周围的一小部分篱笆,他测量围栏发现需要 n 块($1\leqslant n\leqslant 20\,000$)木板,每块木板都有一个整数长度 Li(1≤Li≤50 000)。然后他购买了一块足够长的木板(即其长度为所有长度 Li 的总和)。约翰忽略了"切口",当用切割锯切时木屑损失了额外的长度,你也应该忽略它。约翰遗憾地意识到他没有切割木头的锯子,所以他带上这个木板去农民唐的农场,礼貌地问他是否可以借用锯子。

唐并没有向约翰免费提供锯子,而是向约翰收取 $n-1$ 次切割的费用,切割一块木头的费用与其长度完全相同,例如切割长度为 21 的木板需要 21 美分。

唐让约翰决定切割木板的顺序和位置。请帮助约翰确定切割成 n 块木板的最低费用。约翰知道他可以以各种不同的顺序切割木板,这将导致不同的费用,因为所得到的中间木板有不同的长度。

输入格式:第一行是一个整数 n,表示木板的数量,第 $2\sim n+1$ 行中每行包含一个描述所需木板长度的整数。

输出格式:一个整数表示约翰切割 $n-1$ 次的最低费用。

输入样例:

```
3
8
5
8
```

输出样例:

```
34
```

提示：他想把一块长度为 21 的板子切成 3 块长度分别为 8、5 和 8 的木板。初始板子的长度为 8+5+8=21。第一次切割将花费 21 美分，应该是将板子切割成 13 和 8。第二次切割将花费 13 美分，应该是将 13 的木板切割成 8 和 5。这将花费 21+13=34 美分。如果将 21 切割成 16 和 5，则第二次切割将花费 16 美分，总共 37 美分(超过 34 美分)。

解：要使总费用最少，那么每次只选取长度最小的两块木板相加，再把这些和累加到总费用中即可。实际上是按哈夫曼树方式求解，对于样例，构造的哈夫曼树如图 3.9 所示，切割过程从上到下。

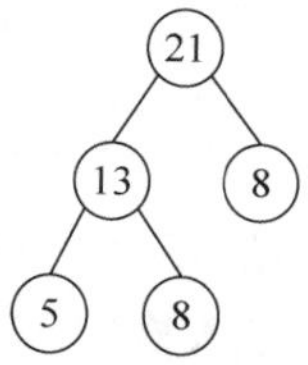

图 3.9　一棵哈夫曼树

对应的 AC 程序如下：

```
import java.lang.*;
import java.util.*;
import java.util.Scanner;
public class Main
{ public static void main(String[] args)
  {   Scanner fin=new Scanner(System.in);
      PriorityQueue<Integer> pq=new PriorityQueue<Integer>();  //定义优先队列(小根堆)
      int n, x, a, b;
      while(fin.hasNext())
      {   pq.clear();
          n=fin.nextInt();
          for(int i=0;i<n;i++)                                  //输入木板长度并进队
          {   x=fin.nextInt();
              pq.offer(x);
          }
          long ans=0;                                           //采用 int 类型会溢出
          while(pq.size()>1)                                    //按哈夫曼树的方式求 ans
          {   a=pq.poll();                                      //出队 a
              b=pq.poll();                                      //出队 b
              pq.offer(a+b);                                    //将 a+b 进队
              ans+=(a+b);                                       //累计到 ans
          }
          System.out.println(ans);                              //输出结果
      }
  }
}
```

上述程序的执行时间为 1813ms，空间为 5608KB。

5. POJ1308——是否为一棵树问题

时间限制：1000ms；空间限制：10 000KB。

问题描述：树是众所周知的数据结构，它或者是空的(null、void、nothing)，或者是由满足以下特性的结点之间的有向边连接的一个或多个结点的集合，即只有一个结点，称为根，没有有向边指向它；除根之外的每个结点都只有一个指向它的边，从根到每个结点有一个有向边序列。例如，如图 3.10 所示的图，结点由圆圈表示，边由带箭头的线条表示。其中前两个是树，但最后一个不是。

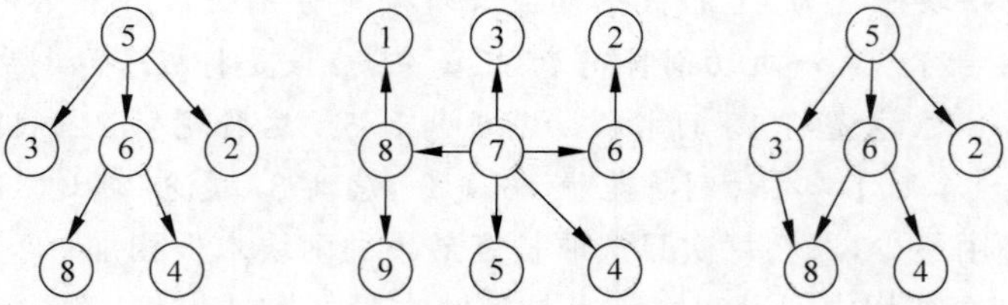

图 3.10 几个图

在本问题中给出有向边连接的结点集合,对于每个数据,要确定它是否满足树的定义。

输入格式:输入包含多个测试用例,以一对负整数结束。每个测试用例包含一个边序列,以一对零结束。每个边由一对整数组成,第一个整数表示边的开始结点,第二个整数表示边的终点。结点编号始终大于零。

输出格式:对于每个测试用例,显示"Case k is tree."或者"Case k is not a tree.",其中 k 对应测试用例编号(它们从 1 开始按顺序编号)。

输入样例:

```
6 8  5 3  5 2  6 4
5 6  0 0
8 1  7 3  6 2  8 9  7 5
7 4  7 8  7 6  0 0
3 8  6 8  6 4
5 3  5 6  5 2  0 0
-1 -1
```

输出样例:

```
Case 1 is a tree.
Case 2 is a tree.
Case 3 is not a tree.
```

解:该问题就是对于每个测试用例判断它是不是一棵树,采用并查集来求解。

在题目中并没有给出结点个数,设置最多结点个数 MAXN 为 105,采用一个数组 vis 存放所有存在的结点(初始化为 0,当存在结点 i 时置 vis[i]=1)。

在输入一条有向边(a,b)时,若 a 和 b 以前同属一个子树(具有相同的根结点),表示不再是一棵树,图 3.11 说明不是一棵树的情况(虚线表示存在一条路径),因为结点 a 有两个双亲结点;否则将 a 和 b 所属子树合并。

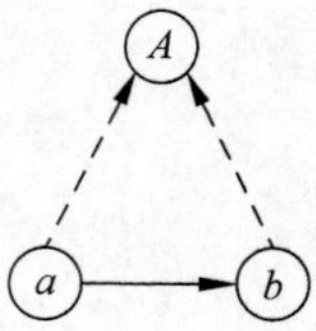

图 3.11 不是一棵树的情况

当一个测试用例输入完毕后还需要判断整个并查集是不是只有一个根结点。遍历 vis 数组,求出 vis[i]==1 && father[i]=i 的结点个数 num(即根结点个数),如果 num≥2,则不是一棵树。

对应的 AC 程序如下:

```
import java.lang.*;
import java.util.*;
import java.util.Scanner;
```

```
public class Main
{ final static int MAXN=105;
  static int[] parent=new int[MAXN+1];                    //并查集的存储结构
  static int[] rank=new int[MAXN+1];                      //存储结点的秩
  static int[] vis=new int[MAXN+1];                       //结点集合
  static int n=MAXN;                                      //结点的个数
  public static void Init()                               //并查集的初始化
  {    for(int i=1;i<=n;i++)
       {    parent[i]=i;
            rank[i]=0;
       }
  }
  public static int Find(int x)                           //查找 x 结点的根结点
  {    if(x!=parent[x])
            parent[x]= Find(parent[x]);                   //路径压缩
       return parent[x];
  }
  public static void Union(int x,int y)                   //x 和 y 的两个集合的合并
  {    int rx=Find(x);
       int ry=Find(y);
       if(rx==ry)                                         //x 和 y 属于同一棵树的情况
            return;
       if(rank[rx]< rank[ry])
            parent[rx]=ry;                                //rx 结点作为 ry 的孩子
       else
       {    if(rank[rx]==rank[ry])                        //秩相同,合并后 rx 的秩增 1
                 rank[rx]++;
            parent[ry]=rx;                                //ry 结点作为 rx 的孩子
       }
  }
  public static void main(String[] args)
  {    Scanner fin=new Scanner(System.in);
       int cas=1;                                         //测试用例的个数
       boolean flag=false;                                //外循环是否结束
       while(true)                                        //外循环处理所有测试用例
       {    int a,b;
            boolean OK=true;                              //一个测试用例是否为一棵树
            Init();
            for(int i=0;i<n;i++)                          //初始化元素为 0
                 vis[i]=0;
            while(true)                                   //内循环处理一个测试用例
            {    a=fin.nextInt();
                 b=fin.nextInt();
                 if(a==0 && b==0) break;                  //一个测试用例输入结束
                 if(a==-1 && b==-1)                       //输入全部结束
                 {    flag=true;
                      break;
                 }
                 vis[a]=1;
                 vis[b]=1;
                 if(Find(a)!=Find(b) && OK)               //a、b 不属于同一个子集
```

```
                    Union(a,b);
                else                                          //a、b属于同一个子集,肯定不是树
                {   OK=false;
                    continue;                                 //需要继续输入其他边
                }
            }
            if(flag) break;                                   //输入全部结束,退出外循环
            int num=0;
            for(int i=1;i<=n;i++)                             //求根结点的个数
            {   if(vis[i]==1 && parent[i]==i)
                    num++;
                if(num>=2)
                    OK=false;
            }
            if(OK)
                System.out.printf("Case %d is a tree.\n",cas);
            else
                System.out.printf("Case %d is not a tree.\n",cas);
            cas++;
        }
    }
}
```

上述程序的执行时间为188ms,空间为3160KB。

本题算法的两点说明如下:

(1) 当已经确定一个测试用例不是树时,接受输入并不能立即结束,还需要接受其他所有边数据,直到当前测试用例的所有边输入完为止,否则在线编程环境检测会出现错误。

(2) 本题判断一个测试用例是否为一棵树,当有多个根结点时不是一棵树。如果采用这样的判断:求出一个存在结点 i 的根结点 root,再对其他存在的结点 j 求 Find(j),若 root≠Find(j),则不是一棵树。这样做不如上述算法的效率高。

3.8 第8章 图

1. POJ1985——求最长路径长度问题

时间限制:2000ms;空间限制:30 000KB。

问题描述:在听说美国肥胖流行之后,农夫约翰希望他的奶牛能够做更多运动,因此他为他的奶牛提交了马拉松申请,马拉松路线包括一系列农场对和它们之间的道路组成的路径。由于约翰希望奶牛尽可能多地运动,他想在地图上找到彼此距离最远的两个农场(距离是根据两个农场之间的道路的总长度来衡量的)。请帮助他确定这对最远的农场之间的距离。

输入格式:第一行是两个以空格分隔的整数 n 和 m;接下来的第二行到第 $m+1$ 行,每行包含4个以空格分隔的元素 x、y、w 和 d 来描述一条道路,其中 x 和 y 是一条长度为 w 的道路相连的两个农场的编号,d 是字符'N'、'E'、'S'或'W',表示从 x 到 y 的道路的方向。

输出格式:给出最远的一对农场之间距离的整数。

输入样例：

```
7 6
1 6 13 E
6 3 9 E
3 5 7 S
4 1 3 N
2 4 20 W
4 7 2 S
```

输出样例：

```
52
```

提示：样例中的最长马拉松路线是从 2 经过 4、1、6、3 到达 5，长度为 20+3+13+9+7=52。

解：马拉松路线一定是简单路径，实际上是一棵带权无向树(作为带权无向图处理)，样例中的树如图 3.12 所示，题目就是求两个顶点之间的最大长度(从树角度看，这两个顶点一定都是叶子结点)，称为求树的直径。图中顶点编号是 1～n。

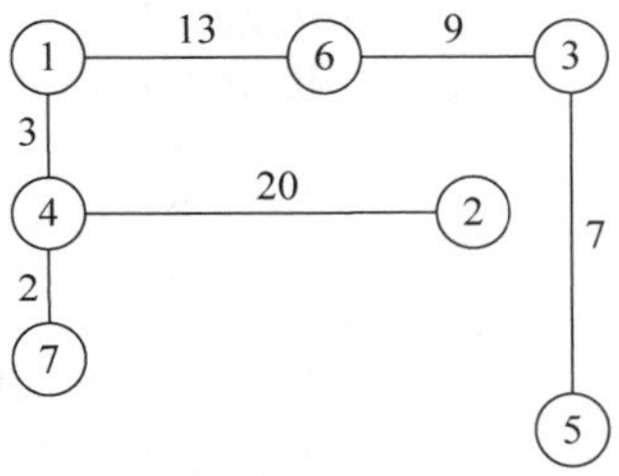

图 3.12　样例对应的农场地图

采用遍历的方式求解，假设树直径的两个顶点是 u 和 v(假设这样的顶点唯一)，先从任意一个顶点 x 出发通过遍历求出最远的顶点 p(即顶点 x 到 p 的路径长度最大)，那么顶点 p 一定是 u 或者 v 中的一个顶点，再从顶点 p 出发通过遍历求出最远的另外一个顶点，其中的路径长度就是树的直径。遍历方式可以采用深度优先或者广度优先，这里采用广度优先遍历，遍历中累加路径长度并求最长路径长度 ans。对应的 AC 程序如下：

```
import java.lang.*;
import java.util.*;
import java.util.Scanner;
class ENode                                          //边数组元素类
{ int v;                                             //邻接点
  int w;                                             //边权值
  int next;                                          //下一条边
  ENode(int v,int w)                                 //构造方法
  {     this.v=v;
        this.w=w;
  }
}
public class Main
{     static int MAXV=40005;
      static int toll;
      static int[] visited=new int[MAXV];
      static int[] dis=new int[MAXV];                 //存放路径长度
      static int ans;                                 //存放结果
      static int n,m;                                 //存放顶点个数和边数
      static int[] head=new int[MAXV];
```

```
static ENode[] edge=new ENode[MAXV * 2];
static void addEdge(int u,int v,int w)                    //无向图添加<u,v>和<v,u>
{   edge[toll]=new ENode(v,w);                            //添加边<u,v,w>
    edge[toll].next=head[u];
    head[u]=toll++;
    edge[toll]=new ENode(u,w);                            //添加边<v,u,w>
    edge[toll].next=head[v];
    head[v]=toll++;
}
static int BFS(int x)                                     //从顶点x出发广度优先遍历
{   Arrays.fill(visited,0);
    Arrays.fill(dis,0);
    Queue<Integer> qu=new LinkedList<Integer>();
    visited[x]=1;
    qu.offer(x);
    int p=0;
    while(!qu.isEmpty())
    {   int u=qu.poll();
        if(dis[u]>ans)                                    //求距离顶点x最大距离的顶点p
        {   ans=dis[u];
            p=u;
        }
        for(int e=head[u];e!=-1;e=edge[e].next)
        {   int v=edge[e].v;
            int w=edge[e].w;
            if(visited[v]==0)
            {   visited[v]=1;
                dis[v]=dis[u]+w;
                qu.offer(v);
            }
        }
    }
    return p;
}
public static void main(String[] args)
{   Scanner fin=new Scanner(System.in);
    int x,y,w;
    String d;
    Arrays.fill(head,-1);
    toll=0;
    n=fin.nextInt();
    m=fin.nextInt();
    for(int i=1;i<=m;i++)
    {   x=fin.nextInt();
        y=fin.nextInt();
        w=fin.nextInt();
        d=fin.next();
        addEdge(x,y,w);
    }
    ans=0;
    int p=BFS(1);
```

```
        ans=0;
        BFS(p);                                  //从顶点 p 出发查找最大路径长度
        System.out.println(ans);
    }
}
```

上述程序的执行时间为 3782ms，空间为 8220KB。

2. HDU4514——求风景线的最大长度问题

时间限制：6000ms；空间限制：65 535KB。

问题描述：随着杭州西湖的知名度的进一步提升，园林规划专家湫湫希望设计出一条新的经典观光线路，根据领导马小腾的指示，新的风景线最好能建成环形，如果没有条件建成环形，那就越长越好。

现在已经勘探确定了 n 个位置可以用来建设，在它们之间也勘探确定了 m 条可以设计的线路以及长度。请问是否能够建成环形的风景线？如果不能，风景线最长能够达到多少？其中，可以兴建的线路均是双向的，它们之间的长度均大于 0。

输入格式：测试数据有多组，每组测试数据的第一行有两个数字 n 和 m，其含义参见问题描述，接下来的 m 行，每行 3 个数字 u、v 和 w，分别代表这条线路的起点、终点和长度，有 $n \leqslant 100\,000$，$m \leqslant 1\,000\,000$，$1 \leqslant u,v \leqslant n$，$w \leqslant 1000$。

输出格式：对于每组测试数据，如果能够建成环形（并不需要连接上全部的风景点），那么输出 YES，否则输出最长的长度，每组数据输出一行。

输入样例：

```
3 3
1 2 1
2 3 1
3 1 1
```

输出样例：

```
YES
```

解：本题就是给一个无向图，顶点编号为 1～n，如果图中存在回路就输出 YES，否则求出图中的最长路径（树的直径）。

首先用并查集或深度优先遍历判断是否有回路（若采用深度优先遍历判断是否有回路，Java 语言会超时，而用 C++ 语言不会超时），如果有回路，输出 YES，否则求图中的最长路径。

此时图是一个森林，为了求森林中的最长路径，需要对每棵子树采用上一个在线编程题中求直径的方法，在所有的直径 max 中求最大值 ans，最后输出 ans。

对应的 AC 程序如下：

```
import java.lang.*;
import java.util.*;
import java.util.Scanner;
class ENode                                  //边数组元素类
{   int v;                                   //邻接点
```

```
    int w;                                              //边权值
    int next;                                           //下一条边
    ENode(int v,int w)                                  //构造方法
    {    this.v = v;
         this.w = w;
    }
}
public class Main
{   static int MAXV=100100;
    static int MAXE=1000100;
    static int toll;
    static int[] father=new int[MAXV];                  //并查集的存储结构
    static int[] rank=new int[MAXV];                    //秩
    static int n,m;
    static int head[]=new int[MAXV];
    static ENode edge[]=new ENode[MAXE];
    static void Init()                                  //初始化
    {    for(int i=1;i<=n;i++)
              father[i]=i;
         Arrays.fill(rank,1);
         toll=0;
         Arrays.fill(head,-1);
    }
    static int Find(int x)                              //并查集的查找
    {    if(father[x]==x)
              return x;
         father[x]=Find(father[x]);
         return father[x];
    }
    static void Union(int ra,int rb)                    //并查集的合并
    {    if(rank[ra]> rank[rb])
              father[rb]=ra;
         else
         {    if(rank[ra]==rank[rb])
                   rank[rb]++;
              father[ra]=rb;
         }
    }
    static int visited[]=new int[MAXV];
    static int max=0,vert;
    static int record[]=new int[MAXV];
    static void DFS(int u, int dis)                     //DFS 遍历
    {    visited[u]=1;
         record[u]=1;
         if(max< dis)
         {    vert=u;
              max=dis;
         }
         for(int e=head[u];e!=-1;e=edge[e].next)
         {    int v=edge[e].v;
              if(visited[v]==0)
```

```
                DFS(v,dis+edge[e].w);
        }
    }
    static void addEdge(int u,int v,int w)              //向无向图添加<u,v>和<v,u>
    {   edge[toll]=new ENode(v, w);
        edge[toll].next=head[u];
        head[u]=toll++;
        edge[toll]=new ENode(u, w);
        edge[toll].next=head[v];
        head[v]=toll++;
    }
    public static void main(String[] args)
    {   Scanner fin=new Scanner(System.in);
        while(fin.hasNext())
        {   n=fin.nextInt();
            m=fin.nextInt();
            int ra,rb,u,v,w;
            boolean mark=false;
            int i;
            Init();
            for(i=1;i<=m;i++)
            {   u=fin.nextInt();
                v=fin.nextInt();
                w=fin.nextInt();
                ra=Find(u);
                rb=Find(v);
                if(ra==rb)                                  //存在回路
                {   mark=true;
                    break;
                }
                Union(ra,rb);                               //合并
                addEdge(u,v,w);                             //添加边
            {
            for(i=i+1;i<=m;i++)                             //中途确定有回路后还需获取其他边
            {   u=fin.nextInt();
                v=fin.nextInt();
                w=fin.nextInt();
            }
            if(mark)                                        //有回路的情况
              System.out.println("YES");
        else                                                //没有回路的情况
        {   Arrays.fill(record,0);
            int ans=0;                                      //存放结果
            for(i=1;i<=n;i++)                               //从每个顶点出发搜索
            {   if(record[i]==1)                            //不搜索重复的顶点
                    continue;
                Arrays.fill(visited,0);
                max=0;
                DFS(i,0);                                   //查找顶点 i 的最远顶点 vert
                Arrays.fill(visited,0);
                max=0;
```

```
                DFS(vert,0);                          //查找顶点 vert 的最远顶点
                ans=Math.max(ans,max);
            }
            System.out.println(ans);
        }
    }
  }
}
```

上述程序的执行时间为 5959ms,空间为 30 332KB。

3. POJ1164——城堡问题

时间限制:1000ms;空间限制:10 000KB。

问题描述:在如图 3.13 所示的城堡中"#"表示墙,请编写一个程序,计算城堡一共有多少房间?最大的房间有多大?城堡被分割成 $m\times n(m\leqslant 50,n\leqslant 50)$个方块,每个方块可以有 0~4 面墙。

```
          1       2       3       4       5       6       7
  # # # # # # # # # # # # # # # # # # # # # # # # # # # # #
1 #       |       #       |       #       |       |       #
  # # # # # - - - # # # # # - - - # - - - # # # # # - - - #
2 #       #       |       #       #       #       #       #
  # - - - # # # # # - - - # # # # # - - - # # # # # - - - #
3 #       |       |       #       #       #       #       #
  # - - - # # # # # # # # # - - - # # # # # - - - # - - - #
4 #       #       |       |       |       |       #       #
  # # # # # # # # # # # # # # # # # # # # # # # # # # # # #
```

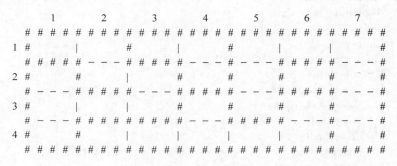

图 3.13　一个城堡图

输入格式:程序从标准输入设备读入数据。第一行是两个整数,分别是南北向、东西向的方块数。在接下来的输入行里,每个方块用一个数字$(0\leqslant p\leqslant 50)$描述,1 表示西墙,2 表示北墙,4 表示东墙,8 表示南墙。每个方块的数字是其周围墙的数字之和。城堡的内墙被计算两次,方块(1,1)的南墙同时也是方块(2,1)的北墙。另外,输入的数据要保证城堡至少有两个房间。

输出格式:输出两个整数,前者表示城堡的房间数,后者表示城堡中最大房间包括的方块数。

输入样例:

```
4 7
11 6 11 6 3 10 6
7 9 6 13 5 15 5
1 10 12 7 13 7 5
13 11 10 8 10 12 13
```

输出样例:

```
5
9
```

解：可以把方块看作结点，相邻的两个方块之间如果没有墙，则在方块之间连接一条边，这样城堡问题就转换为一个图。求房间个数实际上就是求图中有多少个极大连通子图（连通分量），本题就是求连通分量的个数和包含方块数最多的连通分量中的方块数。

对于每个方块，其 4 个方向如图 3.14 所示，从该方块出发进行深度优先遍历，并给这个房间能够到达的所有方块染色（取相同的颜色编号），最后统计用了几种颜色（房间的数目），以及用的颜色最多的数（最大房间所包括的方块数）。

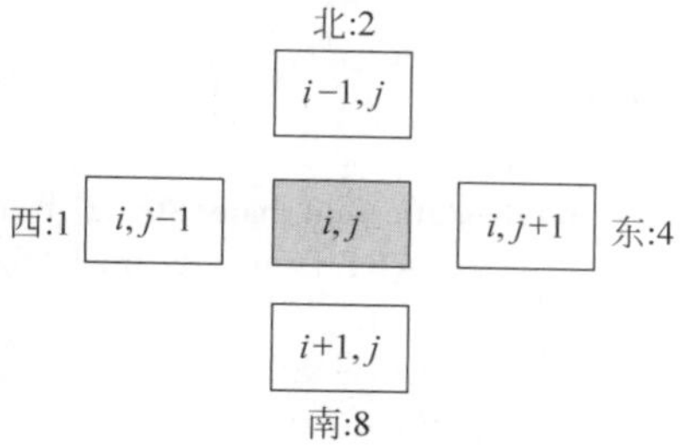

图 3.14　(i,j)方块的 4 个方向

用二维数组 map 表示输入的图，先初始化颜色数组 color 的所有颜色值为 0，颜色编号 RoomNum 从 1 开始，房间个数 RoomArea 从 0 开始，用 MaxArea 表示一个房间包含的最多方块数（初始时为 0）。i 从 1 到 m、j 从 1 到 n 循环，若 color[i][j]=0，从(i,j)方块开始深度优先遍历，如果 color[i][j]≠0 表示该方块已经染过色，返回；否则执行 RoomArea++颜色数增加 1，用 color[i][j]=RoomNum 设置该房间的颜色。

(1) 若(i,j)方块没有西墙，即满足(map[i][j] & 1)==0 的条件，则执行 DFS(i,$j-1$)。

(2) 若(i,j)方块没有北墙，即满足(map[i][j] & 2)==0 的条件，则执行 DFS($i-1$,j)。

(3) 若(i,j)方块没有东墙，即满足(map[i][j] & 4)==0 的条件，则执行 DFS(i,$j+1$)。

(4) 若(i,j)方块没有南墙，即满足(map[i][j] & 8)==0 的条件，则执行 DFS($i+1$,j)。

遍历则用 MaxArea=Math.max(MaxArea,RoomArea)语句求单个房间包含的最多方块数。对于样例，遍历完后 color 数组如下：

```
1  1  2  2  3  3  3
1  1  1  2  3  4  3
1  1  1  5  3  5  3
1  5  5  5  5  5  3
```

求得 RoomNum=5，MaxArea=9，房间颜色为 1 的房间最大，包含 9 个方块。对应的 AC 程序如下：

```
import java.lang.*;
import java.util.*;
import java.util.Scanner;
public class Main
{  static int MAX=52;                                  //最大行、列数
   static int[][] map=new int[MAX][MAX];               //存放方块
   static int[][] color=new int[MAX][MAX];             //方块是否染过色
   static int RoomNum=0,MaxArea=0;                     //房间数和最大方块数
   static int RoomArea;                                //当前房间的方块数
   static void DFS(int i,int j)                        //从(i,j)查找包含它的房间
   {    if(color[i][j]!=0)                             //已经染过色,返回
            return;
        RoomArea++;                                    //颜色数增加 1
        color[i][j]=RoomNum;
        if((map[i][j] & 1)==0)                         //没有西墙
```

```
            DFS(i,j-1);
        if((map[i][j] & 2)==0)                          //没有北墙
            DFS(i-1,j);
        if((map[i][j] & 4)==0)                          //没有东墙
            DFS(i,j+1);
        if((map[i][j] & 8)==0)                          //没有南墙
            DFS(i+1,j);
    }
    public static void main(String[] args)
    {   Scanner fin=new Scanner(System.in);
        int m,n;
        m=fin.nextInt();
        n=fin.nextInt();
        for(int i=1;i<=m;i++)
            for(int j=1;j<=n;j++)
                map[i][j]=fin.nextInt();
        for(int i=1;i<=m;i++)
            for(int j=1;j<=n;j++)
                if(color[i][j]==0)
                {   RoomNum++;
                    RoomArea=0;                         //房间的方块数初始化为0
                    DFS(i,j);
                    MaxArea=Math.max(MaxArea,RoomArea);
                }
        System.out.println(RoomNum);
        System.out.println(MaxArea);
    }
}
```

上述程序的执行时间为875ms,空间为5080KB。

4. POJ1751——高速公路问题

时间限制:1000ms;空间限制:10 000KB。

问题描述:某岛国地势平坦,不幸的是高速公路系统非常糟糕,当地政府意识到了这个问题,并且已经建造了连接一些最重要城镇的高速公路,但是仍有一些城镇无法通过高速公路抵达,所以有必要建造更多的高速公路让任何两个城镇之间通过高速公路连接。

所有城镇的编号从1到n,城镇i的位置由笛卡儿坐标(xi,yi)给出。每条高速公路连接两个城镇。所有高速公路都直线相连,因此它们的长度等于城镇之间的笛卡儿距离。另外,所有高速公路都是双向的。

高速公路可以自由地相互交叉,但司机只能在连接高速公路的两个城镇进行切换。政府希望最大限度地降低建设新高速公路的成本,但希望保证每个城镇都能够到达。由于地势平坦,高速公路的成本总是与其长度成正比,因此最便宜的高速公路系统将是最小化总公路长度的系统。

输入格式:输入包括两部分,第一部分描述了该国的所有城镇,第二部分描述了所有已建成的高速公路。输入文件的第一行包含一个整数n($1\leqslant n\leqslant 750$),表示城镇的数量;接下来的$n$行,每行包含两个整数$xi$和$yi$,由空格分隔,给出了第$i$个城镇的坐标($i$从1到$n$),坐标的绝对值不超过10 000,每个城镇都有一个独特的位置;下一行包含单个整数m($0\leqslant$

$m \leqslant 1000$)，表示现有高速公路的数量；接下来的 m 行，每行包含一对由空格分隔的整数，这两个整数给出了一对已经通有高速公路的城镇的编号，每对城镇最多有一条高速公路连接。

输出格式：输出所有要新建的高速公路，每条输出一行，以便连接所有城镇，尽可能减少新建高速公路的总长度。如果不需要新建高速公路(所有城镇都已连接)，则输出为空。

输入样例：

```
9
1 5
0 0
3 2
4 5
5 1
0 4
5 2
1 2
5 3
3
1 3
9 7
1 2
```

输出样例：

```
1 6
3 7
4 9
5 7
8 3
```

解：对于给定的图采用邻接矩阵数组 mat 存储，图中顶点的编号是 1 到 n，通过减 1 将顶点编号变为 0 到 $n-1$，先按每个顶点坐标的笛卡儿距离求出 mat(由于仅仅按最小长度输出最后的边，在求笛卡儿距离时没有必要开平方根)。对于已经有高速公路连接的两个顶点 x 和 y，置 mat[x][y]=mat[y][x]=0(看成权值最小的边)，在这样的图中求最小生成树即可。

这里采用 prim(普里姆)算法从顶点 0 出发求最小生成树，由于最小边的权值为 0，所以当一个顶点 k 添加到 U 集合中时置 lowcost[k]=−1。当找到一条最小边(closest[k],k)时，其权值为 min，只有在 min≠0 时它才是真正的最小生成树的一条输出边。对应的 AC 程序如下：

```
import java.lang.*;
import java.util.*;
import java.util.Scanner;
public class Main
{ static final int INF=0x3f3f3f3f;                    //表示∞
  static int n,m;
  static int[] ax;                                     //城镇的 x 坐标
  static int[] ay;                                     //城镇的 y 坐标
  static int[][] mat;                                  //邻接矩阵
```

```
    static void Prim(int v)                                  //Prim 算法
    {   int[] lowcost=new int[n];
        int[] closest=new int[n];
        for(int i=1;i<n;i++)
            lowcost[i]=mat[v][i];
        lowcost[v]=-1;                                       //将顶点 v 添加到 U 中
        for(int i=1;i<n;i++)                                 //取 n-1 个顶点到 U 中
        {   int min=INF,k=0;
            for(int j=0;j<n;j++)
            {   if(lowcost[j]!=-1&& lowcost[j]<min)
                {   min=lowcost[j];
                    k=j;
                }
            }
            if(min!=0)                                       //输出一条边
                System.out.println((closest[k]+1)+" "+(k+1));
            lowcost[k]=-1;                                   //将顶点 k 添加到 U 中
            for(int j=0;j<n;j++)
            {   if(lowcost[j]!=-1 && mat[k][j]<lowcost[j])
                {   lowcost[j]=mat[k][j];
                    closest[j]=k;
                }
            }
        }
    }
    public static void main(String[] args)
    {   Scanner fin=new Scanner(System.in);
        n=fin.nextInt();
        ax=new int[n];
        ay=new int[n];
        mat=new int[n][n];
        for(int i=0;i<n;i++)                                 //输入 n 个城镇
        {   ax[i]=fin.nextInt();
            ay[i]=fin.nextInt();
        }
        for(int i=0;i<n;i++)                                 //计算出路径矩阵
            for(int j=i;j<n;j++)
            {   int dist=(ax[i]-ax[j])*(ax[i]-ax[j])+(ay[i]-ay[j])*(ay[i]-ay[j]);
                mat[i][j]=mat[j][i]=dist;
            }
        m=fin.nextInt();                                     //输入 m 条路径
        for(int i=0;i<m;i++)
        {   int x=fin.nextInt();
            int y=fin.nextInt();
            mat[x-1][y-1]=mat[y-1][x-1]=0;                   //将路径长度置为 0
        }
        Prim(0);                                             //从顶点 0 出发构造最小生成树
    }
}
```

上述程序的执行时间为 4219ms,空间为 7740KB。

5. POJ1797——重型运输问题

时间限制：3000ms；空间限制：30 000KB。

问题描述：Hugo 很高兴，在 Cargolifter 项目失败后他现在可以扩展业务了，但他需要一个聪明的人告诉他能不能将货物运输到指定的客户并且经过的道路不超过最大承载量。他已经有了城市中所有街道和桥梁的最大承载量，但他不知道如何找到最大运输重量。

现在有城市的规划图，描述了各交叉点之间的街道（具有最大承载量），交叉点的编号从 1 到 n。请找到从 1 号（Hugo 的位置）到 n 号（客户的位置）交叉点可以运输的最大重量，可以假设至少有一条路径。所有街道都是双向通行。

输入格式：第一行包含场景数量（城市图）；对于每个城市，第二行给出街道交叉点的数量 $n(1\leqslant n\leqslant 1000)$ 和街道的数量 m；以下 m 行，每行是一个整数三元组，指定街道开始和结束交叉点的编号以及允许的最大重量，它是正数且不大于 1 000 000，每对交叉点之间最多只有一条街道。

输出格式：每个场景的输出以"Scenario #i："开头，其中 i 是从 1 开始的场景编号，然后输出一行，其中包含 Hugo 可以为客户运输的最大重量。每个场景以一个空行表示输出结束。

输入样例：

```
1
3 3
1 2 3
1 3 4
2 3 5
```

输出样例：

```
Scenario #1:
4
```

解：题目是给定一个城市图，图中有 n 个街道交叉点（即 n 个顶点，编号为 1 到 n），m 条道路，在每条道路上有一个承载量，现在要求从 1 到 n 的最大承载量。从 1 到 n 可能有多条路径，每条路径由多条道路构成，一条路径的承载量是该路径上的最小道路承载量，而 1 到 n 的最大承载量就是 1 到 n 的所有路径承载量的最大值。

对于样例，$n=3, m=3$，该带权无向图如图 3.15 所示，从 1 到 3 有两条路径：

(1) 1→2→3，其中 1→2 的承载量为 3，2→3 的承载量为 5，该路径的承载量 $=\min(3,5)=3$。

(2) 1→3，其中 1→3 的承载量为 4，该路径的承载量为 4。

这样，1 到 3 的最大承载量 $=\max(3,4)=4$。

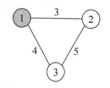

图 3.15　样例的带权无向图

可以求出顶点 1 到顶点 n 的所有路径，对于每条路径求出其最小道路承载量，再找到这些最小道路承载量中的最大值。更高效的方法是利用 Dijkstra 算法，将源点 v 到顶点 i 的最短路径长度 dist[i]改为从源点 v 到顶点 i 的所有路径中最小边权的最大值（最大承载量），以顶点 1 为源点，求出 dist 数组，最后返回 dist[n]即可。

对应的 AC 程序如下：

```
import java.lang.*;
import java.util.*;
class Node                                          //优先队列(按 dist 大根堆)中的结点类型
{  int v;                                           //顶点编号
   int dist;                                        //dist[v]值
   public Node(int v,int dist)                      //构造方法
   {    this.v=v;
        this.dist=dist;
   }
}
class ENode                                         //边类
{  int v;                                           //邻接点
   int w;                                           //边权值
   int next;                                        //下一条边
   ENode(int v,int w)                               //构造方法
   {    this.v=v;
        this.w=w;
   }
}
public class Main
{  static final int INF=0x3f3f3f3f;                 //表示∞
   static final int MAXV=1001;                      //表示最多顶点个数
   static final int MAXE=MAXV*MAXV;                 //表示最多顶点个数
   static int toll;
   static int[] head=new int[MAXV];
   static ENode[] edge=new ENode[MAXE];
   static int n,m;
   static void addEdge(int u,int v,int w)           //无向图添加<u,v>和<v,u>
   { edge[toll]=new ENode(v,w);                     //添加边<u,v,w>
     edge[toll].next=head[u];
     head[u]=toll++;
     edge[toll]=new ENode(u,w);                     //添加边<v,u,w>
     edge[toll].next=head[v];
     head[v]=toll++;
   }
   public static int Dijkstra(int v)                //求从 v 到其他顶点的最短路径
   {    Comparator<Node> dComparator                //定义 dComparator
        = new Comparator<Node>()
        {    public int compare(Node o1,Node o2)    //用于创建 dist 大根堆
             {    return(o2.dist-o1.dist); }
        };
        PriorityQueue<Node> pq=new PriorityQueue<Node>(MAXV,dComparator);
        int[] dist=new int[MAXV];                   //建立 dist 数组
        int[] S=new int[MAXV];                      //建立 S 数组
        Arrays.fill(dist,0);                        //初始化 dist[i]
        Arrays.fill(S,0);
        dist[v]=INF;                                //将源点到自己的最大承载量看成∞
        pq.offer(new Node(v,dist[v]));              //将顶点 v 进队 pq
        while(!pq.isEmpty())                        //队不空时循环
```

```
        {   Node p=pq.poll();                              //出队结点 p
            int u=p.v;                                     //选取具有最大 dist 的顶点 u
            if(S[u]==1) continue;                          //跳过 S 中的顶点 u
            S[u]=1;                                        //将顶点 u 加入 S 中
            if(u==n) break;                                //找到顶点 n,结束
            for(int e=head[u];e!=-1;e=edge[e].next)
            {   int v1=edge[e].v;                          //找到边<u,v1,w1>
                int w1=edge[e].w;
                if(S[v1]==0)                               //修改不在 S 中的顶点 v1 的 dist 值
                    if(dist[v1]<Math.min(dist[u],w1))
                    {   dist[v1]=Math.min(dist[u],w1);
                        pq.offer(new Node(v1,dist[v1]));
                    }
            }
        }
        return dist[n];
    }
    public static void main(String[] args)
    {   Scanner fin=new Scanner(System.in);
        int t,a,b,w;
        t=fin.nextInt();
        for(int k=1;k<=t;k++)
        {   Arrays.fill(head,-1);
            toll=0;
            n=fin.nextInt();
            m=fin.nextInt();
            for(int i=1;i<=m;i++)                          //输入 m 条边的信息
            {   a=fin.nextInt();
                b=fin.nextInt();
                w=fin.nextInt();
                addEdge(a,b,w);
            }
            System.out.printf("Scenario #%d:\n",k); //输出结果
            System.out.printf("%d\n\n",Dijkstra(1));
        }
    }
}
```

上述程序的执行时间为 4079ms,空间为 22 988KB。

6. POJ1125——股票经纪人的小道消息问题

时间限制：1000ms；空间限制：10 000KB。

问题描述：众所周知,股票经纪人对谣言会反应敏感。假设你已经签约开发一种在股票经纪人中传播虚假信息的方法,以便为你的雇主提供股票市场的战术优势。为了达到最大效果,必须以最快的方式传播谣言。

不幸的是,股票经纪人只信任来自他们“可信来源”的信息,这意味着你必须在传播谣言时考虑他们的联系人的结构。特定的股票经纪人需要一定的时间才能将谣言传递给他的每个同事。请编写一个程序,告诉你选择哪个股票经纪人作为谣言的起点,以及谣言传播到股票经纪人社区所需的时间。该持续时间是指最后一个人接收信息所需的时间。

输入格式：程序将为不同的股票经纪人输入数据。每组都以一个包含股票经纪人数量 n 的行开头，接下来每行一个股票经纪人，其中包含与之联系的人数，这些人是谁，以及他们将消息传递给每个人所花费的时间。每个股票经纪人行的格式如下：该行以联系人数量(m)开头，后跟 n 对整数，每个联系人一对。每一对首先列出一个指代联系人的号码(例如1表示该组中的第一个号码)，然后是用于将消息传递给该人的时间(以分钟为单位)，没有特殊的标点符号或间距规则。

每个人的编号为1到股票经纪人的数量。传递消息所需的时间将介于1到10分钟(包括1和10分钟)之间，联系人数量将介于0到股票经纪人的数量减1之间。股票经纪人的数量范围是1～100，输入由一组中包含0个股票经纪人终止。

输出格式：对于每组数据，程序必须输出一行，其中包含导致消息最快传输的人，以及在将该消息传递给此人之后最后一个人收到任何给定消息的时间，以整数分钟为单位。程序可能会收到一个排除某些人的连接网络，即某些人可能无法访问。如果程序检测到这样一个破碎的网络，只需输出消息"disjoint"。注意，将消息从A传递给B所花费的时间不一定与将其从B传递给A所花费的时间相同。

输入样例：

```
3
2 2 4 3 5
2 1 2 3 6
2 1 2 2 2
5
3 4 4 2 8 5 3
1 5 8
4 1 6 4 10 2 7 5 2
0
2 2 5 1 5
0
```

输出样例：

```
3 2
3 10
```

解：本题是求出从每个顶点 i 出发的最短路径长度的最大值 maxt，再找出具有最小 maxt 的那个顶点 i，最后输出 i 和 maxi。

二维数组 A 存放邻接矩阵，采用 Floyd 算法求出任意两个顶点(每个顶点表示一个股票经纪人)之间的最短路径长度 $A[i][j]$(顶点 i 传播谣言到顶点 j 所花费的最短时间)。再以顶点 i 作为各通路的源点，求出从顶点 i 出发的最短路径长度的最大值 maxt，它表示以股票经纪人 i 作为谣言的起点，传播到股票经纪人社区所需的时间。然后在所有 maxt 中求最小值 anst，对应的源点为 ansv。最后输出 ansv 和 anst(若 anst>INF，则表示某些人无法访问，输出消息"disjoint")。对应的 AC 程序如下：

```
import java.lang.*;
import java.util.*;
import java.util.Scanner;
```

```
public class Main
{  static final int MAXV=101;                          //表示最多经纪人个数
   static final int INF=0x3f3f3f3f;                    //表示∞
   static int[][] A=new int[MAXV][MAXV];               //A 数组,初始为邻接矩阵
   static int n;                                       //经纪人个数
   public static void Floyd()                          //Floyd 算法
   {  for(int k=1;k<=n;k++)                            //求 Ak[i][j]
      {  for(int i=1;i<=n;i++)
            for(int j=1;j<=n;j++)
               if(i!=j && A[i][j]>A[i][k]+A[k][j])
                  A[i][j]=A[i][k]+A[k][j];
      }
   }
   public static void dispans()                        //求结果并且输出
   {  int maxt;
      int anst=INF;
      int ansv=0;
      for(int i=1;i<=n;i++)                            //以 i 点作为各通路的源点
      {  maxt=0;
         for(int j=1;j<=n;j++)
            if(i!=j && maxt<A[i][j])                   //找 i 到 j 的最长路径
               maxt=A[i][j];
         if(anst>maxt)
         {  anst=maxt;                                 //找最长路径中的最短路径长度
            ansv=i;                                    //该最短长度路径的源点
         }
      }
      if(anst<INF)                                     //源点 ansv 到每个顶点均有路径
         System.out.println(ansv+" "+anst);
      else                                             //源点 ansv 到某些顶点没有路径
         System.out.println("disjoint");
   }
   public static void main(String[] args)
   {  Scanner fin=new Scanner(System.in);
      while(fin.hasNext())
      {  n=fin.nextInt();
         if(n==0) break;
         for(int i=1;i<=n;i++)                         //A 数组的初始化
            for(int j=1;j<=n;j++)
               if(i==j) A[i][j]=0;
               else A[i][j]=INF;
         for(int i=1;i<=n;i++)                         //输入邻接矩阵 A
         {  int m=fin.nextInt();
            for(int j=1;j<=m;j++)
            {  int p=fin.nextInt();
               int t=fin.nextInt();
               A[i][p]=t;
            }
         }
         Floyd();                                      //调用 Floyd 算法求 A
         dispans();                                    //求 ansv 和 anst 并且输出
```

```
        }
    }
}
```

上述程序的执行时间为297ms,空间为3076KB。

7. HDU4109——重新排列指令问题

时间限制:2000ms;空间限制:32 768KB。

问题描述:阿里本学期开设了计算机组织与架构课程,他了解到指令之间可能存在依赖关系,例如WAR(写入后读取)、WAW、RAW。如果两个指令之间的距离小于安全距离(safe distances),则会导致危险,这可能导致错误的结果,所以需要设计特殊的电路以消除危险。然而,解决此问题的最简单方法是添加气泡(无用操作),这意味着以浪费时间来确保两条指令之间的距离不小于安全距离。

两条指令之间距离的定义是它们的开始时间之间的差异。现在有很多指令,已知指令之间的依赖关系和安全距离。我们有一个非常强大的CPU,具有无限数量的内核,因此可以根据需要同时运行多个指令,并且CPU的速度非常快,只需花费1ns即可完成任何指令。接下来的工作是重新排列指令,以便CPU可以使用最短的时间完成所有指令。

输入格式:输入包含几个测试用例。每个测试用例的第一行是两个整数n、m($n \leqslant 1000, m \leqslant 10\ 000$),表示有$n$个指令和$m$个依赖关系;以下$m$行,每行包含3个整数$x$、$y$、$z$,表示$x$和$y$之间的安全距离为$z$,$y$应在$x$之后运行。指令的编号从0到$n-1$。

输出格式:每个测试用例打印一个整数,即CPU运行所需的最短时间。

输入样例:

```
5 2
1 2 1
3 4 1
```

输出样例:

```
2
```

提示:在第1个ns中执行指令0、1和3,在第2个ns中执行指令2和4,所以答案应该是2。

解:n个指令(编号为$0 \sim n-1$)之间的m个依赖关系构成一个有向图,每个指令有3个数字u、v、w,表示u执行以后才能执行v,且中间间隔必须超过w。也就是说,不同的任务之间有先后次序,执行完一些任务以后再继续执行另外一些任务,且两个任务之间有时间间隔。实际上先后次序就是要满足拓扑排序的前提,边有权值,且要输出最长时间,那么就是关键路径,所以本题目就是求关键路径的长度。

对应的AC程序如下:

```
import java.lang.*;
import java.util.*;
import java.util.Scanner;
class ENode                                          //边类型
{  int v;                                            //邻接点
   int w;                                            //边权值
```

```
    int next;                                            //下一条边
    ENode(int v,int w)                                   //构造方法
    {   this.v=v;
        this.w=w;
    }
}
public class Main
{ static final int INF=0x3f3f3f3f;                       //表示∞
  static final int MAXV=1005;                            //表示最多顶点个数
  static final int MAXE=MAXV * MAXV;                     //表示最多顶点个数
  static int toll;
  static int[] head=new int[MAXV];
  static ENode[] edge=new ENode[MAXE];
  static int[] ind=new int[MAXV];                        //记录每个顶点的入度
  static int[] cost=new int[MAXV];                       //记录到顶点 i 的最长路径长度
  static int n,m;
  static void addEdge(int u,int v,int w)                 //有向图添加边<u,v,w>
  {  edge[toll]=new ENode(v,w);
     edge[toll].next=head[u];
     head[u]=toll++;
     ind[v]++;                                           //顶点 v 的入度增 1
  }
  public static void TopSort()                           //拓扑排序
  {  Stack<Integer> st=new Stack<Integer>();             //定义一个栈
     for(int i=0;i<n;i++)                                //所有入度为 0 的顶点进栈
         if(ind[i]==0)
         {   st.push(i);
             cost[i]=1;                                  //路径经过顶点 i,长度计为 1
         }
     while(!st.empty())                                  //栈不为空时循环
     {   int u=st.pop();                                 //出栈一个顶点 u
         for(int e=head[u];e!=-1;e=edge[e].next)
         {   int v=edge[e].v;
             int w=edge[e].w;
             ind[v]--;
             cost[v]=Math.max(cost[v],cost[u]+w);
             if(ind[v]==0)                               //入度为 0 的顶点进栈
                 st.push(v);
         }
     }
  }
  public static void main(String[] args)
  {  Scanner fin=new Scanner(System.in);
     while(fin.hasNext())
     {   Arrays.fill(head,-1);                           //图初始化
         toll=0;
         Arrays.fill(ind,0);                             //顶点入度初始化
         Arrays.fill(cost,0);                            //顶点的最长路径长度初始化
         n=fin.nextInt();
         m=fin.nextInt();
         for(int i=1;i<=m;i++)                           //输入边的信息
```

```
            {     int u=fin.nextInt();
                  int v=fin.nextInt();
                  int w=fin.nextInt();
                  addEdge(u,v,w);
            }
            TopSort();
            int ans=0;
            for(int i=0;i<n;i++)                          //cost 中的最大值即为所求
                  ans=Math.max(ans,cost[i]);
            System.out.println(ans);
        }
    }
}
```

上述程序的执行时间为 1326ms,空间为 18 108KB。

3.9 第9章 查找

1. HDU2025——查找最大元素

时间限制：2000ms；空间限制：65 536KB。

问题描述：对于输入的每个字符串,查找其中的最大字母,在该字母后面插入字符串"(max)"。

输入格式：输入数据包括多个测试用例,每个测试用例由一行长度不超过 100 的字符串组成,字符串仅由大小写字母构成。

输出格式：对于每个测试用例输出一行字符串,输出的结果是插入字符串"(max)"后的结果,如果存在多个最大的字母,就在每一个最大字母后面都插入"(max)"。

输入样例：

```
abcdefgfedcba
xxxxx
```

输出样例：

```
abcdefg(max)fedcba
x(max)x(max)x(max)x(max)x(max)
```

解：对于每个输入的字符串 *s*,遍历一次找到最大字符 maxc,再遍历一次顺序输出字符 *c*,若 *c* 等于 maxc,再接着输出“(max)”。对应的 AC 程序如下：

```
import java.util.Scanner;
public class Main
{   public static void main(String[] args)
    {     Scanner fin = new Scanner(System.in);
          String s;
          while(fin.hasNext())
          {     s=fin.next();
                char maxc=s.charAt(0);
                for(int i=1;i<s.length();i++)
```

```
                if(s.charAt(i)> maxc)
                    maxc=s.charAt(i);
            for(int i=0;i<s.length();i++)
            {   System.out.print(s.charAt(i));
                if(s.charAt(i)==maxc)
                    System.out.print("(max)");
            }
            System.out.println();
        }
    }
}
```

上述程序的执行时间为 296ms，执行空间为 9768KB。

2. POJ2785——总和为 0 的四元组数

时间限制：15 000ms；空间限制：228 000KB。

问题描述：SUM 问题是给定 4 个整数列表 A、B、C 和 D，计算多少个四元组$(a,b,c,d)\in A\times B\times C\times D$ 满足 $a+b+c+d=0$。在下面假设所有列表都具有相同的大小 n。

输入格式：输入文件的第一行包含列表的大小 n(此值可以大到 4000)，然后有 n 行，每行包含 4 个整数值(绝对值大到 2^{28})，它们分别属于 A、B、C 和 D。

输出格式：对于每个输入文件，输出总和为 0 的四元组数。

输入样例：

```
6
-45 22 42 -16
-41 -27 56 30
-36 53 -37 77
-36 30 -75 -46
26 -38 -10 62
-32 -54 -6 45
```

输出样例：

```
5
```

提示：有 5 个四元组的总和为 0，分别是 (−45，−27，42，30)、(26，30，−10，−46)、(−32，22，56，−46)、(−32，30，−75，77)、(−32，−54，56，30)。

解法 1：用 a、b、c、d 数组分别存放 4 个序列，设总和为 0 的四元组数为 ans(初始时为 0)。若采用 4 重循环暴力求解，时间复杂度为 $O(n^4)$，一定会超时。优化方法是另外设置一个数组 sum，遍历所有的 a 和 b 行求出总和 sum，对其递增排序。再遍历所有的 c 和 d 行，设 tmp=−($c[i]+d[j]$)，在 sum 中折半查找等于 tmp 的个数(每找到一个，对应有一个 $a+b+c+d=0$)。若 sum 的元素个数为 tot，调用 upper_find(0，tot−1，tmp)在 sum2[]中找到第一个大于 tmp 的位置 pos1，再调用 lower_find(0，tot−1，tmp)找到第一个大于等于 tmp 的位置 pos2，则 ans+=(pos1−pos2)(lower_find()算法与《教程》9.2.2 节中的 GOEk()算法相同，upper_find()算法与之类似)。对应的 AC 程序如下：

```
import java.util.Scanner;
import java.util.*;
```

```
public class Main
{ static final int MAXN=4002;
  static final int MAXM=MAXN * MAXN;
  static int[] a=new int[MAXN];
  static int[] b=new int[MAXN];
  static int[] c=new int[MAXN];
  static int[] d=new int[MAXN];
  static int[] sum=new int[MAXM];
  static int upper_find(int low,int high,int k)        //在 sum 中查找第一个大于 k 的元素序号
  {   while(low<=high)
      {   int mid=(low+high)/2;
          if(k<sum[mid])                               //k 小于中位数时新查找区间左移
              high=mid-1;
          else                                         //k 大于等于中位数时新查找区间右移
              low=mid+1;
      }
      return high+1;                                   //当前查找区间空时返回 high+1
  }
  static int lower_find(int low, int high, int k)      //查找第一个大于等于 k 的元素序号(同 GOEk())
  {   while(low<=high)
      {   int mid=(low+high)/2;
          if(k<=sum[mid])                              //k 小于等于中位数时新查找区间左移
              high=mid-1;
          else                                         //k 大于中位数时新查找区间右移
              low=mid+1;
      }
      return high+1;                                   //当前查找区间为空时返回 high+1
  }
  public static void main(String[] args)
  {   int n;
      Scanner fin = new Scanner(System.in);
      while(fin.hasNext())
      {   n=fin.nextInt();
          for(int i=0;i<n;i++)
          {   a[i]=fin.nextInt();
              b[i]=fin.nextInt();
              c[i]=fin.nextInt();
              d[i]=fin.nextInt();
          }
          int tot=0;
          for(int i=0;i<n;i++)
              for(int j=0;j<n;j++)
                  sum[tot++]=a[i]+b[j];
          Arrays.sort(sum,0,tot);                      //递增排序
          int ans=0;
          for(int i=0;i<n;i++)
              for(int j=0;j<n;j++)
              {   int tmp=-(c[i]+d[j]);
                  ans+=upper_find(0,tot-1,tmp)-lower_find(0,tot-1,tmp);
              }
          System.out.println(ans);
```

```
        }
    }
}
```

上述程序的执行时间为 24 297ms，执行空间为 68 200KB。

解法 2：可以采用 HashMap 集合 map 替代解法 1 中的 sum 数组，map 的元素类型为 <Integer，Integer>，前者为 $a[i]+b[j]$ 的关键字，后者为其出现的次数。在遍历 c 和 d 数组时，tmp=－($c[i]+d[j]$)，当 map 中存在 tmp 时，置 ans+=map.get(tmp)。对应的 AC 程序如下：

```
import java.util.Scanner;
import java.util.*;
public class Main
{ static final int MAXN=4002;
  static final int MAXM=MAXN*MAXN;
  static int[] a=new int[MAXN];
  static int[] b=new int[MAXN];
  static int[] c=new int[MAXN];
  static int[] d=new int[MAXN];
  static HashMap<Integer,Integer> map=new HashMap<Integer,Integer>();
  public static void main(String[] args)
  {   int n;
      Scanner fin=new Scanner(System.in);
      while(fin.hasNext())
      {   n=fin.nextInt();
          for(int i=0;i<n;i++)
          {   a[i]=fin.nextInt();
              b[i]=fin.nextInt();
              c[i]=fin.nextInt();
              d[i]=fin.nextInt();
          }
          for(int i=0;i<n;i++)
              for(int j=0;j<n;j++)
              {   int sum=a[i]+b[j];
                  if(map.containsKey(sum))
                  {   int k=(int)map.get(sum);
                      k++;
                      map.put(sum,k);
                  }
                  else map.put(sum,1);
              }
          int ans=0;
          for(int i=0;i<n;i++)
              for(int j=0;j<n;j++)
                  if(map.containsKey(-(c[i]+d[j])))
                      ans+=map.get(-(c[i]+d[j]));
          System.out.println(ans);
      }
  }
}
```

上述程序的执行时间为19 719ms,执行空间为116 608KB。那么能不能用TreeMap替换HashMap呢?这里产生的$a[i]+b[j]$并不需要是有序的,仅仅需要快速找到$a[i]+b[j]$的元素即可,所以采用HashMap更合适,实际上将上述程序中的HashMap替换为TreeMap后程序会超时。再对比两种解法,HashMap比折半查找的速度更快,但占用的空间更多。

3. HDU3791——二叉排序树问题

时间限制:2000ms;空间限制:32 768KB。

问题描述:判断两序列是否为同一个二叉搜索树序列。

输入格式:开始的一个数$n(1\leqslant n\leqslant 20)$表示有$n$个序列需要判断,当$n=0$的时候输入结束。接下来的一行是一个序列,序列长度小于10,包含0~9的数字,没有重复数字,根据这个序列可以构造出一棵二叉搜索树。接下去的n行有n个序列,每个序列的格式跟第一个序列一样,请判断这两个序列是否能组成同一棵二叉搜索树。

输出格式:如果序列相同则输出YES,否则输出NO。

输入样例:

```
2
567432
543267
576342
0
```

输出样例:

```
YES
NO
```

解:这里所有的二叉排序树都是由1~9的某个序列构造的。先构造初始序列的二叉排序树bt,然后构造其他序列对应的二叉排序树bt1。判断bt和bt1是否相同的过程如下:

(1) bt和bt1均为空,则返回true。

(2) 若b1、bt1中一个空,一个非空,则返回false。

(3) 若bt和bt1均不空,如果根结点的值不相同,返回false,否则求出左子树的相同性left、右子树的相同性right,返回left && right。

若bt和bt1相同,输出“Yes”,否则输出“No”。对应的AC程序如下:

```
import java.util.Scanner;
import java.util.*;
class BSTNode                                  //二叉排序树结点类
{  public char key;                            //存放关键字,这里关键字为char类型
   public BSTNode lchild;                      //存放左孩子指针
   public BSTNode rchild;                      //存放右孩子指针
   BSTNode()                                   //构造方法
   {   lchild=rchild=null; }
}
class BSTClass                                 //二叉排序树类
{  public BSTNode r;                           //二叉排序树的根结点
   private BSTNode f;                          //用于存放待删除结点的双亲结点
   public BSTClass()                           //构造方法
```

```
    {    r=null; }
    //二叉排序树的基本运算算法
    public void InsertBST(char k)                          //插入一个关键字为 k 的结点
    {
        InsertBST1(r,k);
    }
    private BSTNode InsertBST1(BSTNode p,char k)           //在以 p 为根的 BST 中插入为 k 的结点
    {   if(p==null)                                        //原树为空,新插入的元素为根结点
        {   p=new BSTNode();
            p.key=k;
        }
        else if(k<p.key)
            p.lchild=InsertBST1(p.lchild,k);               //插入 p 的左子树中
        else if(k>p.key)
            p.rchild=InsertBST1(p.rchild,k);               //插入 p 的右子树中
        return p;
    }
    public void CreateBST(String a)                        //由关键字序列 a 创建一棵二叉排序树
    {   r=new BSTNode();                                   //创建根结点
        r.key=a.charAt(0);
        for(int i=1;i<a.length();i++)                      //创建其他结点
            InsertBST1(r,a.charAt(i));                     //插入关键字 a[i]
    }
}
public class OJ3
{  static boolean Same(BSTClass bt,BSTClass bt1)          //判断 bt 与 bt1 是否相同
    {
        return Same1(bt.r,bt1.r);
    }
    static boolean Same1(BSTNode p,BSTNode p1)             //被 Same()调用
    {   if(p==null && p1==null)
            return true;
        else if(p==null || p1==null)
            return false;
        else
        {   if(p.key!=p1.key)
                return false;
            boolean left=Same1(p.lchild,p1.lchild);
            boolean right=Same1(p.rchild,p1.rchild);
            return(left && right);
        }
    }
    public static void main(String[] args)
    {   int n;
        String s;
        Scanner fin=new Scanner(System.in);
        BSTClass bt=new BSTClass();
        BSTClass bt1=new BSTClass();
        while(true)
        {   n=fin.nextInt();                               //读取整数 n
            if(n==0) break;
```

```
                s=fin.next();                              //读取一行字符串 s
                bt.CreateBST(s);                           //创建第一个 BST
                for(int i=0;i<n;i++)
                {   s=fin.next();                          //读取一行字符串 s
                    bt1.CreateBST(s);                      //创建要比较的 BST
                    if(Same(bt,bt1))                       //判断相同性
                        System.out.println("YES");
                    else
                        System.out.println("NO");
                }
            }
        }
    }
```

上述程序的执行时间为 196ms；执行空间为 10 112KB。

4. POJ2418——硬木种类

时间限制：10 000ms；空间限制：65 536KB。

问题描述：硬木是植物树种，有宽阔的叶子，结出水果或坚果，并且通常在冬天休眠。美国的温带气候产生了数百种硬木树种，例如橡树、枫树和樱桃树都是硬木树种，它们是不同的树种。所有硬木树种总量占美国树木的 40%。

利用卫星成像技术，政府部门编制了一份特定日期的每棵树的清单，请计算每个树种的百分比。

输入格式：输入包括卫星观测到的每棵树的清单。每行表示一棵树的树种，树种名称不超过 30 个字符。所有树种不超过 10 000 种，不超过 1 000 000 棵树。

输出格式：按字母顺序输出每个树种的名称，以及对应的百分比，百分比精确到第 4 个小数位。

输入样例：

```
Red Alder
Ash
Aspen
Basswood
Ash
Beech
Yellow Birch
Ash
Cherry
Cottonwood
Ash
Cypress
Red Elm
Gum
Hackberry
White Oak
Hickory
Pecan
Hard Maple
```

White Oak
Soft Maple
Red Oak
Red Oak
White Oak
Poplan
Sassafras
Sycamore
Black Walnut
Willow

输出样例：

Ash 13.7931
Aspen 3.4483
Basswood 3.4483
Beech 3.4483
Black Walnut 3.4483
Cherry 3.4483
Cottonwood 3.4483
Cypress 3.4483
Gum 3.4483
Hackberry 3.4483
Hard Maple 3.4483
Hickory 3.4483
Pecan 3.4483
Poplan 3.4483
Red Alder 3.4483
Red Elm 3.4483
Red Oak 6.8966
Sassafras 3.4483
Soft Maple 3.4483
Sycamore 3.4483
White Oak 10.3448
Willow 3.4483
Yellow Birch 3.4483

解：本题仅仅一个测试用例，就是给定一系列字符串(树种)，统计每个字符串的比例，要求按字母顺序输出。采用 TreeMap 对象 map 存储每一个树种及其包含的树数，最后通过迭代器顺序遍历输出每个树种的名称以及对应的百分比。对应的 AC 程序如下：

```
import java.util.Scanner;
import java.util.*;
public class Main
{ static TreeMap<String,Integer> map=new TreeMap<String,Integer>();
  public static void main(String[] args)
  {    int n=0;
       String s;
       Scanner fin=new Scanner(System.in);
       while(fin.hasNext())
       {    s=fin.nextLine();                    //读取一行字符串 s
```

```
            if(map.containsKey(s))                          //若 s 出现过
                map.put(s,map.get(s)+1);                    //对应值增加 1
            else                                            //若 s 没有出现过
                map.put(s,1);                               //对应值设置为 1
            n++;
        }
        Iterator it=map.keySet().iterator();
        while(it.hasNext())
        {   String key=(String)it.next();                   //获取 key
            int value=(int)map.get(key);                    //根据 key 获取 value
            System.out.print(key+" ");
            System.out.printf("%.4f\n",value*100.0/n);
        }
    }
}
```

上述程序的执行时间为 16 579ms,执行空间为 6152KB。

5. HDU1263——水果问题

时间限制：2000ms；空间限制：65 536KB。

问题描述：Joe 经营着一个不大的水果店,他认为生存之道就是经营最受顾客欢迎的水果,夏天来了,现在他想要一份水果销售情况的明细表,这样他就可以很容易地掌握所有水果的销售情况了。

输入格式：第一行的正整数 $n(0<n\leqslant 10)$表示有 n 组测试数据。每组测试数据的第一行是一个整数 $m(0<m\leqslant 100)$,表示共有 m 次成功的交易。其后有 m 行数据,每行表示一次交易,由水果名称(由小写字母组成,长度不超过 80)、水果产地(由小写字母组成,长度不超过 80)和交易的水果数目(正整数,不超过 100)组成。

输出格式：对于每一组测试数据,请输出一份排版格式正确(请分析样本输出)的水果销售情况明细表。这份明细表包括所有水果的产地、名称和销售数目的信息,水果先按产地分类,产地按字母顺序排列,同一产地的水果按照名称排序,名称按字母顺序排序。两组测试数据之间有一个空行,最后一组测试数据之后没有空行。

输入样例：

```
1
5
apple shandong 3
pineapple guangdong 1
sugarcane guangdong 1
pineapple guangdong 3
pineapple guangdong 1
```

输出样例：

```
guangdong
   |----pineapple(5)
   |----sugarcane(1)
shandong
   |----apple(3)
```

解：本题就是按水果产地、水果名称和销售数目输入一个列表，要求按水果名称、水果产地和销售数目输出结果。由于是有序的，采用 TreeMap，定义一个双层 TreeMap 集合 map1，其元素类型为< String, Map < String, Integer >>，关键字为水果名称，值为一个子 Map，而子 Map 的关键字为水果产地，值为销售数目。最后按要求输出 map1 即可。

对应的 AC 程序如下：

```
import java.util.Scanner;
import java.util.*;
public class Main
{ public static void main(String[] args)
  {  int n,m;
     String s;
     Scanner fin=new Scanner(System.in);
     n=fin.nextInt();
     for(int cas=0;cas<n;cas++)
     {   if(cas!=0)                                   //两组之间换行
            System.out.println();
         Map<String,Map<String,Integer>> map1=
                  new TreeMap<String,Map<String,Integer>>();
         Map<String,Integer> map2=new TreeMap<String,Integer>();
         m=fin.nextInt();
         for(int i=0;i<m;i++)                         //输入 m 个列表项
         {  String x,y;
            int z=0;
            Integer w=0;
            x=fin.next();                             //水果产地
            y=fin.next();                             //水果名称
            z=fin.nextInt();                          //水果销售数目
            if(map1.get(y)==null)                     //y 在 map1 中不存在，新建一个 y 的元素
               map1.put(y,new TreeMap<String,Integer>());
            map2=map1.get(y);                         //取 map1 中 y 对应的子 Map 值 map2
            if(map2.get(x)==null)                     //x 在 map2 中不存在时
               map2.put(x,0);                         //置 map2 的值(销售数目)为 0
            int cnt=map2.get(x)+z;                    //累计 x 的销售数目
            map2.put(x,cnt);                          //再次插入 map2 中
         }
         Iterator it1=map1.entrySet().iterator();     //迭代 map1 输出结果
         while(it1.hasNext())
         {  Map.Entry<String,Map<String,Integer>> entry1=(Map.Entry)it1.next();
            System.out.println(entry1.getKey());//输出水果名称
            map2=entry1.getValue();                   //取该水果名称对应的子 Map 值 map2
            Iterator it2=map2.entrySet().iterator();
            while(it2.hasNext())                      //迭代 map2
            {  Map.Entry<String,Integer> entry2=(Map.Entry)it2.next();
               System.out.println("   |----"+entry2.getKey()+"("+entry2.getValue()+")");
            }
         }
     }
  }
}
```

上述程序的执行时间为 327ms,执行空间为 10 500KB。在程序中输出结果时是采用双层迭代器实现的,采用以下 for 语言实现更简单:

```
for(Map.Entry<String,Map<String,Integer>> entry : map1.entrySet())
{ System.out.println(entry.getKey());                    //输出水果名称
  for(String key : entry.getValue().keySet())             //再输出对应的水果产地和数量
        System.out.println(" |----"+key+"("+entry.getValue().get(key)+")");
}
```

6. POJ2503——Babelfish 问题

时间限制:2000ms;空间限制:65 536KB。

问题描述:你刚从滑铁卢搬到了一个大城市,这里的人说一种让你难以理解的外语方言,幸运的是你有一本字典可以帮助理解它们。

输入格式:输入最多包含 100 000 个字典条目,后跟一个空行,接下来有最多 100 000 个单词的消息。每个字典条目为一行,包含一个英文单词,后跟一个空格和一个外来词。在字典中外来词不会出现多次。该消息是外来词序列,每行一个外来词。输入中的单词最多包含 10 个小写字母。

输出格式:输出是翻译成英文的消息,每行一个字。不在字典中的外来词应翻译为“eh”。

输入样例:

```
dog ogday
cat atcay
pig igpay
froot ootfray
loops oopslay

atcay
ittenkay
oopslay
```

输出样例:

```
cat
eh
loops
```

解:设计 HashMap<String,String>容器 mymap 作为字典存放外来词的英文单词。对于每个字典条目输入 eword 和 fword,插入<fword,eword>。对于输入的外来词 s,在 mymap 中查找对应的英文单词并输出。对应的 AC 程序如下:

```
import java.util.Scanner;
import java.util.*;
public class Main
{ public static void main(String[] args)
  {   String s,eword,fword;
      Scanner fin=new Scanner(System.in);
      Map<String,String> mymap=new HashMap<String,String>();
      while(fin.hasNext())                              //处理每个字典条目
```

```
        {   s=fin.nextLine();
            if(s.length()==0)                      //处理空行
                break;
            String[] sp=s.split(" ");
            eword=sp[0];
            fword=sp[1];
            mymap.put(fword,eword);                //向 mymap 中插入<fword,eword>
        }
        while(fin.hasNext())                       //处理外来词
        {   s=fin.nextLine();
            if(mymap.containsKey(s))               //查字典
                System.out.println(mymap.get(s));  //查找成功,输出英文单词
            else                                   //查找不成功
                System.out.println("eh");          //输出"eh"
        }
    }
}
```

上述程序的执行时间为 3110ms,执行空间为 20 372KB。

7. POJ2092——爷爷很出名问题

时间限制：2000ms；空间限制：30 000KB。

问题描述：爷爷几十年来一直是一个非常好的桥牌选手，当宣布他成为吉尼斯世界纪录中有史以来的最佳桥牌选手时整个家庭都为之兴奋。国际桥牌协会(IBA)多年来一直保持着世界上最佳桥牌选手的每周排名，每周排名中选手的每次出场计一个点，爷爷被提名为有史以来的最佳选手，因为他获得了最高点数。爷爷有许多竞争对手，他非常好奇，想知道哪个选手获得了第二名。由于 IBA 排名现已在互联网上发布，他向你寻求帮助。你需要编写一个程序，当给出每周排名列表时根据点数找出哪个或者哪些选手获得了第二名。

输入格式：输入包含几个测试用例。所有选手的编号是 1 到 10 000。每个测试用例的第一行包含两个整数 $n(2\leqslant n\leqslant 500)$ 和 $m(2\leqslant m\leqslant 500)$，分别表示可用的排名数和每个排名中的选手数量。接下来的 n 行中，每行都包含一周排名的描述，每个描述由 m 个整数组成，由空格分隔，标识在每周排名中的选手。可以假设在每个测试用例中只有一个最佳选手和至少一个排名第二的选手，每周排名由 m 个不同的选手组成。输入由 $n=m=0$ 表示结束。

输出格式：对于每个测试用例，程序必须生成一行输出，其中包含所有排名中出现第二多的选手编号，如果有多个这样的选手，则按选手编号的递增顺序输出，每个选手编号的后面有一个空格。

输入样例：

```
4 5
20 33 25 32 99
32 86 99 25 10
20 99 10 33 86
19 33 74 99 32
3 6
2 34 67 36 79 93
100 38 21 76 91 85
32 23 85 31 88 1
```

```
0 0
```

输出样例:

```
32 33
1 2 21 23 31 32 34 36 38 67 76 79 88 91 93 100
```

解: 本题中每个测试用例给出一个 n 行 m 列的整数矩阵,每个元素是表示选手编号的整数,求出现次数第二多的整数是哪个或者哪些。

所有的整数有 $n\times m$ 个,如果用一维数组 a 存放所有整数,排序后求出现第二多的整数,最好的时间复杂度为 $O(nm\log_2 nm)$,会出现超时。

这里选手编号为 1 到 10 000,设计一个 num 数组,num[i]表示累计选手 i 出现的次数,然后在 num 中查找第二大的值 max2,最后 i 从 1 到 10 000 遍历,输出所有等于 max2 的选手编号 i。对应的 AC 程序如下:

```
import java.util.Scanner;
import java.util.*;
public class Main
{ static final int MAXN=10010;
  static int[] num=new int[MAXN];
  static int secondcnt()                                    //求 num 中第二大的次数
  {  int max1=-1,max2=-1;
     for(int i=1;i<MAXN;i++)
     {  if(num[i]>max1)
        {    max2=max1;
             max1=num[i];
        }
        else if(num[i]>max2)
             max2=num[i];
     }
     return max2;
  }
  public static void main(String[] args)
  {  Scanner fin=new Scanner(System.in);
     int n,m;
     while(fin.hasNext())
     {    n=fin.nextInt();
          m=fin.nextInt();
          if(n==0 && m==0) break;
          Arrays.fill(num,0);
          for(int i=0;i<n;i++)
               for(int j=0;j<m;j++)
               {    int x=fin.nextInt();
                    num[x]++;
               }
          int max2=secondcnt();
          boolean first=true;
          for(int i=1;i<MAXN;i++)
          {    if(num[i]==max2)
               {    if(first==true)
```

```
                {    first=false;
                     System.out.print(i);
                }
                else System.out.print(" "+i);
            }
        }
        System.out.println();
    }
  }
}
```

上述程序的执行时间为 2047ms，执行空间为 5520KB。由于所有选手编号是唯一的，在上述程序中理论上可以用 TreeMap 替代 num 数组，对应的程序如下：

```
import java.util.Scanner;
import java.util.*;
public class Main
{ static Map<Integer,Integer> map=new TreeMap<Integer,Integer>();
  static int secondcnt()                          //求 map 中出现第二名的次数
  {   int max1=-1,max2=-1;
      Iterator it=map.keySet().iterator();
      while(it.hasNext())
      {   int key=(Integer)it.next();             //获取 key
          int cnt=(Integer)map.get(key);          //根据 key 获取 value
          if(cnt>max1)
          {   max1=cnt;
              max2=max1;
          }
          else if(cnt>max2)
              max2=cnt;
      }
      return max2;
  }
  public static void main(String[] args)
  {   Scanner fin=new Scanner(System.in);
      int n,m;
      while(fin.hasNext())
      {   n=fin.nextInt();
          m=fin.nextInt();
          if(n==0 && m==0) break;
          map.clear();
          for(int i=0;i<n;i++)
              for(int j=0;j<m;j++)
              {   int x=fin.nextInt();
                  if(map.containsKey(x))          //若 x 出现过
                      map.put(x,map.get(x)+1);    //对应出现次数增 1
                  else                            //若 x 没有出现过
                      map.put(x,1);               //对应出现次数置为 1
              }
          int max2=secondcnt();
          Iterator it=map.keySet().iterator();
```

```
            boolean first=true;
            while(it.hasNext())
            {   int key=(Integer)it.next();              //获取 key
                int cnt=(Integer)map.get(key);           //根据 key 获取 value
                if(cnt==max2)                            //该选手出现 max2 次
                {   if(first)
                    {   System.out.print(key);
                        first=false;
                    }
                    else
                        System.out.print(" "+key);
                }
            }
            System.out.println();
        }
    }
}
```

上述程序出现运行错误,采用TreeMap的时间复杂度为$O(n\log_2 n)$,而采用数组num的时间复杂度为$O(n)$,所以采用TreeMap后的程序可能是超时的问题。那么能不能用HashMap替代num数组呢(采用HashMap的时间复杂度也是$O(n)$)?答案是不能,因为HashMap是无序的,这里要求按选手编号递增输出所有第二名的选手。

3.10 第10章 排序

1. POJ2388——求中位数问题

时间限制:1000ms;空间限制:65 536KB。

问题描述:FJ正在调查他的牛群以寻找最普通的牛群,他想知道产奶量的中位数,一半奶牛的产奶量与中位数一样多或更多,一半奶牛的产奶量与中位数一样多或更少。

输入格式:给定n(n为奇数,$1\leqslant n<10\ 000$)头牛的牛奶产量($1\sim 1\ 000\ 000$),找到这些奶牛中产奶量的中位数。输入的第1行为整数n,第2行到第$n+1$行中每行包含一个整数,表示一头奶牛的产奶量。

输出格式:输出一行表示产奶量的中位数。

输入样例:

```
5
2
4
1
3
5
```

输出样例:

```
3
```

解:用数组a存放所有奶牛的产奶量,排序后求中间位置元素即可,这里直接利用

Arrays.sort()方法排序。对应的 AC 程序如下：

```
import java.util.Scanner;
import java.util.*;
public class Main
{ public static void main(String[] args)
  {   final int MAXN=10010;
      int[] a=new int[MAXN];
      Scanner fin=new Scanner(System.in);
      while(fin.hasNext())
      {   int n=fin.nextInt();
          for(int i=0;i<n;i++)
              a[i]=fin.nextInt();
          Arrays.sort(a,0,n);
          System.out.println(a[n/2]);
      }
  }
}
```

上述程序的执行时间为 1735ms，执行空间为 5216KB。

2. POJ1007——DNA 排序问题

时间限制：1000ms；空间限制：65 536KB。

问题描述：一个序列中"未排序"的度量是相对于彼此顺序不一致的条目对的数量，例如在字母序列"DAABEC"中，度量为 5，因为 D 大于其右边的 4 个字母，E 大于其右边的一个字母。该度量称为该序列的逆序数。序列"AACEDGG"只有一个逆序对(E 和 D)，它几乎被排好序了，而序列"ZWQM"有 6 个逆序对，它是未排序的，恰好是反序。

你需要对若干个 DNA 序列(仅包含 4 个字母 A、C、G 和 T 的字符串)分类，注意是分类而不是按字母顺序排序，而是按照"最多排序"到"最小排序"的顺序排列，所有 DNA 序列的长度都相同。

输入格式：第一行包含两个整数，$n(0<n\leqslant 50)$表示字符串长度，$m(0<m\leqslant 100)$表示字符串个数。后面是 m 行，每行包含一个长度为 n 的字符串。

输出格式：按"最多排序"到"最小排序"的顺序输出所有字符串。若两个字符串的逆序对个数相同，按原始顺序输出它们。

输入样例：

```
10 6
AACATGAAGG
TTTTGGCCAA
TTTGGCCAAA
GATCAGATTT
CCCGGGGGGA
ATCGATGCAT
```

输出样例：

```
CCCGGGGGGA
AACATGAAGG
```

GATCAGATTT
ATCGATGCAT
TTTTGGCCAA
TTTGGCCAAA

解：本题实际上是求 n 个字符串的逆序数，按逆序数递减的顺序输出原来的所有字符串。所以关键是求一个长度为 n 的字符串 tmp 的逆序数算法，求逆序数的原理参见《教程》第 10 章中的例 10.11)。

将所有字符串存放在 str 字符串数组中，用 b 数组存放 str[i]的序号 i 及其逆序数，对数组 b 按题目要求排序，最后输出结果。

对应的 AC 程序如下：

```
import java.util.*;
class ElemType
{  int v;                                       //存放 str[i]的逆序数
   int i;                                       //存放字符串的下标 i
}
public class Main
{  static int MAXN=55;
   static int MAXM=105;
   static int ans;                              //相邻整数的最小交换数量
   static int[] a=new int[MAXN];                //存放整数序列
   static void Merge(char[] a,int low,int mid,int high) //两个相邻有序段归并
   {    int i=low;
        int j=mid+1;
        int k=0;
        char[] b=new char[high-low+1];          //开辟临时空间
        while(i<=mid && j<=high)                //二路归并:a[low..mid]、a[mid+1..high]→b
        {    if(a[i]>a[j])
             {    b[k++]=a[j++];
                  ans+=mid-i+1;                 //累计逆序数
             }
             else b[k++]=a[i++];
        }
        while(i<=mid) b[k++]=a[i++];
        while(j<=high) b[k++]=a[j++];
        for(int k1=0;k1<k;k1++)                 //b[0..k-1]→a[low..high]
             a[low+k1]=b[k1];
   }
   static void MergeSort(char[] a,int s,int t)  //二路归并排序
   {    if(s>=t) return;                        //a[s..t]的长度为 0 或者 1 时返回
        int m=(s+t)/2;                          //取中间位置 m
        MergeSort(a,s,m);                       //对前子表排序
        MergeSort(a,m+1,t);                     //对后子表排序
        Merge(a,s,m,t);                         //将两个有序子表合并成一个有序表
   }
   static int Inversion(char a[],int n)         //用二路归并法求字符串 a 的逆序数
   {    ans=0;
        MergeSort(a,0,n-1);
        return ans;
```

```
    }
    public static void main(String[] args)
    {   Scanner fin=new Scanner(System.in);
        int m,n;
        String[] str=new String[MAXM];
        ElemType[] b=new ElemType[MAXM];
        char[] tmp=new char[MAXN];
        n=fin.nextInt();
        m=fin.nextInt();                                //输入n和m
        for(int i=0;i<m;i++)                            //输入m个字符串
            str[i]=fin.next();
        for(int i=0;i<m;i++)                            //求所有字符串的逆序数
        {   for(int j=0;j<str[i].length();j++)          //将str[i]复制到字符数组tmp中
                tmp[j]=str[i].charAt(j);
            b[i]=new ElemType();
            b[i].v=Inversion(tmp,n);                    //求tmp的逆序数
            b[i].i=i;                                   //记录原来的下标
        }
        Arrays.sort(b,0,m,new Comparator<ElemType>()
        {   public int compare(ElemType o1,ElemType o2)
            {   if(o1.v-o2.v==0)                        //v相同时i越小越靠前
                    return o2.i-o1.i;
                else                                    // v不相同时v越大越靠前
                    return o1.v-o2.v;
            }
        });
        for(int i=0;i<m;i++)                            //输出结果
            System.out.printf("%s\n",str[b[i].i]);
    }
}
```

上述程序的执行时间为1485ms,执行空间为3536KB。

3. POJ3784——求中位数

时间限制:1000ms;空间限制:65 536KB。

问题描述:对于这个问题,需要编写一个程序读取一系列整数,在读取每个奇数序号的整数后输出到目前为止接收到的整数的中值(中位数)。

输入格式:第一行输入包含一个整数 $t(1\leqslant t\leqslant 1000)$ 表示数据集个数。每个数据集的第一行包含数据集编号,后跟一个空格,接下来是一个奇数十进制整数 $m(1\leqslant m\leqslant 9999)$,表示要处理的有符号整数的个数,数据集中的其余行,每行由10个整数组成,由单个空格分隔。数据集中的最后一行包含的整数可能少于10个。

输出格式:对于每个数据集,第一行输出包含数据集编号、单个空格和中位数个数(应该是输入整数个数的一半加1),将在以下行中输出中位数,每行10个,由单个空格分隔。最后一行包含的整数可能少于10个,但至少有一个。输出中没有空行。

输入样例:

```
3
1 9
```

```
1 2 3 4 5 6 7 8 9
2 9
9 8 7 6 5 4 3 2 1
3 23
23 41 13 22 -3 24 -31 -11 -8 -7
3 5 103 211 -311 -45 -67 -73 -81 -99
-33 24 56
```

输出样例：

```
1 5
1 2 3 4 5
2 5
9 8 7 6 5
3 12
23 23 22 22 13 3 5 5 3 -3
-7 -3
```

解：例如有如下数据集。

```
1 5
3 2 5 4 1
```

这里 $m=5$，先输出 1 和 $(m+1)/2=3$。

(1) 读取 3，为奇数序号，当前序列为(3)，输出中位数 3。

(2) 读取 2，为偶数序号，当前序列为(3 2)。

(3) 读取 5，为奇数序号，当前序列为(3 2 5)，输出中位数 3。

(4) 读取 4，为偶数序号，当前序列为(3 2 5 4)。

(5) 读取 1，为奇数序号，当前序列为(3 2 5 4 1)，输出中位数 3。

那么如何求当前序列的中位数呢？若采用排序来求中位数，一定会超时。这里用两个堆(即小根堆 small 和大根堆 big)来实现。

当两个堆中共有偶数个整数时，保证两个堆中整数的个数相同，当两个堆中共有奇数个整数时，保证小根堆中多一个整数(堆顶整数就是中位数)。简单地说，用 small 存放最大的一半整数，用 big 存放最小的一半整数。对于输入的整数 x，操作过程如下：

(1) 若小根堆 small 为空，将 x 插入 small 中，然后返回。

(2) 若 x 大于小根堆的堆顶元素，将 x 插入 small 中，否则将 x 插入 bigl 中。

(3) 调整两个堆的整数个数，若 small 中元素的个数较少，取出 big 的堆顶元素插入 small 中，若 small 比 big 至少多两个元素，取出 small 的堆顶元素插入 big 中(保证 small 比 big 至少多一个整数)。

对应的 AC 程序如下：

```
import java.util.Scanner;
import java.util.*;
public class Main
{  static PriorityQueue<Integer> small=new PriorityQueue<Integer>();  //小根堆
   static PriorityQueue<Integer> big=new PriorityQueue<Integer>(11,new Comparator<Integer>()
   {   @Override
```

```
        public int compare(Integer o1, Integer o2)          //大根堆
        {    return(int)(o2-o1); }
    });
    static ArrayList<Integer> ans=new ArrayList();          //存放中位数序列
    static void add(int x)                                  //增加整数 x
    {    if(small.isEmpty())                                //若小根堆 small 空
         {    small.offer(x);                               //将 x 插入 small 中
              return;
         }
         if(x>small.peek())                                 //若 x 大于小根堆的堆顶元素
              small.offer(x);                               //将 x 插入 small 中
         else
              big.offer(x);                                 //否则将 x 插入大根堆 big 中
         if(small.size()<big.size())                        //若小根堆中的元素个数较少
              small.offer(big.poll());                      //取出 big 的堆顶元素插入 small 中
         if(small.size()>big.size()+1)                      //若 small 比 big 至少多两个元素
              big.offer(small.poll());                      //取出 small 的堆顶元素插入 big 中
    }
    public static void main(String[] args)
    {    Scanner fin=new Scanner(System.in);
         int t, cas, m, x;
         t=fin.nextInt();
         while(t-->0)
         {    while(!small.isEmpty()) small.poll();         //初始化
              while(!big.isEmpty()) big.poll();
              ans.clear();
              cas=fin.nextInt();
              m=fin.nextInt();
              for(int i=1;i<=m;i++)
              {    x=fin.nextInt();
                   add(x);                                  //增加整数 x
                   if(i%2==1)                               //x 为奇数序号的整数
                        ans.add(small.peek());              //将求出的中位数添加到 ans 中
              }
              System.out.printf("%d %d\n",cas,(m+1)/2);
              for(int i=0;i<ans.size();i++)                 //输出中位数序列
              {    if(i>0 && i%10==0)
                        System.out.println();
                   System.out.print(ans.get(i)+" ");
              }
              System.out.println();
         }
    }
}
```

上述程序的执行时间为 360ms,执行空间为 5800KB。

4. HDU1106——排序问题

时间限制:2000ms;空间限制:65 536KB。

问题描述:输入一行数字,如果把这行数字中的“5”都看成空格,那么就得到一行用空

格分割的若干非负整数(可能有些整数以“0”开头,这些头部的“0”应该被忽略掉,除非这个整数就是由若干个“0”组成的,这时这个整数就是 0)。请对这些分割得到的整数按从小到大的顺序排序输出。

输入格式:输入包含多组测试用例,每组输入数据只有一行数字(数字之间没有空格),这行数字的长度不大于 1000。输入数据保证分割得到的非负整数不会大于 100 000 000,输入数据不可能全由“5”组成。

输出格式:对于每个测试用例,输出分割得到的整数的排序结果,相邻的两个整数之间用一个空格分开,每组输出占一行。

输入样例:

```
0051231232050775
```

输出样例:

```
0 77 12312320
```

解:对于每个测试用例输入的数字字符串 str,用 String.split()方法按“5”分拆为字符串数组 tmp,对于其中每个非空字符串 tmp[i],用 Integer.parseInt(tmp[i])方法转换为整数(也可以采用 Integer.valueOf(tmp[i]).intValue()方法),存放在整数数组 a 中,再调用 Arrays.sort()方法递增排序,最后输出数组 a 的所有元素。对应的 AC 程序如下:

```
import java.util.Scanner;
import java.util.*;
public class Main
{ static final int MAXN=1005;
  static int[] a=new int[MAXN];
      public static void main(String[] args)
  {     Scanner fin=new Scanner(System.in);
        String str;
        while(fin.hasNext())
        {    str=fin.nextLine();
             String[] tmp=str.split("5");                 //分拆数字字符串 str
             int cnt=0;
             for(int i=0;i<tmp.length;i++)
             {    if(!tmp[i].equals(""))
                  {    int x=Integer.parseInt(tmp[i]);
                       a[cnt++]=x;                        //将非空串转换为整数添加到 a 中
                  }
             }
             Arrays.sort(a,0,cnt);                        //对数组 a 排序
             boolean first=true;
             for(int i=0;i<cnt;i++)                       //输出结果
             {    if(first)
                  {    System.out.print(a[i]);
                       first=false;
                  }
                  else System.out.print(" "+a[i]);
             }
```

```
            System.out.println();
        }
    }
}
```

上述程序的执行时间为3265ms,执行空间为9628KB。

5. HDU2020——按绝对值排序问题

时间限制：2000ms；空间限制：65 536KB。

问题描述：输入 $n(n\leqslant 100)$ 个整数,按照绝对值从大到小排序后输出。题目保证对于每一个测试用例,所有数的绝对值都不相等。

输入格式：输入数据有多组,每组占一行,每行的第一个数字为 n,接着是 n 个整数,$n=0$ 表示输入数据结束,不做处理。

输出格式：对于每个测试用例,输出排序后的结果,两个数之间用一个空格隔开。每个测试用例占一行。

输入样例：

```
3 3 -4 2
4 0 1 2 -3
0
```

输出样例：

```
-4 3 2
-3 2 1 0
```

解：用数组 a 存放输入的整数序列,修改《教程》中的快速排序算法,改为按照绝对值从大到小排序,最后顺序输出 a 中的所有整数。对应的AC程序如下：

```
import java.util.Scanner;
import java.util.*;
public class Main
{ static final int MAXN=110;
  static int[] a=new int[MAXN];
  static int Partition(int s,int t)                //以表首元素为基准进行划分
  {    int i=s,j=t;
       int base=a[s];                              //以表首元素为基准
       while(i!=j)                                 //从表的两端交替向中间遍历,直到i=j为止
       {    while(j>i && Math.abs(a[j])<=Math.abs(base))
                 j--;                              //从后向前遍历,找一个小于基准的a[j]
            if(j>i)
            {    a[i]=a[j];                        //a[j]前移覆盖a[i]
                 i++;
            }
            while(i<j && Math.abs(a[i])>=Math.abs(base))
                 i++;                              //从前向后遍历,找一个大于基准的a[i]
            if(i<j)
            {    a[j]=a[i];                        //a[i]后移覆盖a[j]
                 j--;
            }
```

```
        }
        a[i]=base;                                  //基准归位
        return i;                                   //返回归位的位置
    }
    static void QuickSort(int s,int t)              //对 a[s..t]的元素进行快速排序
    {   if(s<t)                                     //表中至少存在两个元素的情况
        {   int i=Partition(s,t);
            QuickSort(s,i-1);                       //对左子表递归排序
            QuickSort(i+1,t);                       //对右子表递归排序
        }
    }
    public static void main(String[] args)
    {   Scanner fin=new Scanner(System.in);
        int n;
        while(fin.hasNext())
        {   n=fin.nextInt();
            if(n==0) break;
            for(int i=0;i<n;i++)
                a[i]=fin.nextInt();
            QuickSort(0,n-1);
            boolean first=true;
            for(int i=0;i<n;i++)                    //输出结果
            {   if(first)
                {   System.out.print(a[i]);
                    first=false;
                }
                else System.out.print(" "+a[i]);
            }
            System.out.println();
        }
    }
}
```

上述程序的执行时间为 280ms,执行空间为 9384KB。

6. HDU1862——Excel 排序问题

时间限制:10 000ms;空间限制:32 768KB。

问题描述:Excel 可以对一组记录按任意指定列排序,请编写程序实现类似功能。

输入格式:测试输入包含若干测试用例。每个测试用例的第一行包含两个整数 n($0<n\leqslant 100\,000$)和 c,其中 n 是记录的条数,c 是指定排序的列号。以下有 n 行,每行包含一条学生记录。每条学生记录由学号(6 位数字,同组测试中没有重复的学号)、姓名(不超过 8 位且不包含空格的字符串)、成绩(闭区间[0,100]的整数)组成,每个项目间用一个个空格隔开。当读到 $n=0$ 时全部输入结束,相应的结果不输出。

输出格式:对每个测试用例,首先输出一行"Case i:",其中 i 是测试用例的编号(从 1 开始)。随后在 n 行中输出按要求排序后的结果,当 $c=1$ 时按学号递增排序,当 $c=2$ 时按姓名的非递减字典序排序,当 $c=3$ 时按成绩的非递减排序。当若干学生具有相同姓名或者相同成绩时,则按他们的学号递增排序。

输入样例：

```
3 1
000007 James 85
000010 Amy 90
000001 Zoe 60
4 2
000007 James 85
000010 Amy 90
000001 Zoe 60
000002 James 98
4 3
000007 James 85
000010 Amy 90
000001 Zoe 60
000002 James 90
0 0
```

输出样例：

```
Case 1:
000001 Zoe 60
000007 James 85
000010 Amy 90
Case 2:
000010 Amy 90
000002 James 98
000007 James 85
000001 Zoe 60
Case 3:
000001 Zoe 60
000007 James 85
000002 James 90
000010 Amy 90
```

解：设计一个学生类 Stud，用 Stud 类数组 a 存放所有的学生信息，根据 c 的值直接利用 Arrays.sort()方法排序后输出结果。有关 Arrays.sort()方法的详细使用参见《教程》中第 6 章的 6.1.3 节。对应的 AC 程序如下：

```
import java.util.Scanner;
import java.util.*;
class Stud                                          //学生元素类
{ int no;                                           //学号
  String name;                                      //姓名
  int grade;                                        //成绩
  public Stud(int no,String name,int grade)         //构造方法
  {    this.no=no;
       this.name=name;
       this.grade=grade;
  }
  public void disp()                                //输出一个学生元素
```

```
    {    int t=Integer.toString(no).length();
         for(int i=6; i>t;i--)
              System.out.print(0);
         System.out.println(no+" "+name+" "+grade);
    }
}
public class Main
{  static final int MAXN=100005;
   static Stud[] a;
   public static void main(String[] args)
   {    Scanner fin=new Scanner(System.in);
        int n,c,cas=1;
        while(fin.hasNext())
        {    n=fin.nextInt();
             if(n==0) break;
             Stud[] a=new Stud[n];
             c=fin.nextInt();
             for(int i=0;i<n;i++)
             {    int no=fin.nextInt();
                  String name=fin.next();
                  int grade=fin.nextInt();
                  a[i]=new Stud(no,name,grade);
             }
             if(c==1)
                  Arrays.sort(a,0,n,new Comparator<Stud>()
                  {    public int compare(Stud o1,Stud o2)              //按学号递增排序
                       { return o1.no-o2.no; }
                  });
             else if(c==2)
                  Arrays.sort(a,0,n,new Comparator<Stud>()
                  {    public int compare(Stud o1,Stud o2)
                       {    if(o1.name.compareTo(o2.name)==0)          //姓名相同
                                 return o1.no-o2.no;                   //按学号递增排序
                            else                                       //否则按姓名非递减排序
                                 return o1.name.compareTo(o2.name);
                       }
                  });
             else                                                      //c==3 的情况
                  Arrays.sort(a,0,n,new Comparator<Stud>()
                  {    public int compare(Stud o1,Stud o2)             //按成绩的非递减排序
                       {    if(o1.grade==o2.grade)                     //成绩相同
                                 return o1.no-o2.no;                   //按学号递增排序
                            else                                       //否则按成绩的非递减排序
                                 return o1.grade-o2.grade;
                       }
                  });
             System.out.println("Case "+cas+":");                      //输出结果
             for(int i=0;i<n;i++)
```

```
            a[i].disp();
        cas++;
      }
    }
  }
```

上述程序的执行时间为 1862ms，执行空间为 4430KB。需要注意的是，本题中给定的时间非常多，但空间比较少。一般 String 比 int 占用较多的空间，如果学号也采用 String 类型存放，执行时空间为 32 808KB，超过空间限制，这里学号固定为 6 位数字，改为采用 int 类型存放，例如 000007 用 7 存放，在输出结果时需要补齐前面的 0。

图书资源支持

感谢您一直以来对清华版图书的支持和爱护。为了配合本书的使用，本书提供配套的资源，有需求的读者请扫描下方的“书圈”微信公众号二维码，在图书专区下载，也可以拨打电话或发送电子邮件咨询。

如果您在使用本书的过程中遇到了什么问题，或者有相关图书出版计划，也请您发邮件告诉我们，以便我们更好地为您服务。

资源下载、样书申请

书圈

扫一扫，获取最新目录

课程直播

我们的联系方式：

地　　址：北京市海淀区双清路学研大厦 A 座 701

邮　　编：100084

电　　话：010-83470236　010-83470237

资源下载：http://www.tup.com.cn

客服邮箱：2301891038@qq.com

QQ：2301891038（请写明您的单位和姓名）

用微信扫一扫右边的二维码，即可关注清华大学出版社公众号“书圈”。